针刺神经电信号分析与建模

于海涛　王　江　邓　斌　著

科 学 出 版 社

北　京

内 容 简 介

本书以作者相关研究工作为基础，结合针刺神经电信号分析与建模领域的最新发展撰写。内容深入浅出，在介绍针刺与神经电信号分析方法的基础上，从神经计算角度剖析了针刺对外周和低级中枢神经系统响应的作用机制；从计算模型角度深入探讨了基于数据驱动的针刺输入信号量化和针刺神经元放电响应模型的构建；从复杂网络角度揭示了针刺对高级中枢神经系统活动的调节规律。

全书共 10 章。第 1 章为绪论，对针刺实验、针刺手法量化和针刺神经通路进行介绍；第 2 章从不同角度介绍神经电信号的分析方法；第 3 章对针刺神经电生理实验设计和动作电位序列预处理进行介绍；第 4 章和第 5 章从非线性角度出发，详细介绍神经系统对针刺输入的响应特性；第 6 章从状态空间模型角度，详细介绍针刺神经信息重构和数学模型构建；第 7 章研究针刺神经响应的不规则度，并采用贝叶斯方法实现对针刺输入信号的估计；第 8 章和第 9 章从复杂度和同步性角度，详述针刺脑电信号特性；第 10 章进一步研究针刺对脑功能网络的影响。

本书可供计算神经科学、中医针灸学、生物医学、脑认知科学等领域的科研人员、教师、研究生及高年级本科生学习和参考。

图书在版编目（CIP）数据

针刺神经电信号分析与建模 / 于海涛，王江，邓斌著. — 北京：科学出版社，2019.6

ISBN 978-7-03-061086-7

Ⅰ. ①针… Ⅱ. ①于… ②王… ③邓… Ⅲ. ①信号分析－数学模型－研究 Ⅳ. ①TN911.6

中国版本图书馆 CIP 数据核字（2019）第 077631 号

责任编辑：王 哲 / 责任校对：郑金红

责任印制：师艳茹 / 封面设计：迷底书装

科 学 出 版 社 出版

北京东黄城根北街 16 号

邮政编码：100717

http://www.sciencep.com

天津市新科印刷有限公司 印刷

科学出版社发行 各地新华书店经销

*

2019 年 6 月第 一 版 开本：720×1000 1/16

2019 年 6 月第一次印刷 印张：14 插页：8

字数：280 000

定价：118.00 元

（如有印装质量问题，我社负责调换）

前　言

针灸是中医的重要构成部分，其疗效已经被大量的临床实践所证明，同时也受到越来越多现代医学研究者的支持，然而针刺确切的作用机理尚不明确。在中医学研究中，针刺疗效往往被认为是刺激穴位通过经络进行传导，直接或间接地作用于靶器官。近年来，随着生理解剖技术、电生理信号采集技术和现代信息处理技术的快速发展，国内外学者在实验的基础上对针刺作用机理做了大量研究，发现针刺可以通过神经系统响应活动调节神经和内分泌网络，进而增强靶器官的各项功能。

神经系统是功能性调节系统，在人体中起着主导的作用，是由神经元、神经纤维和突触等组成的复杂系统。神经系统分为外周神经系统、低级中枢神经系统和高级中枢神经系统。其中，外周神经系统主要包括脊神经，中枢神经系统主要包括脊髓和脑。在针刺的电生理实验中，已经检测出大量的脊髓神经元放电活动和脑电活动，从而证实了针刺疗效是神经系统响应活动调控的结果。针刺可以等效为神经系统的外部刺激，不同频率、不同手法的针刺刺激作用于穴位区，可以诱发神经系统产生不同的响应活动，最终对人体的调控效果也有所区别。因此，对不同手法的针刺神经电信号进行量化分析，可以更加准确地揭示不同针刺手法的作用机理，为提高针刺治疗的疗效提供依据。

神经系统以动作电位序列的形式对外界刺激信息进行表达和传递。目前基于信息论的神经编码研究得到广泛关注，其主要目标是刻画外部刺激与神经元放电响应之间的关系，多种编码方式被相继提出，如频率编码、时间编码、时空编码等。早期针刺神经电信号分析大多局限于分析神经元放电序列的简单特征，如放电频率、幅值和变异系数等，且信息提取量少，只能反映针刺神经编码的部分规律。近年来，现代信息处理技术被广泛应用于非线性时间序列分析，如分形分析、混沌分析、聚类分析、复杂网络分析等，可以准确提取时频域的多模式特征，为科学阐释针刺神经编码规律提供了新思路。

计算模型是描述外部刺激作用下神经系统响应的最基本方法。但是，针刺作为一种机械刺激，不能直接等同于神经元的输入信号，所以关于针刺输入与神经元响应输出之间的模型量化分析较少。实验研究发现，对于重复出现的针刺刺激，神经元的放电响应总是不断变化的，被认为是一个随机的过程，可以利用概率函数进行描述。利用状态空间模型的思想，将针刺诱发的不可测输入作为未知状态，建立单神经元响应的数学模型，运用概率论知识对模型参数和未知状态进行估计，可以实现针刺输入的量化与重构。因此，基于针刺实验数据，建立穴位响应区神经系统的数学模型，并运用概率论知识进行解码分析，是探索不同针刺手法作用机理的有效途径。

近年来，作者所在课题组提出将计算神经科学与中医针灸学相结合，将神经系统模型与实验数据相结合，从神经系统角度阐释针刺作用机理。通过对不同手法针刺作用下神经系统的响应信号进行量化分析，提取针刺神经编码特征，并构建针刺神经元的数学模型，刻画神经系统对不同手法针刺的量化和编码机制。本书主要介绍作者所在课题组在针刺神经电信号分析和建模方面取得的最新研究成果，包括发表在国内外重要期刊的学术论文等，还适当参考了国内外相关文献。主要包括以下三个核心内容：针刺神经电生理实验设计、针刺神经电信号分析、针刺神经响应的数学模型构建。

本书的部分内容来源于国家自然科学基金重点项目“针刺电信息传导与作用规律的研究”(50537030)，国家自然科学基金面上项目“基于放电起始动力学理论的针刺神经编码机制研究”(61072012)、“基于放电历史依存性的针刺神经编码机理研究”(61172009)、“神经元固有特征对针刺网络编码影响的机制研究”(61471265)、“针刺神经系统网络结构、动态与功能的关系研究”(61871287)、“海马癫痫样放电传播的内生电场传导机理研究”(61771330)，国家自然科学基金青年科学基金项目“针刺足三里丘脑核团电信息网络编码机制的研究”(61302002)、“帕金森β振荡的产生与抑制的‘推-拉’机制研究”(61701336)、“树突非线性对电场作用下神经编码的影响机制研究”(61601320)，特此致谢。

本书是基于作者所在课题组近年来的科研成果完成的。感谢天津中医药大学郭义教授领导的针灸课题组、天津大学陈颖源博士后和郭欣萌博士对本书内容做出的贡献。在课题研究和本书的撰写过程中，也得到了许多专家的指导，在此一并向他们表示由衷的感谢！

由于作者水平有限，难免存在不足之处，敬请读者提出宝贵意见。

作　者

2019 年 4 月

目　录

第1章 绪 论

针灸是中国医学的重要组成部分，因其独特的思维方法和丰富的经验积累，成为医学科学中颇具特色和优势的一门学科，2000多年的临床实践已经充分证明了其有效性[1-6]。目前针灸已经传播到世界上160多个国家和地区，其中50多个国家已经通过立法在医疗体系中确立了针灸的地位[7]。传统中医理论认为，针刺穴位通过经络传导，直接或间接作用于相应的器官组织。然而对针灸影响并调节机体各项生理机能的作用机理尚不清楚。近些年来，随着现代科学技术的发展，针灸的效应、机理和本质逐渐被揭示，从而使得针灸治疗范围进一步扩大，疗效进一步提升。可以说，针灸医学已进入现代科学的领域。

神经系统是由神经元和突触构成的复杂系统。在神经元、突触之间保存和传递着大量的电信息和化学信息，与能引起物质、能量和信息变化的外界刺激相互作用，对刺激信息进行加工整合，而后对机体的各种功能进行调控。针刺穴位是对神经系统的一种外部刺激。解剖学和神经生物学研究认为，针刺信息主要通过刺激感受器外周神经系统将神经冲动上传至中枢神经系统，通过中枢神经系统进行信息整合来调控神经、内分泌、体液网络，继而影响靶器官[8]。其中针刺诱发的神经电信息在神经系统中以时间或空间序列组合的编码形式发挥着整合调控机体活动的重要作用。在针刺治疗过程中，针刺的疗效取决于疾病的辨证论治、穴位的正确选取以及得当的操作手法，其中针刺手法是实现针刺效应必不可少的重要环节，也是影响针刺疗效的关键因素。因此，以针刺诱发的神经电信息为切入点研究不同针刺手法的作用规律是十分有意义的。

1.1 针 灸 简 介

针灸学是我国古代的一大发明，是中国传统医学的瑰宝，也是目前在国际上处于领先地位的学科，它至少对300余种疾病有良好疗效。从20世纪中叶开始，上海的张香桐、北京的韩济生及天津的石学敏等学者分别在针刺镇痛、戒毒、醒脑开窍等方面取得了理论或技术上意义重大的突破性成果。同时，我国现代化针灸研究成功跻身于国际学术舞台，掀起了全球“针灸热”。现在针灸学已成为世界公认的体表穴位刺激的代表，是人类健康体系的重要组成部分。目前世界上越来越多的国家开始接受并使用针灸，针灸学已成为许多国家医学院校的基本课程，针灸的科学研究已成为科学界关注的热点之一。

针灸最主要的作用是针刺镇痛(acupuncture analgesia)和针刺麻醉(acupuncture anesthesia)。针刺镇痛是指用针刺防止和治疗疼痛的一种方法。它是在传统中医针刺治疗疼痛的基础上，结合现代针刺麻醉临床实践发展起来的一种有效的临床治疗技术，对该技术作用机制的研究，称为针刺镇痛原理研究。针刺麻醉是指用针刺止痛效应预防手术中的疼痛及减轻生理功能紊乱的一种方法，由于其作用类似于现代医学中的麻醉，故称针刺麻醉。研究证实，针刺麻醉是通过调节内源性痛觉调制系统起作用的。

石学敏提出了治疗中风病的“醒脑开窍法”学术观点[9,10]。这种观点不仅在立法、治则和针刺手法上改变了历代针灸医家治疗中风所沿用的以阳经穴为主、阴经穴为辅的学术思想和治疗方法，而且针对这一学术观点进行了大量的实验研究和临床验证，从而使这一学术思想成为目前指导临床治疗中风病最为普遍的理论。韩济生常年从事针刺镇痛的研究[11]，1972 年开始从中枢神经化学角度系统研究针刺镇痛原理。研究发现针刺可调节体内的镇痛系统，释放出阿片样肽、单胺类神经递质等，发挥镇痛作用；不同频率的电针可释放出不同种类阿片样肽；针效的优劣取决于体内镇痛和抗镇痛两种力量的消长。在这些研究基础上研制的“韩氏穴位神经刺激仪(HANS)”对镇痛和治疗海洛因成瘾具有良好的效果。

1.2 针灸的应用

临床上针刺主要分为两大类：手法和电针。它们是两种不同性质的刺激。手法是借助提、插、捻、转等机械动作施加不同参数的传入性物理刺激，针刺运动通过耦合将机械信号传递给组织；电针是用针刺入穴位或表面电极覆盖在穴位上之后，在针或电极上施加电流(电压)的作用来使穴位组织兴奋，从而达到调控人体机能的目的。值得强调的是，临床上采用不同针刺手法的治疗效果普遍优于单纯电针治疗。

1.2.1 手法刺激应用

手法治疗具有悠久的历史。最早的针灸可以追溯到石器时代，即利用砭石叩击皮肤进行简单的原始治疗。之后随着生产力的发展，古人用金属针代替了砭石，形成了穴位的概念，同时还观察到利用不同的刺法能产生不同的效果。到了《内经》时期，针灸学已经由原始的经验积累，逐步向理论化发展。在《内经》中记载了多种针刺方法以及徐疾、捻转、提插、开合、迎随和呼吸等不同的补泻针法，为针刺手法的体系和针刺学科的形成奠定了基础，以后，经过各代医家的发展，在单式手法的基础上又形成了多种复式手法。元明时期的窦汉卿、泉石心提出的单式手法系列和复式手法系列及其术式，使针刺手法的体系更为完整，以针刺手法为基础的古典针刺手法得以形成。郑毓琳、郑魁山运用针刺手法治疗眼疾，取得了奇特的效果，使手法逐渐被人们所重视[12]。张缙、夏玉卿对19544穴次的针感进行系统观察，将当时通行的酸、麻、胀、痛4种针感扩充成了14种针感，并提出胀、酸针感是取热的前针感，痒、麻针感是取凉的前针感。石学敏在对中医古籍深入研究基础上，通过临床和动物实验，率先提出了“针刺手法量学”理论，并将其发明的“醒脑开窍”针刺操作法用于中风急性期的治疗，取得了较好的效果。

1.2.2 电针刺激应用

随着现代科学技术的发展，近年来形成了一些新的针灸体系，如头针、耳针等。近20年来，西方在针刺的基础上加入了电的技术，用于一般性医疗和外科领域。但从针灸实践总体来看，即使采用电刺激作为辅助手段，“得气”仍是获得治疗效果的关键。

电针是通过电针仪将微弱的电流输送到穴位上，使人体局部的神经、血管、肌肉兴奋或抑制，从而调节功能平衡，达到消炎、止痛、解痉、活血、消肿等功效。最常用的电刺激方法是经皮神经电刺激。通常使用的电针仪都带有示波器，所用的波形有矩形波和峰波。研究者已经对不同频率的针刺产生的效果做了大量研究，普遍认为频率在5Hz以下镇痛效果最佳，而对中风或其他神经损伤性疾病的治疗，则尽可能地选用高频刺激[13,14]。另外，电针用于手术时多采用两个具有不同频率的刺激器。针刺中涉及多种神经介质，包括神经肽类、单氨基酸类、儿茶酚胺类以及乙酰胆碱和其他非阿片物质。Pomeranz认为低频电针产生的镇痛是受内啡肽调制的，而高频电针则至少部分地受5-羟色胺能介质调制。有学者曾对电针刺激时脑脊液中的阿片物质的活性进行研究，分别采集治疗前后的脑脊液，研究电针刺激时其中的阿片物质活性，结果表明使用电针刺激后阿片样物质水平升高；大村惠昭还将电针用于特定经络的检测以及经络与脏器关系的研究。在仔细设计的对照研究中，采用单个穴位刺激(合谷)研究了电针的镇痛作用。结果表明，电针刺激后30分钟痛阈提高27%。除了镇痛以外，电针还被广泛地应用于许多领域，如用于中风、创伤或外周神经疾病导致的神经损伤、各种成瘾等的治疗。在妇科领域，电针用于妇科手术，在手术伤口缝合后麻醉效果持续时即给予电针或不给任何处理。结果发现接受电针者在手术后最初两小时其杜冷丁的用量只占不给电针者用量的一半。

电针用于戒除成瘾方面的研究也有很多。有研究表明，不同频率的电针刺激产生的作用也存在差异。Patterson认为，麻醉剂和镇静剂成瘾的最佳刺激频率为75～300Hz，苯丙胺类成瘾的最佳刺激频率为1～2Hz，尼古丁成瘾的最佳刺激频率则为5～10Hz。一般来说，成瘾程度越重，每次治疗时间则越长。另外，有研究表明，对于癫痫患者，电针头针穴位可使癫痫症状减轻，并可使发作间隔时间延长。电针用于颈背痛的研究较为常见，多数患者取得了很好的效果。

1.2.3 足三里在针灸治疗中的作用

足三里穴位于膝关节髌骨下，髌骨韧带外侧凹陷中，即外膝眼直下四横指处。古今大量的针灸临床实践都证实，足三里穴是一个能防治多种疾病、强身健体的重要穴位。足三里穴是“足阳明胃经”的主要穴位之一，它具有调理脾胃、补中益气、通经活络、疏风化湿、扶正祛邪之功能。现代医学研究证实，针灸刺激足三里穴，可使胃肠蠕动有力而规律，并能提高多种消化酶的活力，增进食欲，帮助消化；在神经系统方面，可促进脑细胞机能的恢复，提高大脑皮层细胞的工作能力；在循环系统、血液系统方面，可以改善心功能，调节心律，增加红细胞、白细胞、血色素和血糖量；在内分泌系统方面，对垂体-肾上腺皮质系统功能有双向性良性调节作用，提高机体防御疾病的能力。3000 多年的临床实践已经证实了针刺足三里穴的疗效，现代研究也明确了针刺足三里穴的传入、传出途径及靶器官的效应。尹岭等利用功能核磁共振成像(functional magnetic resonance imaging，fMRI)和正电子发射断层扫描(positron emission tomography，PET)技术，发现穴位-脑区-靶器官间存在一定的内在联系和规律[15,16]。赵敏生等发现胃和足三里穴的传入神经纤维在腰骶段存在交汇和重叠，说明该穴位与胃的联系是有其神经解剖学基础的[17]。孙世晓等采取不同的神经阻断剂分析针灸足三里穴产生效应的神经递质和受体，发现注射酚妥拉明、心得安等后，胃运动的增强效应继续出现，揭示此机制与胆碱能神经和 M 型受体有关[18]。上述研究结果都解释了针刺信号传递的神经传导机制。

1.3 针刺量化研究

与药物治疗类似，针刺同样需要掌握“量”，但长期以来针灸治疗缺乏规范的诊疗标准和技术指标，不仅医生师承的操作手法不同，而且衡量治疗到位与否也主要依据医患双方的“临床感觉”，严重制约了针灸疗法的进一步发展及其在世界范围内的推广，因此针刺手法量化是针灸研究规范化的重要环节。

在古医籍中记载了很多针灸的量化指标和手法规范，如“针三呼”、“灸五状”、“拇指向前为补，拇指向后为泻”等，充分说明古人就已经开始重视针灸治疗的量化指标和手法规范。

1.3.1 手法与电针的针刺量化研究

近代“针刺手法量学”的概念于 1972 年首次提出。中医学上对手法的量化一般是指经过大量临床研究和基础实验逐一确定穴位、进针深度、针刺方向、施针手法、施针时间、针刺效应以及针刺最佳间隔时间等。石学敏以针刺的优势病种(缺血性中风病、椎基底动脉供血不足、高血压病等)及临床证明有效的经穴(人中、风池、人迎穴)为载体，通过血流动力学基础实验研究，确定了针刺方向、深度、所采用手法施加时间及持续有效作用时间作为针刺手法量学的四大要素，并探讨这四种要素在针刺效应中的作用规律，得出了不同针刺手法刺激穴位可对疾病产生不同生物学效应的结论，初步明确了针刺手法与临床效应存在着量效关系[19-21]。

由于电针在量化刺激频率和强度方面存在优势，而且能够精确控制其刺激参数，保证针刺在各研究人员之间以及受试对象之间具有可比性，因此更受针刺研究者的青睐。而在电针的各种刺激参数中，刺激频率至关重要。迄今为止，基于镇痛作用的电针量化研究最为彻底，应用最为广泛。由于疼痛类型多样，如急性痛、神经病理性痛、中枢痛以及癌症痛等，且发病原因不一，所以针刺疗法自然也不同。研究发现，适当的刺激频率能够有效增强针刺的生物效应，例如，神经病理性痛适宜用2Hz低频刺激，脊髓损伤引起的肌肉痉挛痛适宜应用100Hz高频刺激等。除镇痛研究以外，电针量化研究结果与临床应用之间还存在一定差距。

目前对于手法和电针的量化研究主要是对针刺参数与针刺作用效果之间的量效关系进行考察，而关于由穴位区至高级神经中枢，神经系统对不同手法或电针刺激参数的整合作用等方面的研究甚少。鉴于电针的客观优势，将手法施针方式等效为电针刺激是研究的热点之一[22]。只有真正了解神经系统对手法和电针刺激的作用机制和量化规律，才有可能从根本上解决手法和电针的等效问题。因此，从神经系统多水平、多层次量化针刺手法或电针刺激参数至关重要。

1.3.2 电信息和化学信息的针刺量化研究

中医理论认为，针灸的基本作用在于疏通经络、调和阴阳、扶正祛邪，其实质是通过针灸信息调整肌体的各种功能。针灸作用可产生两类信息：化学信息和电信息。这两类信息均起着细胞信息转导作用，各有各的通路和传递方式，两者既有区别又相互联系。化学信息是通过一些化学物质(如内分泌激素、Ca^{2+}等)来传递，它的作用通常具有弥散、缓慢和持久的特点。以往对针灸效应主要是从化学信息的角度进行生物实验研究，仍属定性研究，如研究针灸对微循环、神经内分泌、基因表达干预作用以及细胞凋亡等的统计学作用机理等。例如，北京大学神经科学研究所长期研究不同针刺刺激在脑内诱发的不同种类的神经肽和神经递质等化学物质[23]；尹岭采用功能核磁共振成像通过分析脱氧血红蛋白和氧合血红蛋白成分比量化研究针刺对植物神经中枢的影响等。

近年来，对针刺及随之产生电信息的研究逐渐占据上风。目前，已经有研究探讨了迷走神经中枢孤束核在针刺足三里穴对胃运动障碍大鼠胃内压影响中的作用，得到结果：针刺足三里穴对胃功能的调节作用以促进胃运动为主，其调节作用与孤束核神经元的激活密切相关，且针刺足三里引起孤束核相关神经元放电增加幅度不受抑制胃运动的药物如阿托品、胃复安的影响。叶小丰等观察了电针大鼠双侧足三里穴对迷走神经放电的影响，实验表明电针足三里穴可以使迷走神经传出纤维放电增强，但对其传入纤维放电无影响[24]。张建梁等以猫胸段具有自发活动的背角神经元的放电频率为指标，观察了胃扩张和电刺激左侧内脏大神经引起的神经元电活动变化以及电针左侧足三里穴和三阴交穴的影响[25]。结果表明躯体与内脏的信息在脊髓水平汇聚并整合，进而通过改变内脏传出神经的活动达到调整治疗的目的。

然而，目前基于神经电信息的针刺量化研究非常少，除浙江大学沈花等采用非线性动力学方法初步量化研究了电针刺激足三里穴对脑电信号的影响以外，尚无其他学者从神经电信号的角度量化研究针刺，特别是对于手法的量化研究。作者所在课题组曾经对不同针刺手法诱发的低级中枢神经电信号及高级中枢神经电信号进行研究。例如，孙力等通过对采用四种不同手法刺激足三里穴在脊髓背角处诱发的神经电信号进行相关性分析，发现不同针刺手法之间是非相关的[26]；Wang 等研究三种针刺手法刺激足三里穴在脊髓背角处引起的神经动作电位序列，并对三种手法进行初步区分[27]；李诺等采用传统的功率谱方法分析脑电信号，发现手法针刺足三里穴会增强脑功能网络的小世界特性等[28]。但目前对于针刺电信号的量化研究尚处于初级阶段，仍需进一步深入开展。

1.4 针刺实验研究

为了量化针刺手法，研究针刺规律以及探索针刺作用机理，研究者设计了各种动物实验和人体实验。若针刺手法及其量学规律必须通过某种效应指标体现出来，此时通过设计认知功能障碍、运动功能缺损、情绪以及疼痛等动物行为实验，以疾病病理的金指标作为针刺手法量学机理研究的“适宜指标”。

1.4.1 动物还原针刺实验

神经系统是机体内起主导作用的系统，人体内各器官、系统的功能都直接或间接的处于神经系统的调控之下，使机体适应内外环境的变化。神经末梢是神经系统的最终端，用于接收来自于皮肤等器官的刺激信号。临床上针灸医生通常采用的针灸穴位约为 360 个[29]，每个穴位区都聚集着大量的神经末梢，当针刺特定穴位时，针刺作为对穴位的机械作用可以等效为对神经系统的外界刺激，神经系统对针刺作用进行神经编码，从而对机体产生相应的针刺效应。为研究针刺对不同水平神经系统的影响，设计了动物还原实验，即动物解剖实验。

动物还原实验有两类。一类动物还原实验是通过解剖实验研究针刺作用对神经系统化学物质的影响，这类实验研究相对较多。例如，通过解剖实验切断猫某侧脊髓节段的背根，然后观测针刺作用对背根节内神经生长因子和神经生长因子 mRNA 的影响。

另一类动物还原实验是关于针刺在外周及低级中枢神经系统诱发的神经电信号的研究，目前研究相对较少。在国内，复旦大学、西安交通大学、上海针灸经络研究中心以及中国中医研究院针灸研究所通过动物解剖实验，采用电针或手针等不同的手法刺激穴位，研究针刺作用对相应外周传入神经 A 类纤维以及 C 类纤维等兴奋性的影响，研究成果显著。然而对于神经纤维兴奋性信号仅限于放电计数等传统的统计分析，对于由针刺诱发的神经电信号所携带的深层次的信息并未进行深入挖掘。因此作者所在课题组设计了以不同手法针刺足三里穴并采集大鼠的脊髓背根和脊髓背角神经信号的动物解剖实验，通过现代信息处理技术系统研究针刺对外周及低级中枢神经系统的影响，并基于神经电信号量化针刺手法，在国内此类研究尚属首次。

1.4.2 人体针刺实验

当研究对象为人时，通常是无法进行解剖实验的。功能核磁共振成像(fMRI)、正电子发射断层扫描(PET)、脑电图(electroencephalography，EEG)、脑磁图(magnetoencephalography，MEG)等功能性脑成像技术具有快速、可重复、无介入等特点，且随着分辨率和敏感性的提高，无创研究针刺的解剖结构、探索针刺穴位对脑功能的影响以及揭示针灸的神经生理机制成为可能。

(1)采用 fMRI 技术研究针刺对高级中枢的作用

fMRI 技术采用 BOLD(blood oxygen level dependent)等方法可以显示大脑各个区域内静脉毛细血管中血液氧合状态所起的磁共振信号的微小变化，观察大脑活动。在过去的 20 年里，众多学者采用 fMRI 技术研究针刺效应。例如，Cho 提出了采用 fMRI 研究与视觉相关的至阴-昆仑穴对视觉皮层的影响[30]；Wu、Hui 等通过 fMRI 研究了针刺足三里穴时针刺能够激活下行镇痛通路，抑制促进疼痛的边缘区域的活动[31,32]；Wu、Yan 等又基于 fMRI 研究了针刺穴位区与伪穴位区是特定中枢神经系统的响应神经特异性问题[33,34]。

(2)采用 PET 技术研究针刺对高级中枢的作用

PET 是核医学领域比较先进的临床检查影像技术，对生物生命代谢中必需的物质(如葡萄糖、蛋白质、核酸、脂肪酸等)标记上短寿命的放射性核素(如 F18、碳 11 等)，注入人体后，通过对于该物质在代谢中的聚集，来反映生命代谢活动的情况。Hsieh 采用 PET 技术，以局域大脑血流作为脑活动参数研究短时程刺激穴位所诱发的脑活动特异性，结果显示下丘脑能够反映针刺刺激，是介导调控针刺刺激效应的关键部位之一；尹岭基于 PET 技术探讨针刺足三里穴脑功能变化的实验依据；Harris 采用 PET 技术研究传统中医针灸与伪针灸作用对μ阿片样受体的不同的短时程与长时程作用效应[35]。

(3)采用 EEG 技术研究针刺对高级中枢的作用

PET 和 fMRI 技术都是基于血流、葡萄糖代谢率、血氧饱和度等指标间接反映脑组织的活动情况，而 EEG 是大脑皮层神经元电活动共同作用的结果，EEG 是通过电极引出已存在于脑细胞的电活动，经放大后记录下来并形成一定图形的曲线，能够反映脑在任何时刻的功能状态，是对大脑皮层的神经电活动的直接反映，更适合针刺诱发的神经电信息的研究。Sakai 采用 EEG 数据分析发现针刺引起的自主神经活动变化将导致特定的针感，研究认为与前脑的调制有关，这对通过抑制交感神经活动缓解慢性疼痛十分有益[36]；Chen 等设计了以不同频率电针刺激分别刺激穴位与伪穴位的实验，通过对 124 导的针刺脑电信号的功率谱分析，对针刺特异性问题、高频率和低频率针刺刺激产生的效应有无区别，以及针刺效应是否只对某频段 EEG 信号敏感等问题进行了研究[37]。

1.5 针刺神经电通路

生物为了生存和繁衍后代必须具备能够感受和适应来自于内外环境种种变化的能力。神经系统是动物体最重要的联络和控制系统，可以协调各个组织和器官，感知来自于内外环境的变化，对各种信息进行整合，确定应对变化的方式，并指示身体做出适当的反应，使动物体内能进行快速或者短暂的信息传递来保护自己。

神经系统分为中枢神经系统与外周神经系统两部分，虽然只占人体总体重的 3%左右，却是人体最复杂的系统。中枢神经系统是组成神经系统的主要部分，由脑和脊髓构成；外周神经系统，由除中枢神经系统外的其他神经组织构成，包括脑神经节、脊神经节和外周神经。神经系统主要有以下三大功能：①感觉功能。身体的内在感受器探测如血的酸度、血压等内在刺激，外在感受器感受来自于皮肤等身体末端所接受到的外来刺激，并将这些刺激信息经感觉神经传递至中枢神经。②综合及指令功能。对从感觉感受器传递来的信息进行分析、整理、判断，并做出适当的决定。③运动功能。把中枢神经发出的指令信息由运动神经传递至末梢，并执行决定。外周神经系统根据信息传递方向分为将信息传向中枢神经系统的传入神经以及将信息由中枢神经系统传出的传出神经，其中感觉功能主要由外周传入神经实现，运动功能主要由外周传出神经实现，中枢神经系统主要实现综合及指令功能。

针刺作为对神经系统的外部刺激，被神经系统的感受器捕获，然后将针刺感觉信息上传至更高级的神经系统。针刺效应是来自病灶区的信号和针刺穴位区的信号在神经系统不同阶段的整合过程的体现。基于神经系统的功能和解剖结构，针刺信号自穴位区经过感觉感受器、脊髓传递至大脑。图 1.1 所示为针刺信息从足三里穴到大脑皮层的神经传递通路。

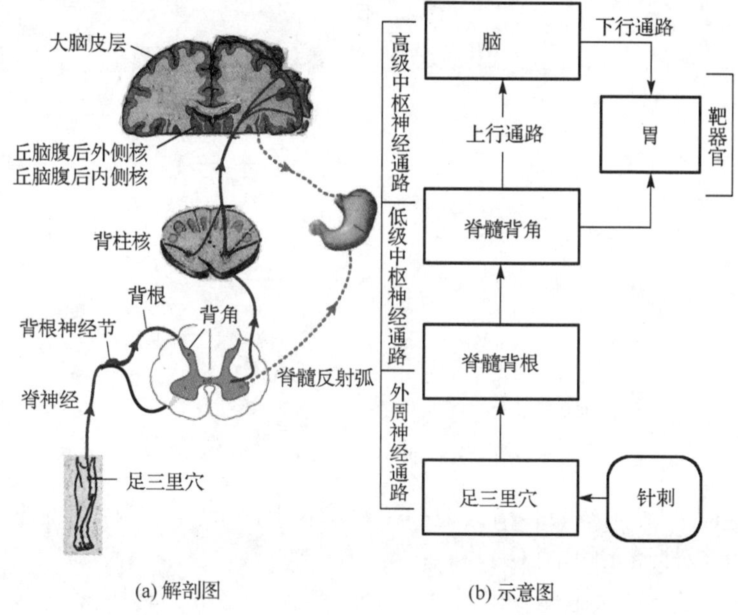

(a) 解剖图　　(b) 示意图

图 1.1　针刺足三里穴的神经电信息传导通路

1.5.1 针刺神经电通路基本结构单元

神经元是神经系统基本的结构和功能单位，广泛分布于脑、脊髓和神经中。神经元的功能就是接受某些形式的信号并对之做出反应、传导兴奋，以及发生细胞之间的联结等。正是由于神经元具备这些功能，生物才能对环境的变化做出快速整合性的反应。神经电信息在神经元内以动作电位的形式通过神经纤维传输，在神经元之间则由相邻细胞膜通过感应电场直接传递或者依靠突触前膜释放神经递质传递给下一个神经细胞的突触后膜。

神经元由细胞体和细胞突起构成。细胞突起是由细胞体延伸出来的细长部分，可延伸至全身各器官和组织中。突起可以分为树状突起(简称树突)和轴状突起(简称轴突)。树突是从胞体发出的多根多分枝的突起，神经元可以有一个或多个树突，其分布面积广，是神经元接收信息的主要区域。传入信息以电信号的形式在树突上扩散并被整合，这种电信号与轴突上传导的兴奋电位不同，属于电紧张电位。轴突是由胞体发出的单根突起，可以将兴奋由胞体传送给其他神经元、效应器或组织。从形态学角度，根据细胞体突起的数目可以把神经元分为三类：单极神经元、双极神经元和多极神经元，如图 1.2 所示。

(1) 单极神经元：从胞体发出一个突起，在离胞体不远处呈 T 型分成两支，其中较细长的突起，结构与轴突相同，伸向皮肤、肌肉或内脏等，被称为周围突，其功能相当于树突，能感受刺激并将冲动传向胞体；另外一支伸向脊髓或脑等中枢，

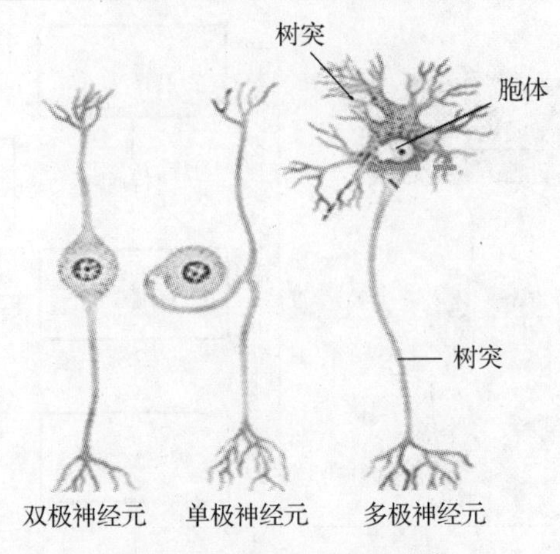

图 1.2　神经元形态学分类

称为中枢突，将神经电信号传给其他神经元。其中位于外周神经系统的脊髓背根神经纤维就是单极神经元的中枢突。

(2) 双极神经元：从胞体发出两个突起的神经元，分别为树突和轴突，主要分布于视网膜、前庭神经节和耳蜗神经节等。

(3) 多极神经元：从胞体发出一个轴突和多个树突，是脊椎动物神经系统内有代表性的类型，分布最广。小脑的蒲肯野氏细胞、脑干内的运动神经元，大脑皮质的锥体细胞以及脊髓背角神经元都属于这种类型。

1.5.2　外周神经电通路

在外周神经系统中，脊神经是连接躯干、四肢与脊髓的神经。每对脊神经由与脊髓相连的前根和背根在椎管内行至相应的椎间孔，并在该孔附近会合而成。背根在邻近椎间孔处有一椭圆形膨大的脊神经节——背根神经节，由单极神经元胞体集聚而成，其周围突加入脊神经，中树突构成背根，如图 1.3 所示。穴位是聚集了大量神经末梢的区域，当穴位受到针刺的机械刺激后，会被相应穴位区的神经末梢捕获，经脊神经传至脊神经节，再经后根传递至上级神经系统。图 1.4 所示为针刺足三里穴神经电信号在外周神经系统的传导过程。当针刺足三里穴时，针刺的机械作用将由足三里穴位区的感觉神经末梢捕获，经生物换元转换为生物电信号，以神经冲动的形式沿着末梢神经传至脊髓背根神经节，周围突(即末梢神经)将感受到的来自足三里穴的刺激传至感觉神经元胞体，针刺信息经胞体整合处理后，由中枢突(即神经纤维)以动作电位的形式传递到上级神经系统。一般情况下，针刺刺激会同时引起多脊神经多个感觉神经元兴奋，并在背根各神经元树突之间并行传递，互不影响，但也不能完全排除局部环路的影响，如轴突反射引起的相邻神经元兴奋等。

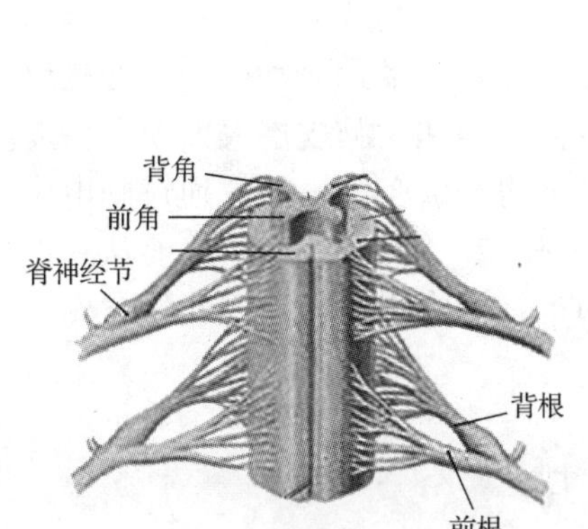

图 1.3 脊神经及脊髓解剖图

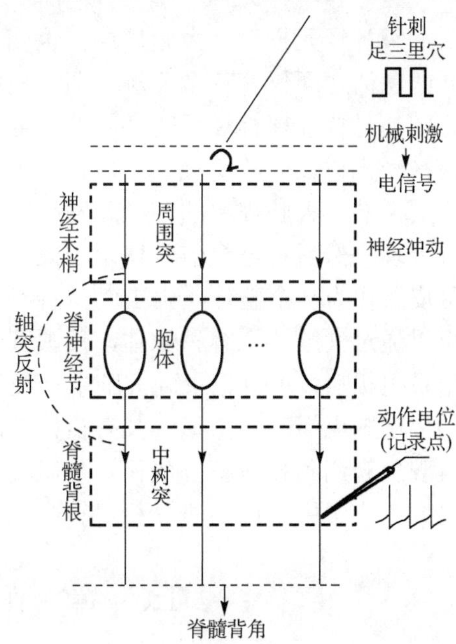

图 1.4 外周神经系统针刺电信息通路上电信号传导过程

为了研究针刺足三里穴对外周神经系统的影响，设计了实验，使用不同针刺手法针刺大鼠足三里穴，测取处于外周神经系统的脊髓背根神经纤维动作电位。

1.5.3 低级中枢神经电通路

当针刺足三里穴的机械刺激经外周神经系统中脊神经节内的感觉神经元处理后，神经电信息将以动作电位的形式传递至上一级神经系统——中枢神经系统。从外周向中枢神经系统的信息流动具有高保真度，沿此至中枢的通路中，仅存在少数连接，使得信息能够一对一地传递，保证直接作用于体表的刺激能够快速达到意识。脊髓背角位于脊髓内部，为感觉末梢向中枢传入的一级终止区域，是躯体及内脏相互作用的区域，属于低级中枢系统，脊髓背角与脊髓背根神经元形成突触。针刺作用时，脊髓背角神经元在接受来自于外周神经系统的针刺电信号的同时，整合内脏的传入信息，然后将针刺信息以动作电位的形式继续向更高级神经中枢传递。

1.5.4 高级中枢神经电通路

针刺神经电信号经过外周神经系统和低级中枢神经系统处理后，部分针刺信号会沿着脊髓反射弧直接作用于效应靶器官，而另一部分针刺神经电信号在进入脊髓以后，经背柱上行，终止于薄束核和背柱核。背柱核内第二级神经元的轴突交叉至对侧，经内侧丘系上行，终止于丘脑腹后外侧核。来自头、颈部及脊髓的通路在解剖上不同，但功能相似，终止于丘脑腹后内侧核。丘脑腹后外侧核和丘脑腹后内侧核中的第三级神经元投射至大脑皮层。也就是说，由穴位外周传入末梢的兴奋到皮层神经元的激活之间仅有三个突触，即背根中枢突与背角神经元树突间的突触、背角神经元轴突与背柱核神经元树突间的突触，以及背柱核神经元轴突与丘脑腹后内(外)侧核神经元树突间的突触。之后针刺电信号通过丘脑腹后内(外)侧核神经元激发大脑皮层活动，大脑皮层的神经元网络将对低级神经中枢上传的针刺信息和内脏信息进行处理，然后将整合信号作用于效应靶器官，产生针刺效应。

大脑皮层作为一个整体，由 10^{11} 个神经元组合而成，神经元活动所产生的电位变化，可以通过大脑这个容积导体，反映到大脑表面。当在大脑皮层表面或者头皮上安放记录电极后，可以记录到大脑中神经元所产生的电位变化。EEG 通过脑电仪记录到的皮层脑电活动的图形，具有良好的时间分辨率和空间分辨率，能够从脑地形图上直观地观测到相应脑区变化，是研究大脑电活动的有力工具。但在针灸作用机理的研究中，运用脑电的研究相对较少。

1.6 章节安排

当针灸针对穴位区进行反复的机械刺激时，会诱发神经系统产生相应的神经电活动，神经系统通过对针刺信息和机体自身的状态进行整合进而产生针刺效应，以不同的手法针刺特定穴位，会引起机体产生不同的针刺效应。为了探索不同针刺手法对神经系统所产生的影响，本书以神经电信号为切入点，基于生物解剖结构建立针刺神经电信号通路，然后采用非线性时间序列方法等现代信息处理技术，分析不同手法针刺作用于足三里穴在神经系统不同层次水平诱发的神经电活动时间序列，阐明不同针刺手法与神经系统响应的相关性的规律，量化和区分不同针刺手法，提取不同针刺手法诱发的神经电信号的特征参数，研究针刺对神经系统不同阶段的影响。一方面，为量化和规范中医针灸的诊疗标准和技术指标开创新的思路，使针刺法日趋规范化、剂量化、科学化，使针灸这种自然疗法在世界范围内推广，为揭示针刺的作用机理提供一定的理论基础；另一方面，针刺治疗过程存在着大量的人为主观因素，因此对针刺的神经作用机理的研究，有助于替代针刺等效疗法的探索。

本书的章节安排如下。

第 2 章简要介绍了当前数据处理的一般方法和处理过程，以及现有的非线性分析方法在神经电信号、脑电信号和心电信号等电生理学信号处理中的应用。另外，在理论神经学科，研究者力图使用数学语言精准描述大脑的活动与其行为之间的关系。因此，本章对神经科学领域的生理模型及数理模型的提出和发展进行了简要介绍。

第 3 章基于神经系统的生物解剖结构，抽象出针刺神经电通路的概念，并设计了针刺足三里穴在外周神经系统采集神经电信号的实验。通过神经电信号预处理，获取了神经元放电序列。

第 4 章引入点过程和峰峰放电间期的概念，利用放电率、变异系数等方法，分析不同频率针刺手法诱发的神经电信号的频率编码和时间编码模式，进一步证实了针刺的电信息神经传导通路的存在。采用 Welch 频谱估计法进行谱分析，结合 Lyapunov 指数，确定针刺神经电信号的随机性；利用关联维数、LZ 复杂度和分形维数等非线性时间序列的分析方法度量不同频率手法作用下神经电信号的非线性特性。

第 5 章介绍了神经电信号分析中常用的小波分析和熵理论，以及小波与熵结合的各种算法，并基于这些算法采用不同针刺手法对神经放电活动的影响进行比较。

第 6 章建立了针刺神经放电活动的状态空间模型，并基于模型应用贝叶斯解码算法对针刺波形进行重构。基于时间重标度理论应用拟合优度方法检验模型拟合数据的精确性。

第 7 章应用 Gamma 模型拟合针刺神经放电的 ISI 分布，提取了不同针刺手法诱发神经活动的放电率和放电不规则度特征，并应用卡尔曼滤波算法估计针刺输入特征。

第 8 章设计了针刺人足三里穴的脑电采集实验，并对信号进行预处理，采用 LZ 复杂度、关联维数以及排序递归图等分析方法度量不同频率针刺作用下全频带脑电信号的非线性特性，并采用多尺度排序递归和小波包熵对五个子频带下的脑电信号进行了分析，刻画了不同针刺频率对不同节律复杂度的影响。

第 9 章对针刺下多通道脑电之间的联系进行了研究，采用线性相干估计、同步似然方法和互信息等方法分析了针刺对脑区间同步性的影响，探索大脑各区域间信息传递的变化与针刺的关系。

第 10 章基于相干估计和同步似然方法构建了脑功能网络，并提取了聚类系数、最短路径长度等网络参数，刻画了不同频率针刺对大脑功能网络拓扑结构的影响。

参考文献

[1] Knardahl S, Elam M, Olausson B, et al. Sympathetic nerve activity after acupuncture in humans. Pain, 1998, 75(1): 19-25.

[2] Ernst E, White A R. Prospective studies of the safety of acupuncture: A systematic review. The American Journal of Medicine, 2001, 110(6): 481-485.

[3] Toda K. Afferent nerve characteristics during acupuncture stimulation. International Congress Series, 2002, 1238: 49-61.

[4] Mori H, Nishijo K, Kawamura H, et al. Unique immunomodulation by electro-acupuncture in

humans possibly via stimulation of the autonomic nervous system. Neuroscience Letters, 2002, 320(1/2): 21-24.

[5] Kaplinsky N J, Barton M K. Plant biology: plant acupuncture: Sticking PINs in the right place. Science, 2004, 306(5697): 822-823.

[6] Kagitani F, Uchida S, Hotta H. Afferent nerve fibers and acupuncture. Autonomic Neuroscience, 2010, 157: 2-8.

[7] Ramsay D J, Bowman M A, Greenman P E, et al. Acupuncture. Journal of American Medical Association, 1998, 280: 1518-1524.

[8] Hawkins R D. Power VS Force: The Hidden Determinants of Human Behavior. New York: Veritas Publishing, 1995.

[9] 石学敏. “醒脑开窍”针刺法治疗脑卒中. 中国临床康复, 2003, 7(7): 1057-1058.

[10] 杨志新, 石学敏. 醒脑开窍针刺法治疗中风疗效与安全性的系统评价. 中国针灸, 2007, 27(8): 601-608.

[11] 韩济生. 影响针刺镇痛效果的若干因素. 针刺研究, 1994, 19(3): 1-4.

[12] 郑魁山. 针灸集锦（修订本）. 兰州: 甘肃科学技术出版社, 1988.

[13] 曾燕, 梁勋厂. 电针穴位对痛觉相关诱发脑电位的影响. 针刺研究, 2003, 28(3): 182-188.

[14] 李晓泓, 郭顺根. 电针对抑郁大鼠中枢及外周单胺类神经递质的影响. 中医药学刊, 2004, 22(1): 185-188.

[15] 尹岭, 金香兰, 石现, 等. 针刺足三里穴PET和fMRI脑功能成像的初步探讨. 中国康复理论与实践, 2002, 8(9): 523-524.

[16] 金香兰. 针刺足三里穴FDG-PET和fMRI 脑功能成像研究. 北京: 军医进修学院, 2005.

[17] 赵敏生, 余安胜, 李西林. 辣根过氧化物追踪“足三里”穴的脊髓投射研究. 中国针灸, 1999, 19(9): 511-513.

[18] 孙世晓, 王新梅, 张江红. 艾灸猫足三里穴增强胃运动中枢作用机理研究. 针灸临床杂志, 2001, 17(4): 53-54.

[19] Shi X M. Review on the clinical research development in acupuncture and moxibustion. World Journal of Acupuncture-Moxibustion, 1998, 8(4): 44-51.

[20] 沈龙, 樊小农, 熊俊, 等. 近10年针刺量化研究状况的分析和思考. 针灸与经络, 2010, 37(3): 519-521.

[21] 张亚男, 杨沙, 樊小农, 等. 穴位及针刺持续时间对针刺效应影响的实验研究. 天津中医药, 2010, 27(2): 118-120.

[22] Li G, Cheung R T, Ma Q Y, et al. Visual cortical activations on fMRI upon stimulation of the vision-implicated acupoints. Neuroreport, 2003, 14(5): 669-673.

[23] Han J S, Zhou Z F, Xuan Y T. Acupuncture has an analgesic effect in rabbits. Pain, 1983, 15(1/4): 83-91.

[24] 叶小丰, 李建国, 杜朝晖, 等. 电针"足三里"穴对大鼠迷走神经放电的影响. 针刺研究, 2006, 31(5): 290-293.

[25] 张建梁, 晋志高, 逯波, 等. 脊髓背角神经元对胃扩张及电针"足三里"穴的反应. 针刺研究, 2001, 26(4): 268-273.

[26] 孙力. 基于电信号的针刺特性研究. 天津: 天津大学, 2008.

[27] Wang J, Si W, Che Y, et al. Spike trains in Hodgkin-Huxley model and ISIs of acupuncture manipulations. Chaos, Solitons & Fractals, 2008, 36(4): 890-900.

[28] 李诺. 针刺对脑功能影响的数据采集与分析. 天津: 天津大学, 2010.

[29] Langevin H M, Yandow J A. Relationship of acupuncture points and meridians to connective tissue planes. The Anatomical Record, 2002, 269(6): 257-265.

[30] Cho Z H, Chung S C, Jones J P, et al. New findings of the correlation between acupoints and corresponding brain cortices using functional MRI. Proceedings of the National Academy of Sciences of the United States of America, 1998, 95(5): 2670-2673.

[31] Wu M T, Hsieh J C, Xiong J, et al. Central nervous pathway for acupuncture stimulation: Localization of processing with functional MR imaging of the brain-preliminary experience. Radiology, 1999, 212(1): 133-141.

[32] Hui K, Liu J, Marina O, et al. The integrated response of the human cerebro-cerebellar and limbic systems to acupuncture stimulation at ST 36 as evidenced by fMRI. Neuroimage, 2005, 27(3): 479-496.

[33] Wu M T, Sheen J M, Chuang K H, et al. Neuronal specificity of acupuncture response: A fMRI study with electroacupuncture. Neuroimage, 2002, 16(4): 1028-1037.

[34] Yan B, Li K, Xu J, et al. Acupoint-specific fMRI patterns in human brain. Neuroscience Letters, 2005, 383(3): 236-240.

[35] Harris R E, Zubieta J K, Scott D H, et al. Traditional Chinese acupuncture and placebo (sham) acupuncture are differentiated by their effects on [mu]-opioid receptors (MORs). Neuroimage, 2009, 47(3): 1077-1085.

[36] Sakai S, Hori E, Umeno K, et al. Specific acupuncture sensation correlates with EEGs and autonomic changes in human subjects. Autonomic Neuroscience-Basic & Clinical, 2007, 133(2): 158-169.

[37] Chen A, Liu F, Wang L, et al. Mode and site of acupuncture modulation in the human brain: 3D (124-ch) EEG power spectrum mapping and source imaging. Neuroimage, 2006, 29(4): 1080-1091.

第 2 章　神经电信号分析概述

2.1　数据分析的一般过程

随着计算机科学的快速发展，现代数据分析理论被逐步应用于生物数据的挖掘中，下面对数据分析的一般过程进行简要总结。

(1) 数据预处理。通常来说，实验采集到的数据均为原始数据，在数据的采集过程中，由于环境或者仪器本身的原因，数据中混合了如噪声、工频干扰等干扰因素，缺乏真实性，所以需要对原始数据进行降噪处理，也就是数据的预处理。从而把数据整理成更标准的形式，为后续的分析提供方便。

(2) 特征提取。特征提取主要是采用不同的方法对数据进行降维，从复杂的高维空间映射到低维空间，然后根据其结果对数据进行区分。对于不同领域的数据，其特征也存在区别。例如，在文本分析中特征可能是一些关键词，而对于图像特征提取，特征可能是人脸等。这种降维思想对于复杂对象来说是十分重要的，尤其对于时间序列以及图像来说，特征提取可以大幅降低问题的复杂度。常见的特征提取算法有主成分分析(principal component analysis，PCA)、独立成分分析(independent component analysis，ICA)、神经网络和支持向量机等。其基本的思想就是对众多的特征进行线性或者非线性的变换从而达到降维的目的，其中有些变换是通过显式的数学变换，有些则是隐式变换。对于一些更复杂的对象，如时间序列的特征提取、生物 DNA 序列信息提取、生理信号以及视频特征提取都是目前研究的热点问题。

(3) 数据分类。如果预测对象是一系列离散量，此过程被称为分类；如果是连续量，则被称为回归。分类是一个常见的问题，各个领域分类的目标不同。对于文本识别，可以对文章的类型进行分类，识别正常邮件和垃圾邮件；对于图像识别来说，是识别图像内容，如人脸识别，对于神经元放电的解码同样可以看成分类问题。数据分类的基本方法包括 K 近邻分类算法、贝叶斯法、神经网络和支持向量机等。

2.2　神经编码分析

2.2.1　神经编码与解码

神经元是神经系统的基本构成单元，拥有长距离快速传播信号的能力。它们通过产生特定形式的放电脉冲，称为动作电位或简称放电，来完成这一任务。这些放电是主要的信息传输形式，能够沿着神经纤维传导。神经元的动作电位具有标准的放电波形，是一个“全有全无”事件，可以解释为时间上的离散点序列，称为放电序列[1]。神经元通过多种不同的时间格局中动作电位序列表现和传递信息。外界信息被感觉神经系统捕获和编码，传递到中枢神经系统做进一步处理，产生响应信号。中枢神经系统再将产生的指令信号传导到肌肉来控制运动行为。在这些过程中发生的学习和记忆过程需要特定的表达方式。因此，神经系统在传递、储存和使用信息等不同阶段需要不同的放电序列编码策略。

理论神经科学的一个中心问题就是确定大脑的外部感觉输入(如视觉信息)和内在神经元放电响应之间的映射关系，称为“神经编码问题”。神经系统通过神经放电模式表达外部世界信息，凭借大脑传导和控制放电模式的能力对环境进行理解和交互。神经编码的研究包括测量和刻画放电序列如何表现不同属性的刺激，如光、声、温度、气味和针刺等。例如，视网膜中光感受器的活动可以映射为视觉通路的高级区域中的神经活动，大脑处理信息并以非凡的精确性执行目标辨识等难度较大的任务。刺激和响应之间的关系可以从两个相反的观点进行研究。编码的对偶问题为神经解码，是指从响应到刺激的逆映射，即从刺激诱发的放电序列中重构刺激或刺激某一方面特征。从观测的神经活动重构信号的能力提供了一个证明，即关于外部世界的明确信息可以由特定的神经放电序列表达[2]。神经计算方法可以应用一个或多个神经元的放电响应来辨识特定的刺激或提取刺激参数。一般来讲，公式化神经编码问题就是寻找刺激和神经元响应之间的函数关系描述。神经编码的主要假说有：单神经元编码与多神经元编码、频率编码与时间编码[3]。

2.2.2　单神经元编码与多神经元编码

单神经元编码最初是由 Muller 在 1826 年提出的，其认为不同的感觉是由不同类型的神经元的激活所介导的，不同类型的神经元对特异刺激(specific nerve energies)具有高度的敏感性，这一观点被后来者称为“Muller Doctrine”。1972 年，Barlow 提出单细胞教义，其主要内容包括四个方面：①“单个神经元”就等于“单个功能”；②每个神经元存在最适刺激；③平均放电频率编码假说；④空间上相邻的神经元功能相似的连续性假设。如体表感觉，包括触觉、痛觉、振动觉、冷觉等均存在特异的感觉纤维；视觉中存在红、绿、边缘、方位等特异感受细胞。最近的研究还发现，大脑中还存在“类选择”神经元，某些脑区的损伤可以导致大脑对某一类物体识别的选择性缺失[4]；PET 及 fMRI 的相关研究发现，针对某一类的视觉刺激，某些物体等存在特定的激活脑区。也有很多学者认为单个神经元的活动独立编码神经信息的可能性较小。他们认为，单个神经元编码的理论假设根源于单细胞记录的研究范式。Hopfield 在数学上证明：单细胞记录不可能揭示神经编码原理[5]。

因此学者们提出了多神经元编码理论，主要包括：多神经元反应模式编码理论、独立编码假说[6,7]、协同编码假说[8-10]和动态细胞集群编码理论（假说）[11]。文献[12]对多个峰放电神经元网络编码及仿真给出了大量的工具和算法，值得借鉴。

2.2.3　频率编码与时间编码

频率编码理论是被广泛接受的神经信息编码理论之一。其基本观点是：在神经元的放电序列中唯一重要的性质就是其放电频率，正是放电频率携带着信息。编码和解码都是直接的，刺激参数的值与放电频率成比例，下一级神经元的编码实质上是计算单位时间内的放电个数。1858 年，Fechner 提出了著名的 Weber-Fechner 律，认为神经兴奋与刺激的强度成正比。这一观点在 Adrian 的频率编码学说中得到了继承。Lucas 于 1905 年发现了骨骼肌兴奋的“全或无”原理。1912 年，Adrian 与 Lucas 共同证明这个规律适用于神经。Adrian 于 1926 年进一步提出了同型（isomorphism）的观点，指出神经纤维上传播的动作电位序列中每个脉冲是相同的。因此，Fechner 关于神经兴奋与刺激的强度成正比的观点中，与刺激强度相关的不应是各个神经兴奋的幅度，而应是波形相同的兴奋产生的数量。Adrian 遂提出脉冲频率编码（coding by pulse frequency）的观点，认为感觉刺激的强度是由神经纤维上放电的出现频率，即放电的平均时间密度来编码的[13,14]。在 1960 年前后的一系列实验中，人们记录慢适应触压感受器的传入放电、肌梭牵张感受器等的传入放电，发现在一定范围内，传入放电的频率与所施加刺激的关系近乎线性[15,16]。这些结果进一步强化了传入放电频率与刺激强度成正比的观点。这一观点被沿用并推广到一般情况，即认为在神经系统中，神经元放电频率高低反映了其所受刺激的强弱，神经元放电的脉冲计数（pulse count）也成为对神经元活动水平的最常规的电生理观察指标[17]。

与频率编码不同，时间模式编码的观点认为神经元所发放的动作电位串中除了包含频率信息外，其时间模式可能传递更多的神经信息。Brudo 和 Marczynsky 等报道了狗的海马神经元存在特定的放电模式；Sherry 和 Klemm 收集了许多还没有意识到“放电脉冲间隔序列中可能存在某种信息编码”的研究者发表的神经元放电资料，经分析后发现其中确实存在着某些比较稳定的重复出现的放电模式[18]；1983 年，Dayhoff 和 Gerstein 报道了一个用于检测神经元放电脉冲间隔序列的“优势模式检测法”，即放电序列中的一些片段模式出现的次数明显多于在随机序列中可能出现的次数[19]。他们对螯虾的运动神经元和猫的视皮层神经元进行了分析，在其中的大部分放电序列中发现了优势模式的存在。Middlebrooks 等证实了前外侧薛氏沟神经元能通过脉冲时序编码来确定声音在 360° 空间的位置[20]。Abeles 等采用空间-时间放电模式分析法对特定行为下猴的额叶皮层神经元放电模式进行研究后发现，在 30%～60%的情况下有重复模式的存在，有多种空间-时间放电模式与行为相关[21]。Richmond 和 Optican 的大量工作也证实了模式编码的存在，并指出这种编码不仅具有很高的信息传输率，而且也提高了神经系统对信号的分辨率[22-24]。Reich 等研究视觉编码时发现，视觉信息被编码在视觉皮层 V1 区神经元放电的峰峰间期(interspike interval，ISI)中，不同的视觉刺激与 ISI 模式相关，其进一步的工作表明，视觉对比度的相关信息编码在 V1 区神经元放电串的时间结构中[25,26]。Furukawa 等研究认为，听觉皮层单个神经元放电的时间模式可以编码声源的定位[27]。2007 年 Rocha 等发表在 *Nature* 上的研究得到神经峰放电序列在时间尺度上随着放电节律的相关性增加而增加的结论[28]。同年 Butts 研究了视觉系统中神经编码在时间尺度上精确性表达问题[29]。

时间编码假说虽然得到了越来越多实验证据和理论研究的支持，但还没有形成统一而令人信服的理论体系，频率编码仍然是解释神经电活动规律的重要基础。频率编码和时间编码很可能并不是截然对立，而是内在统一的，都是神经系统编码信息的重要方面。

2.3　非线性分析方法

2.3.1　非线性动力学

20 世纪 60 年代末美国气象学家 Lorenz 研究一组描述大气对流的微分方程，用计算机做数值计算，观察这个系统的演化行为。在计算观察中，确实发现了这个确定性系统的有规则行为，同时也发现了同一系统在某些条件下可出现非周期的无规则行为。Lorenz 在 1963 的研究中揭示了一系列混沌运动的基本特征，如确定性非周期性、对初值的敏感依赖性、长期行为的不可预测性等[30]。另外，Lorenz 在混沌研究中发现了第一个奇异吸引子——Lorenz 吸引子，为混沌研究提供了一个重要模型，并且他最先在计算机上采用数值计算方法进行具体研究，为以后混沌的研究开辟了道路。从 70 年代开始，混沌理论的热潮开始兴起。1971 年，Ruelle 和 Takens 提出了用混沌来描述湍流形成机理的新观点[31]。1975 年，李天岩和 Yorke 提出了一个有关混沌的数学定理——Li-Yorke 定理，认为周期 3 轨道的出现蕴涵着混沌[32]。定理描述了混沌的数学特征，为以后一系列的研究开辟了方向。

发现混沌现象以来，人们对看似随机的时间序列信号有了崭新的认识。研究人员开始用观察到的非线性动力学系统的基本特性，对系统中的不规则行为，寻求用确定混沌做出明确解释的方法。混沌理论与现实环境之间的最直接联系就是用非线性动力学分析真实系统的时间序列，随着混沌理论的发展，混沌理论与时间序列分析相结合便产生了前沿学科之一——混沌时间序列分析。

现在，以混沌现象为代表的非线性动力学迅速渗透到力学、电子、生物、医学、化学等科学研究和工程应用领域中，形成了混沌时间序列分析的研究方向，逐渐成为诸多领域关注的研究热点。在经济学领域中，人们受到新的预测算法的鼓舞；在临床医学上，研究混沌现象的技术有望成为新的诊断工具。以生物医学工程为例，近几年来 *Nature* 上相继登载了心脏、大脑和神经系统中有关混沌现象、混沌特征及混沌控制的系列报道，这些就是生物医学工程与混沌时间序列分析相结合研究具体问题的典型例证。

混沌时间序列分析来源于各类工程实际中的非线性现象和问题，同时它又为解决非线性动力学行为提供了强有力的工具。混沌时间序列分析的基本问题可概括为以下几个方面。

(1) 动力系统的辨识，即由时间序列来辨识决定运动演化规律的动力系统。辨识包括确定构成混沌运动的轨道和估计奇异吸引子整体性质的关联维数、Lyapunov 指数等统计特征指标。既可以由重构吸引子来拟合运动轨道各点处的局部线性动力学关系，也可以通过建立决定轨道演化的整体非线性动力学模型来表征该混沌动力系统。

(2) 嵌入参数的最佳选择，包括嵌入维数和延迟两个参数的最优选取。因为在混沌时间序列分析中选取合适的嵌入维数和延迟会使吸引子重构更为有效，即只需要利用包含较小冗余信息的数据就可在低维的重构吸引子上重现系统的动力学行为。

(3) 确定性和随机性，即分辨出观测数据是由确定性还是随机性机制所产生的。时间序列产生机制将决定待建立模型的确定性与随机性。混沌时间序列是一种貌似随机的确定性信号，由非线性的确定性系统产生，是确定性与随机性共同作用的体现。

(4) 线性和非线性，即确定时间序列是由线性还是非线性机制所决定的。尽管具有非线性特征的动力学系统不一定会产生混沌现象，但混沌时间序列一定是非线性动力学系统产生的。因此，确定时间序列的非线性与否，在混沌分析中是十分必要的。

在具体应用混沌时间序列分析方法时，主要解决以下问题。

(1) 如何检验时间序列的非线性。

1992 年，Theiler 等从检验时间序列的非线性出发，提出了替代数据的方法[33-35]，为判别时间序列是否具有非线性提供了比较和参照的依据，因此该方法迅速成为人们普遍使用的分析手段。

(2) 如何由观测数据序列重构系统状态空间。

时间序列非线性分析的第一步也是最重要的一步就是相空间重构，得到相空间的奇异吸引子[36]。1980 年，Packard 等首次提出由混沌时间序列来重构奇异吸引子并研究其性质的思想，揭开了通过标量时间序列来研究动力系统复杂混沌运动的序幕[37]。Takens 提出了坐标延迟方法，利用标量时间序列重构吸引子，并且证明了原系统和重构系统一一对应的嵌入定理，为混沌时间序列分析奠定了理论基础[38]。嵌入理论两个重要的参数为时间延迟和嵌入维数[39]。近年来学者提出多种新的方法来确定这两个参数[40,41]，随后提出了同时选择两参数的方法。一种更复杂但更直观显示重构轨迹的方法是递归图法[42]。通过在二维图上做出两个不同时刻的组合协调，在图上用点描绘两时刻的距离大小关系。递归图提供了动力系统的平稳性信息，从而比周期成分求解的结构更加具体。Rieke 等用递归图来定量判别系统的非平稳性[43]。Marwan 提出一种改进的互递归图方法用来研究两变量数据的非线性内部相关性[44]。

(3)根据混沌的自相似性，确定关联维数、Lyapunov 指数、熵等特征指标。

1983 年，Grassberger 和 Procaccia 提出的计算关联维数的 GP 算法[45]成功地度量了奇异吸引子的混沌特征，从而实现了直接由时间序列定量地判断混沌。随后，一些学者对关联维数的计算方法进行了改进。Grassberger 和 Theiler 提出了更快且更有效的算法来计算吸引子维数[46,47]。也有学者直接从噪声和非平稳及非线性降噪入手进行研究[48-50]。

混沌运动的基本特点是运动对初始条件极为敏感，即两个极靠近的初值所产生的轨道，随时间推移按指数方式分离。Lyapunov 指数就是用来衡量轨道的收敛速率和发散速率的。Wolf 等最早对 Lyapunov 指数进行研究，不仅给出了从微分方程和从实验数据计算 Lyapunov 指数的算法，还对其中应当注意和考虑的问题、对数据的要求以及噪声问题等进行了比较详尽的探讨[51]。随后一些更简单和快速的算法被 Kantz 和 Rosenstein 等提出[52,53]。McCaffrey 等的算法基于非参数回归[54]。Kowalik 和 Elbert 提出了一种改进方法，利用时间依赖性计算最大 Lyapunov 指数[55]。其他算法提出了系统的 Lyapunov 谱的方法，而不是单一的最大指数[56,57]。嵌入参数的正确选取、时间序列的长度、平稳性和噪声问题同样需要在计算 Lyapunov 指数时考虑。还有人提出了专门针对共振现象的 Lyapunov 指数计算方法[58]。因为正的 Lyapunov 指数表明混沌特性，然而在噪声时间序列中也可能出现伪的正 Lyapunov 指数。

吸引子的熵是动力学信息损失的度量。周期运动系统的熵值为 0，而随机系统的熵值为无穷，混沌系统的熵值取有限正值，并且熵值等于全部正的 Lyapunov 指数之和。一种广泛使用的算法由 Grassberger 和 Procaccia 给出，它们可以由关联维数推导得到[59,60]。还有其他的基于非线性预测的熵算法、近似熵、最大似然熵、粗粒性分布熵和多解析度熵。同其他非线性测度方法一样，熵估计在分析 EEG 信号时也有局限性。利用 Nolte 的方法可以处理噪声带来的影响。

Lyapunov 指数描述了混沌系统对初值的敏感程度，分形维数给出了有关混沌系统的自由度的信息，而测度熵则反映了混沌系统信息增长或流动的速率。三者从不同角度描述了混沌系统，既有区别又相互联系。人们应用上述几种数值分析方法分析实验采集的数据，从杂乱的实验数据中提取出了特征量，并得到了有意义的结论[61,62]。在文献[61]中，研究者采集了两例健康成年人的胃电信号，采用数值计算的方法，发现功率谱是有尖峰的连续谱，具有正的 Lyapunov 指数，其相关维数介于 6 和 7 之间，结果表明健康人的胃电信号虽然很复杂，但是不同于噪声，是服从确定规律的。有研究者对麻醉的 SD 大鼠在癫痫发作前后两种状态的皮层脑电序列进行分析，结果发现癫痫发作前的皮层脑电的最大 Lyapunov 指数和近似熵都要明显高于癫痫发作后，这为预报癫痫的发作提供了思路。

(4) 对观测数据进行非线性降噪处理。

在混沌研究过程中，噪声的实际存在给研究和应用工作带来了困难，Cuomo 等发现如果通信信道中的噪声超过混沌信号的 10%，系统将无法同步，混沌信号与噪声的宏观统计特性表现得惊人一致[63]，为混沌系统的研究带来了新的挑战。正确地辨别混沌与噪声，认清混沌与噪声的本质，抑制和消除噪声，提高系统信噪比已成为混沌现象研究的一个重要方面而受到广泛的关注[64,65]。

(5) 混沌系统短期行为的非线性预测。

由于混沌系统的初值具有极端敏感性，对混沌系统的长期演化结果不可预测。但由于混沌是由确定系统的内在特性引起的，因此短期行为又是完全确定的，即可预测。到目前为止已经发展了许多的混沌时间序列建模和预测方法，大致分为全局预测法、局域预测法和非线性自适应预测法。全局预测法指对重构相空间中的所有状态点拟合出一个光滑函数作为预测模型；局域预测法不是对相空间的所有状态点进行拟合，而是仅选取需要预测状态点最邻近的几个状态点来拟合预测函数；非线性自适应预测法就是自适应地调整某些参数来跟踪混沌的运动轨迹。国内外学者经过不懈努力，对混沌时间序列的预测取得了大量成果。例如，Farmer 和 Sidorowich 提出了状态空间重构方法预测混沌时间序列[66]，它的性能优于传统的 AR 模型，Linsay 提出了线性内插法[67]，Navone 和 Ceccatto 提出局域超平面近似法[68]，Liu 等从理论上证明了三种局域预测法等价[69]，Cao 等提出了小波网络预测模型[70]，Platt 提出了资源分配网络[71]，Lu 和 Sundararajan 等提出了组合资源分配网络和基于隐含层节点对总输出贡献的修剪策略[72]，Szpiro 提出了用遗传算法快速预测混沌时间序列[73]。由上可见，混沌时间序列的预测受到了越来越多学者的重视。许多预测方法和模型被应用在各个领域。例如，袁坚和肖先赐研究了混沌通信的混沌对抗，张家树和肖先赐提出了基于混沌预测的非线性自适应滤波方法[74]，Kavitha 和 Naryana 研究了生物医学信号的检测和压缩传输[75]。

(6) 利用混沌对初始条件的敏感性，采取相关措施实现混沌控制。

混沌的控制研究包括混沌的控制、反控制及同步控制。在混沌的控制与同步中，非线性系统的控制理论被广泛采用[76]，如基于非线性观测器理论的状态反馈方法、滑模变结构方法、神经网络和模糊控制等智能控制方法以及微分几何方法等。

2.3.2　神经电信号的非线性

神经元是大脑、脊髓、外周感觉系统等神经系统的基本结构和功能单元，神经元通过动作电位序列的形式传递神经信息，大量研究表明，细胞膜动作电位的产生是多个离子通道相互作用的结果，离子通道的开关概率与膜电位呈非线性关系，当神经元受到不同的外界刺激时，会产生不同的动作电位序列，并出现复杂的混沌放电模式。神经系统是由数以亿计的神经元通过大量的电突触或者化学突触连接构成的神经网络，是典型的非线性动力学系统，具有极度复杂的非线性特性，如大脑皮层神经元电活动十分复杂，是无数锥体神经元(非线性振荡子)电活动共同作用的结果，大脑皮层某区域内的放电节律的改变，或不同脑区间放电同步性的变化，都会引起相应的生理活动。因此从具有强烈非线性特征的神经电信号中提取出蕴含其中的有效信息，有助于深入了解神经系统的运作模式。

2.3.3　神经电信号的非线性动力学分析

神经放电是产生于神经细胞上的电化学振荡，对这种振荡连续发生的模式可以利用动力学关于振荡运动的概念加以描述。神经元作为一个动力系统，建立膜电位、膜的各种离子电导的时间演化的数学模型，描述这些生理变量的时间演化和内在联系。自治微分方程、差分方程等动力系统已被成功地用来仿真产生各种形式的神经放电。在神经巨轴突实验的基础上，Hodgkin 和 Huxley 首先提出了描述神经放电的微分方程，并成功地模拟了神经放电的反复发生和动作电位的产生机理。HH(Hodgkin-Huxley)方程的成功，在于抓住了巨轴突放电的最为核心的因素——快钠通道与慢钾通道的协同作用。实际上，神经放电动作电位产生的本质就是张驰振荡，是快变量与慢变量的相互协同。到 1980 年代初，外界周期激励下的丽藻和神经巨轴突的实验和外周期激励下的 HH 方程中已经展示出，神经放电时间模式可以表现出不同的周期运动、拟周期运动和混沌运动等复杂的时间模式。但是此时这种复杂的神经放电形式更多归因于外界激励。

随着神经科学和非线性科学的进步，人们认识到神经元动力系统的放电行为远比 HH 方程描述的复杂。到 1980 年代和 1990 年代初，在 HH 方程基础上，一些贴近神经元实际的神经元放电模型被建立和研究，如 Chay 模型[77]和 Rose-Hindmarsh 模型[78]。这些模型与 HH 方程相比，增加了一个更慢的慢变量，模拟神经元动力系统中的慢成分，如钙通道相关因素。这说明神经元动力系统存在三个或者三个以上时间尺度的变量，快变量(称为快子系统)和中变量(类似描述快钠通道和慢钾通道的变量)相互协同产生动作电位峰，而慢变量(类似描述钙通道的变量，称为慢子系统)调节动作电位的排列构成复杂的节律模式。Fan 和 Holden 对模型进行了大量的数值仿真和计算，发现了形式复杂多样的神经放电节律模式，如不同的周期节律形式(周期 1、周期 2、周期 3……)和混沌放电节律形式[79]。对于三个时间尺度的神经元模型，利用快慢变量分离方法(将慢变量首先作为参数，研究快子系统随该参数变化的分岔结构，求出慢变量的时间变化过程，对比快子系统的分岔结构，研究慢子系统如何调整快子系统产生分岔[80])发现，若放电的起始是由慢变量放电调整快子系统产生的由静息到放电的分岔产生的，放电的结束是由慢变量放电调整快子系统产生的由放电到静息的分岔产生的，放电为簇放电(bursting)节律；若慢变量只调节快子系统放电的时间间隔而不产生从静息到放电的分岔或从放电到静息的分岔，神经放电为峰放电(spiking)节律；若从静息到放电或从放电到静息的两个分岔不同，簇放电节律也不同。此外，慢变量时间演化历程将引起放电峰时间排列模式不同，这也会导致峰放电节律模式的不同或簇放电节律模式的不同。分岔种类的多样性和慢变量时间演化历程，决定了放电节律模式的多样性和复杂性。若有更慢的时间尺度，根据快慢变量分离方法的思路，则会有更为复杂的放电节律模式。

1980 年代初至 1990 年代中的研究揭示，无论是在外界激励的巨轴实验和外界激励的 HH 方程，还是神经元放电模型的理论和数值计算的研究中，都发现了复杂的放电节律序列。更为重要的是，发现了复杂节律序列之间随参数变化存在着相互转迁的动力学规律——分岔序列结构，如倍周期分岔序列、倍周期分岔序列到混沌、带有混沌的加周期分岔序列和不带混沌的加周期分岔序列等。例如，在以往一系列工作的基础上，Chay 于 1995 年提出了一种神经放电 ISI 迭次分岔的普适性规律：以钙依赖性钾电导作为驱动参数，ISI 经历从静息到周期节律、经倍周期分岔进入混沌节律、进入一系列混沌节律与周期节律交替的加周期分岔系列、再经逆向的倍周期分岔进入新的周期节律的规律性变化历程。

在理论模型研究的同时，大量的神经放电的实验研究也在进行。其中，与动力学结合较为密切的有德国 Braun 研究组的工作[81,82]。Braun 研究组自 1980 年以来一直进行温度感受器的放电活动和温度之间关系的研究。进入 1990 年代以来，Braun 研究组开始关注非线性动力学，并在实验中发现了大量的周期、混沌、随机等放电节律模式。1990 年代末期至今，Braun 研究组与美国物理学家 Moss 研究组合作，开始注意温度感受器放电随温度变化产生的分岔现象，如倍周期分岔等。

2.3.4 心电的非线性动力学分析

1988 年，Babloyantz 等首先利用非线性动力学的几种独立方法定性并定量地研究了四个正常心电图(electrocardiogram，ECG)。对相空间图、庞加莱截面、关联维数、Lyapunov 指数、Kolmogorov 熵的研究均表明，正常人的心脏不是一个完美的振荡器，而是一个混沌系统。心电信号在重构的相空间中呈现出所谓的奇异吸引子形状。Goldberger 等在做了深入研究后认为健康的心脏对应于混沌，具有一定的固有可变性，这种可变性的损失称为心脏受损的先兆。Pool 等于 1989 年在 *Science* 发表的文章认为，在研究心脏动力学时，严格的周期性并非健康的标志，而是与病理状态相关联的。从这以后，非线性方法比线性方法更准确地反映正常和病理情况下心脏机能特性的想法被逐渐接受，并激励很多学者将非线性动力学的分析方法应用于心电信号的分析[83,84]。国内也有很多学者对此做了分析研究[85,86]。

此外，心电信号非线性结构的内部机制研究也是一个重要的研究方向。1982 年，

Garfinkel 等将混沌控制的方法成功地应用于心肌细胞，结果表明可以产生一个包含非线性动力学成分的周期信号来控制紊乱的心脏机能[87]。Small 等通过分析和对比窦性心率、心室性心动过速(ventricular tachycardia，VT)和心室纤维颤动(ventricular fibrillation，VF)情况下的 ECG 信号，认为这三种节律信号都不是线性的，其 ECG 的关联维数分别为 2.3、2.4 和 3.2，表明非线性动力学系统理论可以帮助理解心脏的机能[88]。在国内，裴文江等针对心脏节律的复杂性及其产生受多种生理过程的影响，以受迫非线性动力学系统为分析模型，提出一种能较准确反映其内在确定性部分动力学机制的模型构造方法，应用试验数据分析时发现，模型可以产生与心脏节律相似的动力学行为[89]。王振洲等对 12 导同步 ECG 的关联维数 D_2 和 Lyapunov 指数进行了分析计算，并比较了 30 个健康人和 30 个冠心病患者的 ECG，结果显示同一个体不同导联的 D_2 是不同的，相同导联中冠心病患者的 D_2 低于健康人的 D_2，其研究的意义在于首次对 12 导同步 ECG 进行关联维分析，并指出了参数的分布特性[90]。

除此之外，使用比较广泛的复杂度分析方法，如近似熵方法和尺度分析方法，也分别存在着一些不足之处。近似熵被广泛应用于短时 HRV 信号复杂性的分析。但是，对于在大幅缓慢变化波形中叠加了许多细微成分的信号，如高频心电信号，近似熵则无法对其进行正确分析。此外，近似熵只是一个规则性统计参数，高的不规则性不一定代表高的复杂性，有可能代表高的随机性。尺度分析方法能揭示时间序列的内在关联性，而不受序列非平稳性的影响，但是它也需要大数据量才能获得可靠的结果。

2004 年，卞春华等指出非线性自回归(nonlinear autoregressive，NAR)模型的最佳阶数可用于确定系统的最小嵌入维数[91]。他们对一组健康人的短时心跳间期信号进行建模，用模型最佳阶数来评价心率变异信号的非线性程度。实验结果表明，随着年龄增长，NAR 模型阶数逐渐下降。这是因为人体神经自律能力随年龄老化而逐渐下降，对心脏搏动系统的控制减弱，导致心搏系统自由度下降(即维数下降)。在与传统评价短时心率变异性强弱的时域方法进行比较后，认为 NAR 模型的方法更能反映信号的整体复杂性，并且不受信号非平稳性以及噪声的影响。

受控身体活动情况下心率变异性的非线性特性，一直也是心脏电活动非线性研究的一个重要方面[92]。2004 年，Martinis 等针对健康个体和具有稳定的心绞痛(stable angina pectoris，SAP)个体，使用改善的 Hurst 重调范围分析，进一步考察了不同的活动受控测试阶段内短时心跳时间序列的缩放特性[93]。

2.3.5　脑电的非线性动力学分析

生物体可视为具有特定节律的动力学系统，疾病通常导致生物体从正常生理节律到病理节律的转变。同样，大脑亦可视为一个复杂的非线性动力学系统，EEG 作为大脑电活动反映的主要标志之一，可有效地反映出大脑生理、病理情况的变化。

非线性 EEG 分析在人体生理情况下的应用主要集中在睡眠阶段区分、麻醉对大脑活动的影响和新生儿脑发育情况等问题的研究上。通过对不同睡眠阶段 EEG 的 D_2 和 LLE 的计算及这两个参数随时间演化曲线的绘制[94]，发现在不同的睡眠阶段，脑部的混沌程度发生了相应的变化，且吸引子维数的变化模式与五个睡眠阶段的演化有紧密的联系。从以上对睡眠阶段的非线性分析可以看出，意识的丧失可以通过非线性参数值的改变体现出来，于是研究人员亦将该分析方法用于麻醉对大脑活动影响的研究[95]。结果表明，麻醉状态下的 EEG 的复杂度要低于清醒状态下 EEG 的复杂度，说明非线性参数对人脑意识丧失的程度可在一定程度上量化和区分。Ferri 等对 14 个婴儿睡眠时的 EEG 进行的非线性分析表明，新生儿睡眠 EEG 与成年人相比在结构上存在明显差异，新生儿脑的 EEG 较难同高维噪音区分开，表现出更为混沌的结构[96]。

非线性 EEG 分析在人体各种病理情况下的应用则主要集中在癫痫、精神分裂和老年痴呆症的研究上。很多研究发现，癫痫发作时病人 EEG 的 D_2 值与正常相比有明显的降低，且降低的值与病灶形成的主要区域存在空间上的相关性，即 D_2 降低的值随着距病灶形成区域距离的增大而稳定地减小，且该变化趋势在发作前就有所体现。这些结论表明存在将非线性动力学方法应用于癫痫预测的可能性。Quyen 等提出了一套较为完整且可行的预测方法[97]，该方法利用 EEG 的非线性参数定义了相似度指数，可对参考 EEG 和测试 EEG 的相似度进行量化，如果信号是静态的，相似度指数接近于 1，相反，若发生动力系统的改变，其相似度指数将降低（小于 1），当相似度指数下降到某一特定值时，可作为癫痫即将发作的标志，对其进行预测。据作者统计，该方法可提前 5.5 分钟左右预测癫痫的发作。非线性 EEG 分析在精神分裂症的研究中也取得了一定进展。通过对精神分裂症患者 EEG 关联维数的计算发现，精神分裂症患者与对照组相比在左前叶与颞前叶部位具有较低的 D_2 值[98]。此外，通过将老年痴呆症患者 EEG 的非线性结构与对照组进行比较，发现老年痴呆症患者 EEG 的 D_2 值低于正常人，即老年痴呆症患者 EEG 的复杂度低于正常人[99]。

为了更好地理解大脑的运作机制，许多研究者致力于大脑数学模型的研究，并且从各个层面对人脑进行了模拟，非线性的观点也随之引入。一个混沌系统具有创造出新奇且预料不到的行为模式的能力，脑中混沌行为的发现对于脑功能的研究具有深远的影响。由于作为动力学系统的大脑中存在一系列吸引子及其吸引子旁引力盆，混沌系统可以顺着特定的轨道从一个行为模式转换为另一个行为模式，这些状态间的转换为建立模型以期获得大脑运作方式提供了信息。

Freeman 在人脑数学模型的建立方面做了大量的工作，他提出的 K 系列（KI、KII、KIII）模型以一组常微分方程为基础对大脑进行了模拟，由低至高逐步建立起较为完整的人脑数学模型[100]。其中，KIII 模型建立在对哺乳动物味觉系统的详细分析之上（其结果亦可推广至对不同传感系统的分析），包括一系列的单元（K0、KI、

KII等)，K0部分是基本的处理单元，它的动力学特性由一个二阶常微分方程描述。一系列分别代表刺激和抑制功能的K0部分方程组合形成了KI(e)和KI(i)部分，这两部分相互作用形成KII单元，而一系列的KII单元通过前馈及后馈网络连接起来则构成了KIII模型。KIII模型有许多成功之处，计算所得输出得到了实验的强有力支持，能对很多现象给出清晰合理的解释，使人们认识到混沌确实存在，并发挥重要作用。另外，Freeman将噪音引入模型之中(他认为适量的噪音是真实的大脑与传统模型间的主要区别之一，且噪音对人脑的正常生理功能起着调节作用)，获得了很好的效果。KIII模型在对输入数据的学习和记忆及处理分类问题上有出色的表现。随后，Kozma等在KIII模型的基础上发展出了KIV模型，该模型由对多通道的EEG分析驱动，模拟了爬行动物脑海马的内部组织结构，且描述了海马对触觉、视觉及听觉等外部刺激的反应及与情感等内驱力的相互作用，最后利用该模型控制机器人对模拟状态下的路径进行选择，观察机器人是否能够进行正确判断，即实现生物体脑的导航功能[101]。结果表明，机器人正确地学习了环境，有效地执行了导航的任务，且能够在内部已建立的对环境的认知的基础上选择一个合理的最优路径。

Matsumoto和Tsuda在1983年提出了噪声的建设性作用[102]，而噪声对信号检测的有力作用——随机共振现象，最先由Benzi提出，而且已成为现在的一大研究热点，发表了大量的研究论文[103]。非线性系统的确定性和随机性信号的合作现象，即在一定噪声强度下，信噪比急速增大并出现峰值的现象称为随机共振[104,105]。大规模生物神经网络中一般存在不动点、极限环和混沌吸引子。在无噪声的KIII模型中，不动点、极限环是稳定和稳健(robust)的，但对于混沌吸引子，其吸引盆(basin)对数值摄动非常敏感，通过引入微弱Gaussian噪声，才使系统具有稳定和稳健的轨道，即噪声对于像神经网络这样的高维复杂系统不仅起辅助作用，有时还起到至关重要的作用，没有噪声系统无法正常工作。在神经系统中，当周期性或非周期性信号强度超过阈值时，适当强度的噪声将使神经元的平均发放率与输入强度之间有一个线性的关系，即实现输出与输入线性化，减少非线性系统输出对输入的非线性失真(distortion)。当周期或非周期信号强度低于阈值时，如果不存在噪声，神经元将没有发放动作电位，神经系统无法工作。正是由于噪声的存在，神经系统才可以检测到微弱的输入信号，使输出的平均放电率正比于输入微弱信号的强度，由此可见噪声的重要性。在噪声作用下的非线性系统的复杂性度量是一个较为困难的问题。徐京华首先把Lempel-Ziv所实现的有关Kolmogorov熵的算法用于脑电分析。之后他们又把这一度量用于脑电的信息传输，顾凡及等则利用这一度量开发新的复杂度脑地形图[106]。

近年来在EEG领域新兴起的研究兴趣集中于大脑在电磁场下的空时宏观动力学特性。有两个不同的研究基础：①正常和扰动的大脑功能不能从纯简单化的理论得出，而是需要新的研究，如脑中神经元网络的大尺度同步[107]；②新技术、新概念与新分析工具的引入使得对大脑电磁活动的解释更有实际意义，如 EEG 信号的复合记录与 fMRI、小波、人工神经网络与高级源建模。

2.4 生物电信号的小波分析

2.4.1 小波分析

小波分析是一种调和分析方法，是傅里叶分析发展史上的一个里程碑式的进展，被人们誉为数学“显微镜”。小波理论的思想源于信号分析的伸缩与平移。1984 年，Morlet 与 Grossman 共同提出连续小波变换的几何体系，成为小波分析发展的里程碑。1985 年，Meyer 创造性地构造了规范正交基，提出了多分辨率概念和框架理论。小波热由此兴起。1986 年，Battle 和 Lemarie 又分别独立地给出了具有指数衰减的小波函数；同年，Mallat 创造性地发展了多分辨分析概念和理论，并提出快速小波变换算法——Mallat 算法[108]；Daubechies 构造了具有有限紧支集的正交小波基[109]，Chui 和 Wang 构造了基于样条函数的正交小波[110]。至此，小波分析的系统理论得以建立。最近有人又提出了小波包理论，使得小波理论进一步发展。

2.4.2 生物电信号的小波分析

由于小波变换(wavelet transform，WT)的特点特别适用于微弱、背景噪声较强的随机信号的提取，因此，小波理论在生物医学信号包括脑电、心电、心音、多普勒超声信号、语言信号、母腹信号、医学图像信号等的分析中得到了广泛的应用。

过去的研究人员都未给出这种变化的频谱变化情况。为此 Thakor 基于多分辨小波变换技术，分析了猫的正常供氧和非正常供氧情况下 EP(evoked potentials)信号的频谱变化情况。实验结果表明，EP 信号低频成分随着缺氧程度的增大而“逐渐”减小，而所有反映 EP 信号高频成分的细节信号随着缺氧程度的增大而“迅速”减小。这些结果具有极大的临床诊断价值。另外基于可逆小波变换，Bertrand 等实现了 EP 信号的时频数字滤波等相关处理[111]。Raz 等建立了小波包模型，确立了适合各种诱发电位的最佳小波函数[112]。Oliver 等将小波变换应用于心室晚电位(ventricular late potentials，VLP)信号的提取与分析，采用 Morlet 小波函数，对心电信号进行处理，结果表明 VLP 信号可以通过数个心拍进行检测。Zhong 等研究了一种基于多通道小波变换的 VLP 提取系统，该系统对 VLP 的体表检出率为 70%左右[113]。借助于小波变换优良的时频分辨能力，Meste 等对 VLP 信号进行了时频域的处理和分析，给出了时频空间的三维立体图，结果表明，正常 ECG 信号的时频图形非常规则，而具有 VLP 的 ECG 信号时频图形出现了许多明显的不规则曲线。Morlet 等对 40 例曾患有心肌梗塞病人的 ECG 信号进行了小波分析，给出了一种不依赖于确定 QRS 波终点的方法，取得了比传统时域分析方法更好的检测结果[114]。

ECG 信号分析中的一个关键问题是 QRS 波的检测。人们曾经利用各种方法检测 QRS 波，但均存在某些缺陷，在干扰严重或非典型 R 波等情况下，误检率和漏检率都很高。小波变换的出现为 QRS 波的检测提供了一种更有效的方法。Li 等利用二进样条小波函数对 ECG 信号按 Mallat 算法进行小波变换处理。他们利用信号的奇异性对应小波变换模极大值这一特性，在尺度为 2^1～2^3 上研究 ECG 的奇异性，结果发现信号的高频噪声衰减明显，而基线漂移、高 P 波及高 T 波容易造成误判的低频成分在该尺度上反映较小，因此在该尺度上可以准确地检测出 QRS 波。将该方法用于 MIT-BIH 标准 ECG 数据库中 45 个病人的全部 ECG 信号处理，其 QRS 波的平均检出率高达 99.8%以上。杨丰和谢震文利用小波变换，将原始 ECG 信号分解为不同频率范围内的信号分量，然后去掉某些“细节”部分，再用三次 B 样条插值滤波器恢复 ECG 信号，从而有效地滤除了 ECG 信号中的肌电、基线漂移和 50Hz 工频干扰，取得了较好的滤波效果[115]。

ECG 数据压缩一直是心电信号研究的课题，而数据压缩是小波变换运用较为突出的一个方面。采用小波变换不仅可提高压缩比，而且可比拟“方块效应”和“蚊式噪声”，质量较好。Thakor 等将小波用于心电数据的压缩；Bradie 则将小波包用于单联心电数据的压缩，并得到了较好的结果[116]。

小波变换不仅有放大能力，而且有“极化”性质，可以选择最佳“偏振”方向进行分析。其在医学图像中的应用包括 B 超、CT、核磁共振等方面，并在医学图像的分析、增强与压缩以及磁共振图像的编码等方面的应用已取得成功。Olson 利用小波的时频局部性及投影变换的一些性质，确定抽取哪些局部信息从而获得可靠的图像重构，并给出为达到一定逼近精度的误差界限[117]。有学者将连续小波变换应用于医学中微核细胞的识别，得到噪声污染小、边缘连续性清晰的细胞和边缘图像。

在其他领域小波也得到了广泛的应用。1994 年，Bentley 用小波变换清楚地观察到了两类患者心前胸壁上测得的心音波形在第二心音的明显区别，充分展示了多尺度变换在表现信号中的优越性。2000 年，有人将小波尺度图分析法应用于人体血流多普勒信号的谱估计中，计算血流多普勒信号的功率谱，得到了小波意义的功率谱，发现利用小波尺度图可以提高血流多普勒信号的低频段的频谱分辨率，从而可以提高小血管中低速血流的估计精度。

2.4.3　基于小波与信息熵结合的分析

熵(entropy)的概念最早是由德国物理学家 Clausius 于 1865 年在热力学系统研究过程中引入的，1896 年，Boltzman 把熵与系统的宏观态所对应的微观态数目联系起来，给熵以明确的统计解释。而现代信息论的创始人香农(Shannon)将 Boltzman 熵引入到信息论中，于 1948 年提出信息熵同物理熵一样，信息熵是对系统不确定性程度的描述，如果把一个信源当做物质系统，可能输出的消息越多，信源的随机性和不确定性越大，越紊乱，熵也越大，所以信息熵被看做系统紊乱程度的量度。小波熵是小波分析和信息熵原理相结合的产物[118]，其基本思想是把小波变换的系数矩阵处理成一个概率分布序列，用该序列的熵值反映此系数矩阵的稀疏程度，即被分析信号概率分布的有序程度。

小波分析和熵的结合已在生物医学、机械故障诊断领域的应用中取得了一些初步的成果。Quiroga 等应用此方法分析了人脑在闭目和睁目情况下自发脑电的差别，以及事件相关性诱发电位的变化特征[119]，结果表明，基于小波的信息熵对 EEG 信号的特征与定量分析很有用处。在 TCES-EEG 病例中，用相对小波熵正确地描述了癫痫发作节律，同时大脑 EEG 信号呈现出更加规律的行为和更高的统计复杂度，表明癫痫发作时处于一种自组织状态。小波熵方法作为对常规检查方法的补充，起到了重要的作用。封洲燕用此方法分析大鼠在清醒期、慢波睡眠期和快动眼睡眠期三种生理状态下 EEG 复杂度的区别，并分析慢波睡眠期 EEG 复杂度变化的节律性，以及 EEG 各个频谱带功率变化与小波熵变化的相关性，表明小波熵在某些情况下具有更好的分辨能力。于德介等将基于自适应的信号处理方法——经验模式分解(empirical mode decomposition，EMD)方法与奇异值熵理论结合用于转子系统的故障诊断，研究表明奇异值熵对转子系统故障类型十分敏感，并且同一种故障在不同采样率下，其奇异值熵几乎不变，从而通过比对奇异值熵的大小来准确判断转子的故障类别。

2.5 计算神经模型

现在普遍接受的理论是在不同结构的神经系统中神经元的放电活动能够蕴含着感觉、认知及人和动物表现的运动能力的信息。在神经科学初期，学科的首要目标之一是为大脑的神经元活动和活动与行为之间的关系提供全面的说明。理论神经科学是一个子学科，力图应用数学形式语言精确地描述大脑活动和它与行为之间的关系。无可争辩的，仅当大脑的活动获得数学描述时，才能理解大脑是如何工作的。这样的描述意味着可以应用计算模型模拟大脑活动，可以预测新刺激的响应、预测回忆知识片段的能力，预测学习新行为的能力。模型的价值不仅是理解大脑的运算、理解大脑执行复杂任务的能力，如辨识面孔，在杂乱的环境中航行，或者根据多个信息源做出决定，而且意味着能够理解大脑执行这些任务的计算算法，这将启发对目前棘手的问题给出强有力的工程解决办法。

2.5.1 生物物理模型

最早的神经元模型是 1907 年由 Lapicque 基于电容定律建立的积分放电(integrate-

and-fire，IF）模型[120]。该模型的膜电压随注入电流的增加而增加，当达到阈值时产生放电，并随即复位到静息电位。IF 模型能够反映神经元的输入输出特性，但其不具有时间记忆性[121]。Lapicque 随后在 IF 模型的基础上增加漏电流建立 LIF（leaky integrate-and-fire）模型[122]，使模型具有时间记忆性。Trocme 在 IF 模型的基础上提出 EIF（exponential integrate-and-fire）模型[123]。但这些模型均不能反映神经元的电生理特性。1952 年，Hodgkin 和 Huxley 提出 HH 模型，该模型研究了以动作电位起始和传播为基础的离子通道机制，为神经电生理的定量研究提供了基础。之后，又在此基础上相继提出了 ML（Morris-Lecar）、HR（Hindmarsh-Rose）[124]和 FHN（FitzHugh-Nagumo）[125]等神经元模型。但这些神经元模型通常具有高维数、非线性、强耦合以及难以寻找最优参数等特点，而且需要预先知道离子通道的动态特性。具有潜在生物物理意义和复杂动力学行为的模型（如 HH 类模型）是很难从细胞外数据中估计出来的，并且不容易进行概率计算。

2.5.2　贝叶斯模型

贝叶斯在 1763 年提出一种归纳推理的理论，后被一些统计学者发展为一种系统的统计推断方法，称为贝叶斯方法。采用这种方法进行统计推断所得的全部结果，构成贝叶斯统计的内容。

贝叶斯统计中的两个基本概念是先验分布和后验分布。①先验分布。贝叶斯方法的根本观点是认为在关于总体分布参数 θ 的任何统计推断问题中，除了使用样本所提供的信息外，还必须规定一个先验分布，它是在进行统计推断时不可缺少的一个要素。他们认为先验分布不必有客观的依据，可以部分地或完全地基于主观信念，这个分布对应的是目标状态的概率密度函数。②后验分布。在样本已知的情况下，根据样本分布和未知参数的先验分布，用概率论中求条件概率分布的方法，求出未知参数的条件分布。因为这个分布是在抽样以后才得到的，故称为后验分布。贝叶斯推断方法的关键是任何推断都必须且只需根据后验分布，而不再涉及样本分布。因此，后验分布是最终要得到的结果。

对于更复杂的问题可以构建贝叶斯网络来反映各节点之间的关系，如果节点过多，计算量会很大。遗憾的是，目前并没有发现一种通用的高效算法实现后验分布概率的计算。因此，针对不同的数据来源，高效的分析方法各不相同，对于实际的问题，一些理论的方法也会受到计算复杂度的影响，导致其实用性下降。

近年来，复杂网络的理论取得了显著的进展[126]，使人们对于工程、社会以及生物领域的问题有了全新的认识[127]。最近的研究提出了一种全新的信号分析思想，即把拟周期时间序列从时域变换到复杂网络域，并已经在心电等多种信号的分析中取得了成功。人们可以通过研究复杂网络的一些拓扑特性来探索非线性时间序列的动力学特性，研究发现混沌时间序列映射的复杂网络具有小世界以及无标度的特性。

2.5.3 状态空间模型

状态空间模型是为了分析随机的和确定的动态系统而建立的框架，动态系统通过随机过程测量和观测。这个具有高度灵活性的范式已经成功应用于工程学、统计学、计算机科学和经济学中，用以解决广大范围内的动态系统问题。状态空间模型还可以称为隐马尔可夫模型和潜在过程模型[128,129]。研究状态空间模型最多的工具是卡尔曼滤波，它定义了一个最优算法来分析 Gaussian 误差测量的线性 Gaussian 系统。

由于很多神经科学数据分析问题中潜在的神经系统是动态的，并且是不同记录形态中一个或多个联合测量的间接观测，因此状态空间范式为发展分析神经数据的统计工具提供了理想的框架。

状态空间模型由两个方程定义：观测方程描述隐状态或潜在过程被观测的方式；状态方程定义了过程随时间的演化。状态空间模型也称为潜在过程模型或隐含马尔可夫模型，被广泛应用于处理连续值数据。当观测过程和状态方程都是参数已知的线性高斯的，则可以应用卡尔曼滤波解状态空间估计问题。另外，该算法一个最重要的扩展是观测模型为点过程的情况。由于神经元放电活动通常记录为点过程，因此该扩展算法具有重要的意义。

由于单神经元的放电具有统一的波形，所以神经元对于外部刺激的表达是通过放电事件的频率和时刻实现的。另外，在不同的时间，相同的刺激诱发的神经放电序列是不同的，具有较大差异，即使它们可能具有共同的统计特征。以上两个基本原因决定了神经放电序列数据可以应用点过程理论进行有效分析[130]。时间点过程是发生在连续时间的二进制事件的随机时间序列。在此情况下，时间点过程被用来表达放电事件的时间以及特定放电时刻的概率分布。

Smith 和 Brown 创建了从点过程估计状态空间模型的方法。外部刺激驱动潜在过程作为 Gaussian 自回归模型调节神经放电活动。给定潜在过程，神经放电活动被刻画为一般点过程，由条件强度函数定义。近似的最大期望（expectation maximization，EM）算法可以被用来估计未观测的状态或潜在过程、它的参数和点过程模型的参数[131]。包括点过程递归非线性滤波算法、固定区间平滑算法和状态空间协方差算法在内的近似 EM 算法可以有效地计算完备数据的对数似然。模型和点过程数据的一致性可以基于时间重标度理论来评估[132]。

2.5.4 放电不规则度

神经放电序列的 ISI 序列经常被用来研究神经编码问题。峰峰间期直方图（interspike interval histogram，ISIH）定义为不同长度区间的分布[133]。很多统计分布都被用来描述不同的 ISIH，包括 Gamma 分布、逆 Gaussian 分布、Weibull 分布和 Lognormal 分布。其中，Gamma 分布是泊松过程的自然扩展，增加了对不应期效应的考虑。Gamma 分布由两个参数指定：一个是依赖于时间的放电率参数，另一个是与放电不规则度相关的形状参数。

神经元的放电形式具有严重的噪声影响，因此应用概率模型来描述它们是必要的。例如，Baker 和 Lemon 证明了运动区记录的放电模式可以用连续时间频率调节的 Gamma 过程解释。它们的模型具有放电率参数和与放电不规则度有关的形状参数。放电率参数被假设为时间的函数，因为它极大依赖于不同的运动模式。形状参数被假设对单种神经元是唯一的，随时间变化是常数。

最近研究表明体内神经元放电不是精确的泊松随机现象[134]。并且，放电不规则度对单类神经元是特定的，对于部分皮层区域，不规则性对于时间和放电率的调节是不变的。也有相反的研究表明在部分皮层区域，放电不规则度随着时间变化，而且与行为背景有关。因此，通过系统方法检验放电不规则度的变异性，并同步捕捉放电率是必要的。

虽然 Koyama 和 Shinomoto 提出的贝叶斯方法在估计放电不规则度时对于放电率的波动具有鲁棒性，但是需要假设对于整个序列不规则性为常数。Shimokawa 和 Shinomoto 对上述框架进行了扩展以便不规则度和放电率的变化都能被同时捕捉到。通过应用新的贝叶斯估计方法分析生物数据发现，单类神经元的放电不规则度显示出确定性的系统趋势，即随着放电率的变化而变化。

很多方法都能够从放电序列中估计常数输入参数。其中大多数输入估计方法是通过把 ISI 分布近似为 Gaussian 分布实现的，然而，Gaussian 分布会产生负值的 ISIs[135]。因此，应用 Gamma 分布族进行分析会得到更加合适的结果。所有的方法都是根据测量神经元放电特征来估计输入参数的，如放电率和非泊松不规则度等。

一般情况下，从输出信号估计输入的问题是不适定的。然而在神经元信号转换的情况下，大量随机到达的输入放电使得从单个输出放电序列中提取相关信息成为可能；一些不规则突触输入会产生一些均值和振幅不相关的波动，它们可以被转换成突触前兴奋性和抑制性神经元集群的活动。在数学方法研究中，假设突触前神经元的活动随时间是恒定的。

2.6　本 章 小 结

本章简要介绍了当前处理数据的一般方法和处理过程、神经编码分析，以及现有的非线性分析方法在神经电信号、脑电信号和心电信号等电生理学信号中的应用。另外，本章对神经科学领域的生理模型及数理模型的发展和应用进行了简要介绍。

参 考 文 献

[1] McClurkin J W, Optican L M, Richmond B J, et al. Concurrent processing and complexity of

temporally encoded neuronal messages in visual perception. Science, 1991, 253(5020): 675-677.

[2] Rieke F, Warland D, de Ruyter van S R, et al. Spikes: Exploring the Neural Code. Cambridge: MIT Press, 1997.

[3] 段玉斌. 神经起步点放电峰峰间期的非线性动力学. 西安: 第四军医大学, 2002.

[4] Gross C G. Coding for visual categories in the human brain. Nature Neuroscience, 2000, 3(9): 855-856.

[5] Hopfield J J. Pattern recognition computation using action potential timing for stimulus representation. Nature, 1995, 376: 33-36.

[6] de Christopher C R. Information coding in the cortex by independent or coordinated populations. Proceedings of the National Academy of Sciences of the United States of America, 1998, 95(26): 15166-15168.

[7] Sehwartz A B. Direct cortical representation of drawing. Science, 1994, 265: 540-542.

[8] Sehwartz A B. Distributed motor processing in cerebral cortex. Current Opinion in Neurobiology, 1994, 4: 840-846.

[9] Carr C E. Processing of temporal information in the brain. Annual Review of Neuroscience, 1993, 16: 223-43.

[10] Hopfield J J. Transforming neural computations and representing time. Proceedings of the National Academy of Sciences of the United States of America, 1996, 93: 15440-15444.

[11] Anissar E, Vaadia E, Ahissar M, et al. Dependence of cortical plasticity on correlated activity of single neurons and on behavior context. Science, 1992, 257: 1412-1414.

[12] Brette R, Rudolph M, Carnevale T, et al. Simulation of networks of spiking neurons: A review of tools and strategies. Journal of Computation Neuroscience, 2007, 23: 349-398.

[13] Adrian E D, Zotterman Y. The impulse produced by sensory nerve-endings, part 2: The responses of a single end-organ. Journal of Physiology, 1926, 61: 151-171.

[14] Kandel E R, Schwartz J H, Jessell T M. Principles of Neural Science. 4th edition. New York: McGraw-Hill, 2000.

[15] Mountcastle V B, Talbot W H, Kornhuber H. The neural transformation of mechanical stimuli delivered to the monkey's hand//Ciba Foundation Symposium: Touch, Heat and Pain, London, 1966: 325-351.

[16] Crowe A, Matthews P. The effects of stimulation of static and dynamic fusimotor fibers on the responses to stretching of the primary endings of muscle spindles. Journal of Physiology, 1964, 174: 109-131.

[17] Wiesel T N. The postnatal development of the visual cortex and the influence of environment. Nature, 1982, 299: 583-591.

[18] Sherry C J, Klemm W R. Divergence from statistical independence in specified clusters of adjacent neuronal spike train intervals before and after ethanol state changes. International

Journal of Neuroscience, 1982, 17: 119-128.

[19] Dayhoff J E, Gerstein G L. Favored patterns in spike trains: I. detection. Journal of Neurophysiology, 1983, 49: 1334-1348.

[20] Middlebrooks J C, Clock A E, Xu L, et al. A panoramic code for sound location by cortical neurons. Science, 1994, 264: 842-844.

[21] Abeles M, Bergman H, Margalit E, et al. Spatiotemporal firing patterns in the frontal cortex of behaving monkeys. Journal of Neurophysiology, 1993, 70(4): 1629-1638.

[22] Richmond B J, Optican L M, Gawne T J. Neurons Use Multiple Messages Encoded in Temporally Modulated Spike Trains to Represent Pictures//Seeing Contour and Colour. Oxford: Pergamon Press, 1989: 701-710.

[23] Richmond B J, Optican L M, Spitzer H. Temporal encoding of two-dimensional patterns by single units in primate primar visual cortex: I. stimulus-response relations. Journal of Neurophysiology, 1990, 64: 351-369.

[24] Richmond B J, Optican L M. The Structure and Interpretation of Neuronal Codes in the Visual System//Neural Networks for Human and Machine Perception. New York: Academic Press, 1992: 105-131.

[25] Reich D S, Mechler F, Purpura K P, et al. Interspike intervals, receptive fields, and information encoding in primary visual cortex. Journal of Neuroscience, 2000, 20(5): 1964-1974.

[26] Reich R, Mechler F, Victor J D. Temporal coding of contrast in primary visual cortex: When, what, and why. Journal of Neurophysiology, 2001, 85(3): 1039-1050.

[27] Furukawa S, Middlebrooks J C. Cortical representation of auditory space: Information- bearing features of spike patterns. Journal of Neurophysiology, 2002, 87: 1749-1762.

[28] de la Rocha J, Doiron B, Shea-Brown E, et al. Correlation between neural spike trains increases with firing rate. Nature, 2007, 448: 802-806.

[29] Butts D A, Weng C, Jin J, et al. Temporal precision in the neural code and the timescales of natural vision. Nature, 2007, 449: 92-95.

[30] Lorenz E W. Deterministic non-periodic flow. Journal of the Atmospheric Science, 1963, 20: 130-141.

[31] Ruelle D, Takens F. On the nature of turbulence. Communications in Mathematical Physics, 1971, 24(4): 167-192.

[32] Li T Y, Yorke J A. Period three implies chaos. The American Mathematical Monthly, 1975, 82: 985-992.

[33] Theiler J, Eubank S, Longtin A, et al. Testing for nonlinearity in time series: The method of surrogate data. Physica D, 1992, 58(1/4): 77-94.

[34] Timmer J. Power of surrogate data testing with respect to nonstationarity. Physical Review E,

1998, 58(4): 5153-5156.

[35] Schreiber T, Schmitz A. Surrogate time series. Physica D, 2000, 142(3/4): 346-382.

[36] Grassberger P, Procaccia I. Characterization of strange attractors. Physical Review Letters, 1983, 50(5): 346-349.

[37] Packard N H, Crutchfield J P, Farmer J D, et al. Geometry from a time series. Physical Review Letters, 1980, 45(9): 712-716.

[38] Takens F. Detecting strange attractor in turbulence. Lecture Notes in Math, 1981, 898: 366-381.

[39] Sauer T, Yorke J, Casdagli M. Embedology. Journal of Statistical Physics, 1991, 65: 579-616.

[40] Rosenstein M T, Collins J J, de Luca C J. Reconstruction expansion as a geometry-based framework for choosing proper delay times. Physica D, 1994, 73: 82-98.

[41] Kennel M, Brown R, Abarbanel H. Determining embedding dimension for phase space reconstruction using a geometrical reconstruction. Physical Review A, 1992, 45: 3403-11.

[42] Eckmann J P, Ruelle D. Ergodic theory of chaos and strange attractors. Reviews of Modern Physics, 1985, 57: 617-656.

[43] Rieke C H, Sternickel K, Andrzejak R G, et al. Measuring nonstationarity by analysing the loss of recurrence in dynamical systems. Physical Review Letters, 2002, 88: 244102.

[44] Marwan N, Kurths J. Nonlinear analysis of bivariate data with cross recurrence plots. Physics Letters A, 2002, 302: 299-307.

[45] Grassberger P, Procaccia I. Measuring the strangeness of strange attractors. Physica D, 1983, 9: 189-208.

[46] Grassberger P. An optimized box-assisted algorithm for fractal dimensions. Physics Letters A, 1990, 148: 63-68.

[47] Theiler J. Efficient algorithm for estimating the correlation dimension from a set of discrete points. Physical Review A, 1987, 36: 4456-4462.

[48] Havstad J W, Ehlers C. Attractor dimension of nonstationary dynamical systems from small data sets. Physical Review A, 1989, 39: 845-853.

[49] Nolte G, Ziehe A, Muller K R. Noise robust estimates of correlation dimension and K2 entropy. Physical Review E, 2001, 64(1): 016112.

[50] Saermark K, Ashkenazy Y, Levitan J, et al. The necessity for a time local dimension in systems with time varying attractors. Physica A, 1997, 236: 363-375.

[51] Wolf A, Swift J B, Swinney H L, et al. Determining Lyapunov exponents from a time series. Physica D, 1985, 16: 285-317.

[52] Kantz H. A robust method to estimate the maximal Lyapunov exponent of a time series. Physics Letters A, 1994, 185: 77-87.

[53] Rosenstein M T, Collins J J, de Luca C J. A practical method for calculating largest Lyapunov

exponents from small data sets. Physica D, 1993, 65: 117-134.

[54] McCaffrey D F, Ellner S, Gallant A R, et al. Estimating the Lyapunov exponent of a chaotic system with nonparametric regression. Journal of the American Statistical Association, 1992, 87: 682-695.

[55] Kowalik Z J, Elbert T. A practical method for the measurements of the chaoticity of electric and magnetic brain activity. International Journal of Bifurcation and Chaos, 1995, 5: 475-490.

[56] Brown R, Bryant P, Abarbanel H. Computing the Lyapunov spectrum of a dynamical system from an observed time series. Physical Review A, 1991, 43: 2787-2806.

[57] Sano M, Sawada Y. Measurement of the Lyapunov spectrum from a chaotic time series. Physical Review Letters, 1985, 55: 1082-1085.

[58] Fell J, Beckmann P E. Resonance-like phenomena in Lyapunov calculations from data reconstructed by the time-delay method. Physics Letters A, 1994, 190: 172-176.

[59] Grassberger P, Procaccia I. Estimation of the Kolmogorov entropy from a chaotic signal. Physical Review A, 1983, 28: 2591-2593.

[60] Grassberger P, Procaccia I. Dimensions and entropies of strange attractors from a fluctuating dynamics approach. Physica D, 1984, 13: 34-54.

[61] Dunki R M. The estimation of the Kolmogorov entropy from a time series and its limitations when performed on EEG. Bulletin of Mathematical Biology, 1991, 53: 665-678.

[62] Wang N, Liu B. Nonlinear dynamical analysis of EEG. Acta Biochimica et Biophysica Sinica, 1996, 4: 675-680.

[63] Cuomo K M, Oppenheim A V. Chaotic signals and systems for communications//Proceedings of the International Conference on Acoustics, Speech, and Signal Processing, 1993: 137-140.

[64] Moon F. Chaotic Vibration. New York: Cornell University, 1987.

[65] Yuan J, Xiao X. Extracting the largest Lyapunov exponents from the chaotic signals overwhelmed in the noise. Acta Electronica Sinica, 1997, 25(10): 102-106.

[66] Farmer J D, Sidorowich J J. Predicting chaotic time series. Physical Review Letters, 1987, 59(8): 845-848.

[67] Linsay P S. An efficient method of forecasting chaotic time series using linear interpolation. Physics Letters A, 1991, 153(6/7): 353-356.

[68] Navone H D, Ceccatto H A. Forecasting chaos from small data sets: A comparison of different nonlinear algorithms. Journal of Physics A, 1995, 28(12): 3381-3388.

[69] Liu Z, Ren X, Zhu Z. Equivalence between different local prediction methods of chaotic time series. Physics Letters A, 1997, 227: 37-40.

[70] Cao L, Hong Y, Fang H, et al. Predicting chaotic time series with wavelet networks. Physica D, 1995, 85: 225-238.

[71] Platt J. A resource allocating network for function interpolation. Neural Computation, 1991, 3:

213-225.

[72] Lu Y, Sundarajan N, Saratchandran P. A sequential learning scheme for function approximation using minimal radial basis function neural networks. Neural Computation, 1997, 9: 461-478.

[73] Szpiro G. Forecasting chaotic time series with genetic algorithms. Physical Review E, 1997, 55(3): 2557-2567.

[74] 张家树, 肖先赐. 混沌时间序列的 Volterra 自适应预测. 物理学报, 2000, 49(3): 403-408.

[75] Kavitha V, Dutt D. Use of chaotic modeling for transmission of EEG data//International Conference on Information, Communications and Signal Processing, 1997, 3: 1262-1265.

[76] Liao T L, Huang N S. Control and synchronization of discrete-time chaotic systems via variable structure control technique. Physics Letters A, 1997, 234(4): 262-268.

[77] Fan Y S, Chay T R. Generation of periodic and chaotic bursting in an excitable cell model. Biological Cybernetics, 1994, 71: 417-431.

[78] Holden A V, Fan Y S. From simple to simple bursting oscillatory behavior via chaos in the Rose-Hindmarsh model for neuronal activity. Chaos, Solitons & Fractals, 1992, 2: 221-236.

[79] Fan Y S, Holden A V. Bifurcation, bursting, chaos and crisis in the Rose-Hindmarsh model for neuronal activity. Chaos, Solitons & Fractals, 1993, 3: 439-449.

[80] Rinzel J, Lee Y S. Dissection of a model for neuronal parabolic bursting. Journal of Mathematical Biology, 1987, 25: 653-675.

[81] Braun H A, Huber M T, Anthes N, et al. Interactions between slow and fast conductions in the Huber/Braun model of cold-receptor discharges. Neurocomputing, 2000, 32: 51-59.

[82] Huber M T, Krieg J C, Dewald M, et al. Stochastic encoding in sensory neurons: Impulse patterns of mammalian cold receptors. Chaos, Solitons & Fractals, 2000, 11: 1895-1903.

[83] Pool R. Is it healthy to be chaotic? Science, 1989, 243: 604-607.

[84] Ravelli F, Antolini R. Complex dynamics underlying the human electrocardiogram. Biological Cybernetics, 1992, 67: 57-65.

[85] 廖旺才, 杨福生. 心率变异性非线性信息处理的现状与展望. 国外医学: 生物医学工程分册, 1995, 18(6): 311-316.

[86] 沈凤麟, 徐维超. 基于分形维数的心率变异分析. 中国科学技术大学学报, 1997, 27(2): 144-151.

[87] Garfinkel A, Spano M L, Ditto W L, et al. Controlling cardiac chaos. Science, 1992, 257: 1230-1235.

[88] Small M, Yu D, Simonotto J, et al. Uncovering non-linear structure in human ECG recordings. Chaos, Solitons & Fractals, 2002, 13: 1755-1762.

[89] 裴文江, 何振亚, 杨绿溪, 等. 心脏节律蕴涵的确定性动力学机制重构. 中国生物医学工程学报, 2005, 24(2): 157-162.

[90] 王振洲, 李政, 魏义祥, 等. 同步 12 导联 ECG 信号的 Lyapunov 指数谱. 科学通报, 2002, 47(19): 1469-1472.

[91] Bian C H, Ning X B. Evaluating age-related loss of nonlinearity degree in short-term heartbeat series by optimum modeling dimension. Physica A, 2004, 337(1/2): 149-156.

[92] Karasik R, Sapir N, Ashkenazy Y. Correlation differences in heartbeat fluctuations during rest and exercise. Physical Review E, 2002, 66: 062902.

[93] Maxtinis M, Knezevic A, Krstacic G, et al. Changes in the Hurst exponent of heartbeat intervals during physical activity. Physical Review E, 2003, 70: 012903.

[94] Pradhan N. The nature of dominant Lyapunov exponent and attractor dimension curve of EEG in sleep. Computers in Biology and Medicine, 1996, 26: 419-428.

[95] Weiss T, Kumpf K, Ehrhardt J, et al. A bioadaptive approach for experimental pain research in humans using laser-evoked brain potentials. Neuroscience Letters, 1997, 227: 95-98.

[96] Ferri R, Chiaramonti R, Elia M, et al. Nonlinear EEG analysis during sleep in premature and full-term newborns. Clinical Neurophysiology, 2003, 114: 1176-1180.

[97] le van Quyen M, Marinerie J, Navarro V, et al. Characterizing neurodynamic changes before seizures. Journal of Clinical Neurophysiology, 2001, 18: 191-208.

[98] Chae J, Jeong J, Lee J T. Nonlinear analysis of EEG in schizophrenia and bipolar disorder//The 41th Meeting of Korean Neuropsychiatric Association, Seoul, 1998.

[99] Jelles B, van Birgelen J H, Slaets J, et al. Decease of nonlinearity in the EEG of Alzheimer patients compared to healthy controls. Clinical Neurophysiology, 1999, 110: 1159-1167.

[100] Freeman W J. Mesoscopic neurodynamics: From neuron to brain. Journal of Physiology, 2000, 94: 303-322.

[101] Kozma R, Freeman W J, Erdi P. The KIV model-nonlinear spatio-temporal dynamics of the primordial vertebrate forebrain. Neurocomputing, 2003, 52/54: 819-826.

[102] Matsumoto K, Tsuda I. Noise-induced order. Journal of Statistical Physics, 1983, 31(1): 87-106.

[103] Benzi R, Sutera A, Vulpiani A. The mechanism of stochastic resonance. Journal of Physica A, 1981, 14: 453-457.

[104] Billah X, Shinozuka M. Stabilization of a nonlinear system by multiplicative noise. Physical Review A, 1991, 44(8): 4779-4781.

[105] Collins J J, Chow C C, Capela A C, et al. A periodic stochastic resonance. Physical Review E, 1996, 54(5): 5575-5584.

[106] 顾凡及, 宋如垓, 王炯炯, 等. 不同状态下脑电图复杂性探索. 生物物理学报, 1994, 10: 439-445.

[107] Schnitzler A, Gross J. Normal and pathological oscillatory communication in the brain. Nature Reviews Neuroscience, 2005, 6: 285-296.

[108]Mallat S. A theory for multiresolution signal decomposition: The wavelet representation. IEEE Transactions on Pattern Analysis and Machine Intelligence, 1989, 11(7): 674-693.

[109]Daubechies I. Orthogonal bases of compactly supported wavelets. Communications on Pure Applied Mathematics, 1988, 41: 909-996.

[110]Chui C K, Wang J Z. On compactly supported spline wavelets and a duality principle. Technical Report, 1990.

[111]Bertrand O, Bohorquez J, Pernier J. Time-frequency digital filtering based on an invertible wavelet transform: An application to evoked potentials. IEEE Transactions on Biomedical Engineering, 1994, 41(1): 77-88.

[112]Raz J, Dickerson L, Turetsky B. A wavelet packet model of evoked potentials. Brain and Language, 1999, 66(1): 61-88.

[113]Zhong J, Duan H, Lu W. A wavelet transform based multichannel detection of ventricular late potentials//Proceedings of the Annual International Conference on Engineering in Medicine and Biology Society, 1991, 13: 643-644.

[114]Morlet D, Peyrin F, Desseigne P, et al. Wavelet analysis of high-resolution signal averaged ECGs in postinfarction patients. Journal of Electrocardiology, 1993, 36(4): 311-319.

[115]杨丰, 谢震文. 一种新的心电图滤波方法. 中国医疗器械杂志, 1993, 7(6): 311-314.

[116]Bradie B. Wavelet packet-based compression of signal lead ECG. IEEE Transactions on Biomedical Engineering, 1994, 43(1): 49-60.

[117]Olson T, DeStefano I. Wavelet localization of radon transform. IEEE Transactions on Signal Processing, 1994, 42: 2055-2067.

[118]Blanco S, Figliosa A, Quian Q R, et al. Time-frequency analysis of electroencephalogram series(III): Information transfer function and wavelets packets. Physical Review E, 1998, 57(1): 932-940.

[119]Quiroga R Q, Rosso O A, Basar E, et al. Wavelet entropy in event-related potentials: A new method shows ordering of EEG oscillations. Biological Cybernetics, 2001, 84(4): 291-299.

[120]Abbott L F. Lapicque's introduction of the integrate-and-fire model neuron. Brain Research Bulletin, 1999, 50: 303-304.

[121]Burkitt A N. A review of the integrate-and-fire neuron model: I. homogeneous synaptic input. Biological Cybernetics, 2006, 95: 1-19.

[122]Chacron M J, Pakdaman K, Longtin A. Interspike interval correlations, memory, adaptation, and refractoriness in a leaky integrate-and-fire model with threshold fatigue. Neural Computation, 2003, 15: 253-278.

[123]Jolivet R, Lewis T J, Gerstner W. Generalized integrate-and-fire models of neuronal activity approximate spike trains of a detailed model to a high degree of accuracy. Journal of

Neurophysiology, 2004, 92: 959-976.

[124]Rose R M, Hindmarsh J L. The assembly of ionic currents in a thalamic neuron: I. the three-dimensional model. Proceedings of the Royal Society B: Biological Sciences, 1989, 237: 267-288.

[125]Fitzhugh R. Impulses and physiological states in theoretical models of nerve membrane. Biophysical Journal, 1961, 1: 445-466.

[126]Inoue J, Sato S, Ricciardi L M. On the parameter estimation for diffusion models of single neuron's activities. Biological Cybernetics, 1995, 73: 209-221.

[127]Shinomoto S, Sakai Y, Funahashi S. The Ornstein-Uhlenbeck process does not reproduce spiking statistics of neurons in prefrontal cortex. Neural Computation, 1999, 11: 935-951.

[128]Cappé O, Moulines E, Rydén T. Inference in Hidden Markov Models. Berlin: Springer, 2005.

[129]Fahrmeir L, Tutz G. Multivariate Statistical Modelling Based on Generalized Linear Models. New York: Springer, 2001.

[130]Daley D J, Vere-Jones D. An Introduction to the Theory of Point Processes. New York: Springer, 2003.

[131]Dempster A P, Laird N M, Rubin D B. Maximum likelihood from incomplete data via the EM algorithm. Journal of the Royal Statistical Society, 1977, 39: 1-38.

[132]Brown E N, Barbieri R, Ventura V, et al. The time-rescaling theorem and its application to neural spike train data analysis. Neural Computation, 2002, 14: 325-346.

[133]Gerstein G L, Mandelbrot B. Random walk models for the spike activity of a single neuron. Biophysical Journal, 1964, 4: 41-68.

[134]Richmond B J, Optican L M. Temporal encoding of two-dimensional patterns by single units in primate primary visual cortex: II. information transmission. Journal of Neurophysiology, 1990, 64: 370-380.

[135]Kostal L, Lansky P, Pokora O. Variability measures of positive random variables. PLoS One, 2011, 6: e21998.

第 3 章　针刺神经电生理实验设计

为了研究不同针刺手法针刺足三里穴对神经系统的影响，设计了以不同频率针刺手法针刺大鼠足三里穴，并在外周神经系统脊髓背根和背角神经纤维处测取动作电位的实验。

3.1　针刺外周神经系统响应实验设计

3.1.1　脊髓背根实验

实验选用成年健康的雄性 SD (Sprague-Dawley) 大鼠，体重在 190～210g。实验装置如图 3.1 所示，具体实验流程如图 3.2 所示。

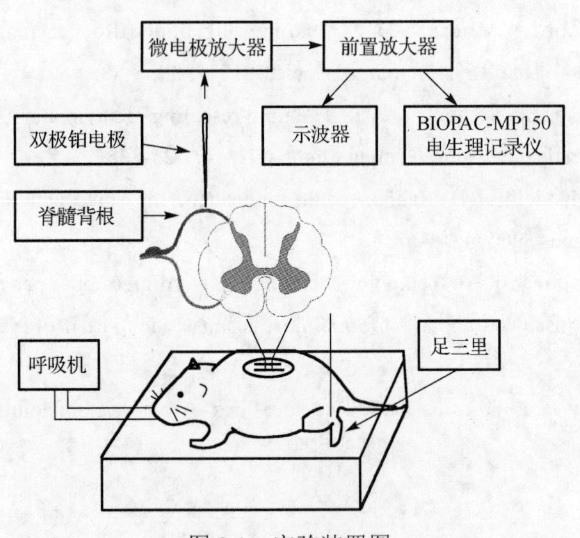

图 3.1　实验装置图

(1) 麻醉。

用 20%乌拉坦 (1.5g/kg) 对 SD 大鼠进行腹腔麻醉后，若背部肌肉张力较高，补充 1%戊巴比妥钠 (45mg/kg)。

(2) 手术。

剔除大鼠背正中线两侧 T8～L6 之间的毛，沿背正中线处剖开背部皮肤，除去皮下筋膜及 T13～L5 椎体两侧附着的竖脊肌，暴露 T13～L5 脊椎的棘突和横突，用咬骨钳咬薄其椎板，自下向上从椎间隙暴露脊髓。用剪开的皮瓣缝合成油槽，用 38℃左右的石腊油覆盖，以避免脊髓干燥。在解剖显微镜下用游丝镊剪开硬脊膜，暴露两侧 L3～L5 椎间孔，在相应椎间孔位置用玻璃分针分离 L3～L5 背根，在靠近腰骶膨大处将 L3～L5 背根用眼科剪切断。

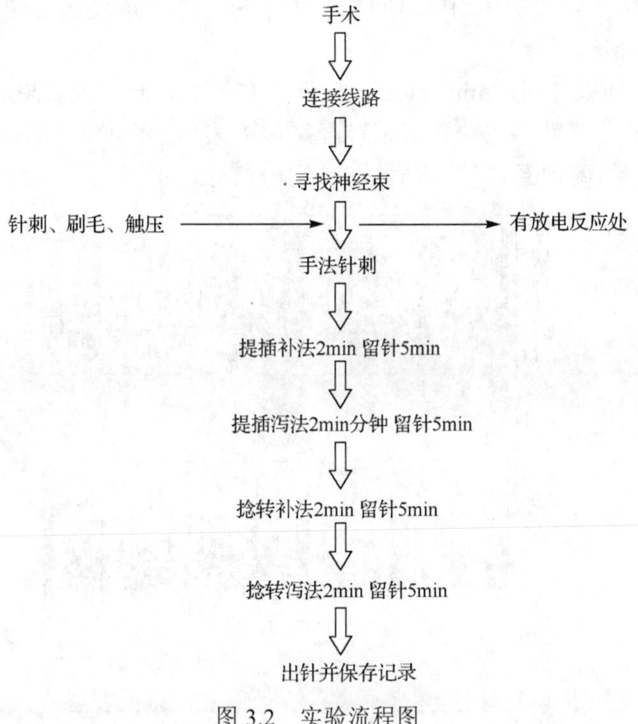

图 3.2　实验流程图

(3) 测定足三里穴感受野。

将一对双极铂金丝记录电极搭放于 L3～L5 背根，针刺大鼠体表不同部位，通过记忆示波器观测相应背根感受野。结果显示 L4 背根感受野分布于小腿外侧、膝关节、足底后 1/3，尤其对足三里穴位区的感受特异性最高，故以右侧 L4 背根为研究对象。

(4) 分离背根神经细束。

在解剖显微镜下用游丝镊从 L4 背根的中枢端分离神经细束，将细束搭放在一对双极铂金丝记录电极上，根据放电的波幅和波形，初步判断是否为单神经纤维放电。当分离出感受野敏感点在足三里穴位区的单个神经纤维后，用 BIOPAC-MP150 电生理记录仪记录针刺诱发的脊髓背根神经纤维放电序列。

(5) 针刺。

准备工作完成后，找到脊髓背根足三里穴所对应的神经细束，按照图 3.2

所示流程记录动作电位，各针刺手法介绍如下：提插补法，针刺针下得气后，重插轻提，以向下用力为主，提插幅度约 2mm；提插泻法，针刺针下得气后，轻插重提，以向上用力为主，提插幅度约 2mm；捻转补法，针刺针下得气后，将针捻转，以大拇指向前用力为主，捻转角度为 180°；捻转泻法，针刺针下得气后，将针捻转，以食指和中指向后用力为主，捻转角度为 180°。针刺频率范围 30～200 次/min。

图 3.3 是分别以 50 次/min、100 次/min、150 次/min 以及 200 次/min 的不同频率针刺 SD 大鼠足三里并在脊髓背根神经纤维处采集的动作电位序列，可见不同频率的针刺手法在外周神经系统所诱发的神经电信号是不同的。

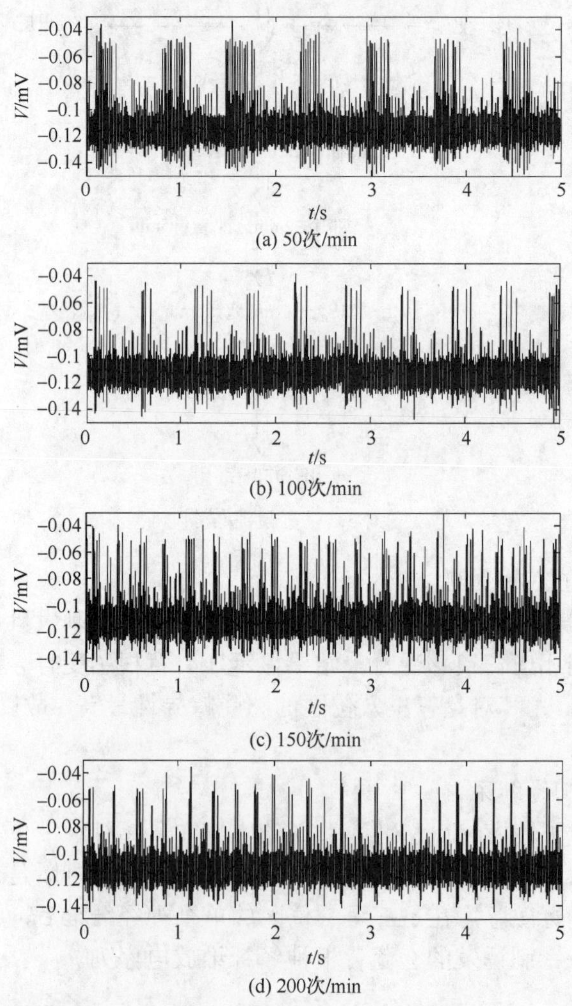

图 3.3　脊髓背根神经纤维动作电位序列图

3.1.2 脊髓背角实验

实验选用成年健康的 SD 大鼠，体重为 190～210g，雌雄不限，实验装置如图 3.4 所示。

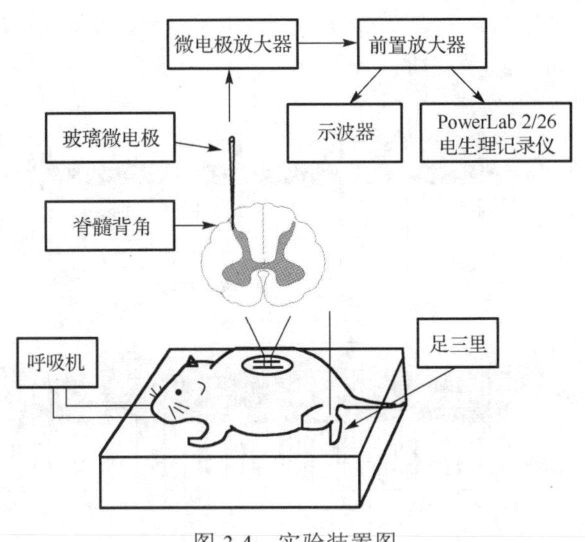

图 3.4 实验装置图

(1) 麻醉。

用 20%乌拉坦(1.5g/kg) 对 SD 大鼠进行腹腔麻醉后，进行气管插管。

(2) 手术。

由下肋缘水平沿大鼠背正中线向下切开，剔除 T14～L1 椎体两侧附着的竖脊肌，暴露 T14～L1 脊椎的棘突和横突，打薄椎板后暴露脊髓腰骶膨大部(L4～L5)。用剪开的皮瓣缝合成油槽，用 38℃左右的石蜡油覆盖，以避免脊髓干燥。在解剖显微镜下用游丝镊剪开硬脊膜，在脊柱 T11 和 L3 处用脊髓夹固定大鼠，使大鼠胸腔悬空，减少呼吸对记录结果的影响。

(3) 测定感受野在足三里穴的广动力学范围(wide dynamic range，WDR) 神经元。

手术完成后，利用微电极推进器将微电极以 5μm/s 速度推进脊髓表面下 300～1300μm 深度，然后神经电信号经微电极放大器放大并输入至 PowerLab 2/26 通道的电生理记录仪。在记录神经电信号的同时，在同侧足三里穴皮肤处用毛刷轻轻地刷毛，依据示波器和监听器提示，寻找对皮肤触觉(非伤害性刺激) 发生反应的脊髓背角神经元，然后用有齿镊在足三里穴区施加夹捏等伤害性刺激，观察神经元反应，上下微调微电极位置从而得到稳定的最大放电。WDR 神经元会随着刺激强度的增大而增高，当给予伤害性刺激的时候反应最强。

确定足三里穴所对应的脊髓背根 WDR 神经元后，待神经元静息后，依次对足三里穴进行不同的针刺刺激，其中提插泻法为在针刺得气后，轻插重提，以向上用力为主，提插幅度约 2mm，为排除针刺顺序对实验结果产生的影响，在实验过程中采取随机的施针顺序。

图 3.5 是分别以 30 次/min、60 次/min、120 次/min 以及 180 次/min 的不同频率针刺足三里在 SD 大鼠脊髓背角处采集的 WDR 神经元动作电位序列，可见不同频率的针刺手法在外周神经系统所诱发的神经电信号是不同的。

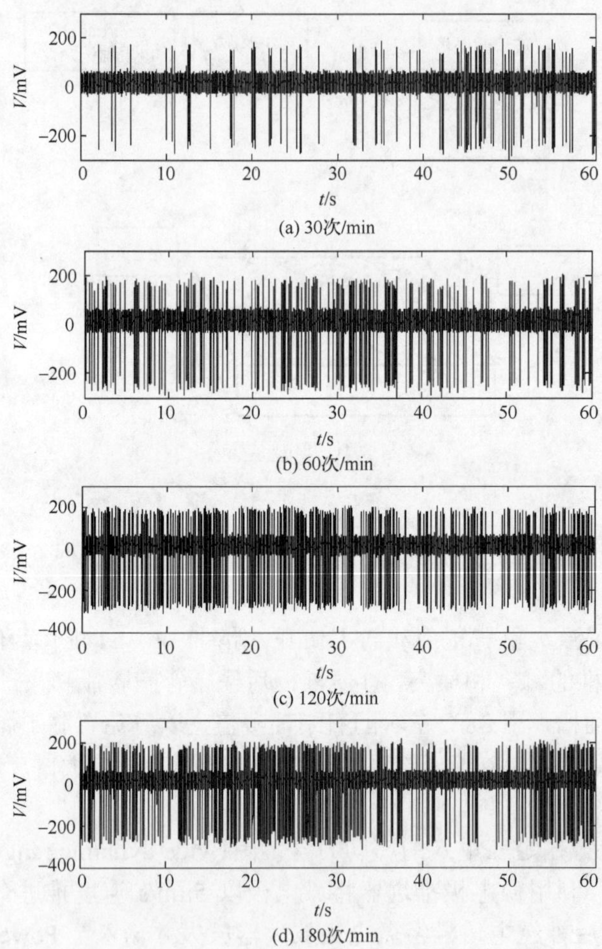

图 3.5　脊髓背角 WDR 神经元动作电位序列图

3.2　动作电位序列预处理

尽管在实验过程中，期望能够手术剥离单个神经纤维或单个神经元，但在实际操作中很难实现。在实验记录中通常会包含多个神经纤维或神经元的放电信息，因此在进一步分析之前需要将多神经元放电序列分离为独立神经元放电序列。

3.2.1　超顺磁聚类算法

这里采用超顺磁聚类算法(superparamagnetic clustering，SPC)对原始放电序列进行类选[1]。该算法主要包括三个阶段：①通过设定阈值自动检测放电；②对每个放电进行小波变换，自动选择用于放电分类的最佳小波系数；③将最佳小波系数作为 SPC 算法的输入，自动选择超顺磁相位温度参数，然后进行聚类，基本流程如图 3.6 所示。放电探测方法通常都是基于聚类预先设定的放电形状，如峰峰幅值、宽度或者主成分[2,3]。

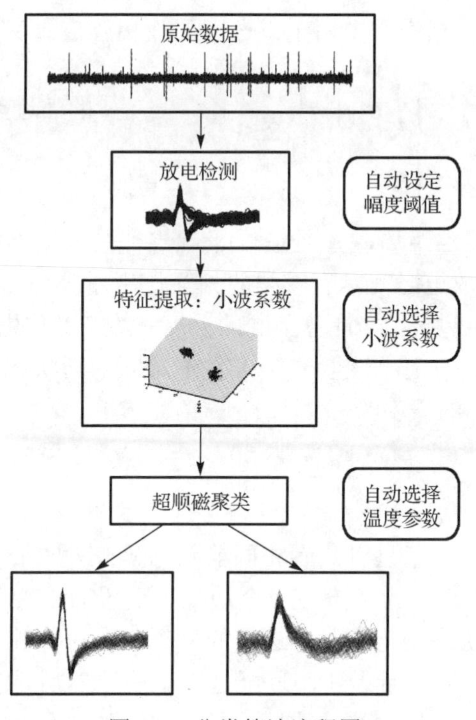

图 3.6　分类算法流程图

(1)放电检测。首先对数据进行带通滤波(300～6000Hz，四阶巴特沃思滤波器)，然后通过设定阈值检测放电。自动设定阈值为

$$\mathrm{Th}=4\sigma,\quad \sigma=\mathrm{median}\left\{\frac{|\boldsymbol{x}|}{0.6745}\right\} \tag{3-1}$$

其中，$\boldsymbol{x}$ 是滤波后的神经电信号，σ 是在噪声背景下的标准偏差估计[4]。为了消除放电之间的相互影响，基于滤波信号的中位值进行估计。

(2) 小波系数选择。放电检测后，对放电序列进行小波变换，从每个放电波形中提取 64 个小波系数，每个小波系数刻画不同尺度不同时间的放电形状特征。选择小波系数的目的是从中选取几个最优小波系数用于分离不同的放电类别。除非放电序列是单神经元放电，否则小波系数将具有多重模态分布。采用改进的 KS 检验对小波系数自动进行筛选[5]。对于序列 $\boldsymbol{x}$，$F(\boldsymbol{x})$ 是 $\boldsymbol{x}$ 的累积分布函数，$G(\boldsymbol{x})$ 是与 $F(\boldsymbol{x})$ 具有相同均值和方差的 Gaussian 分布函数，对 $F(\boldsymbol{x})$ 和 $G(\boldsymbol{x})$ 进行对比检验，将和正态的背离程度作为指标

$$\max(|F(\boldsymbol{x})-G(\boldsymbol{x})|) \tag{3-2}$$

采用前十个具有最大偏差的小波系数用于 SPC。

(3) 超顺磁聚类算法。SPC 的主要思想是基于模拟每个数据点以及 K 个最近邻点之间的相互关系提出的[6,7]。第一步，选择 m 个能够表征放电 i 的特征参数，组成 m 维相空间中的点 $\boldsymbol{x}_i$。相空间中两个点之间的作用强度定义为

$$J_{ij}=\begin{cases}\dfrac{1}{K}\exp\left(-\dfrac{\left\|\boldsymbol{x}_i-\boldsymbol{x}_j\right\|}{2a^2}\right), & \boldsymbol{x}_i\text{是}\boldsymbol{x}_j\text{的邻近点}\\ 0, & \text{其他}\end{cases} \tag{3-3}$$

其中，a 是平均最近邻点距离，K 是最近邻点数目。可见，特征参数越相似，作用强度 J_{ij} 越大，即相似放电之间具有较强的相互作用。

第二步，采用 Wolf 算法[8,9]计算不同的温度参数 T。首先给定初始状态 s，随机选取点 $\boldsymbol{x}_i$，然后从 1 到 q 随机选取一个状态作为 $\boldsymbol{x}_i$ 的新状态 s_{new}，那么 $\boldsymbol{x}_i$ 的最近邻点的状态也改变到 s_{new} 的概率为

$$p_{ij}=1-\exp\left(-\frac{J_{ij}}{T}\delta_{S_i,S_j}\right) \tag{3-4}$$

其中，T 是温度参数。注意只有具有相同前状态 s 的 $\boldsymbol{x}_i$ 的最近邻点才可以改变状态至 s_{new}。改变状态的最近邻点将产生一个边界，而没有改变状态的最近邻点再重复上述的步骤直至产生状态变化；对于边界的每个点，计算其各自最近邻点状态改变至 s_{new} 的概率；由此边界不断更新，直至趋于平稳。然后重新选择另外的初始点重复上述步骤，以获得代表性的统计特性。相对邻近的点(对于一个类)的状态将逐渐变化到一起，这种现象可通过衡量点-点相关性 $\langle\delta_{S_i,S_j}\rangle$ 量化。对于给定阈值 θ，如果 $\langle\delta_{S_i,S_j}\rangle \geqslant \theta$，则定义 $\boldsymbol{x}_i$ 和 $\boldsymbol{x}_j$ 属于同一类。此聚类算法主要与温度参数 T 有关，对于参数的小波动具有很好的鲁棒性。

当温度参数较大时，相邻点状态变化到一起的概率较低；而当温度参数较小时，无论相邻点间作用强度有多低，其状态变化到一起的概率都很高。这与自旋玻璃的物理现象相似，自旋玻璃态是指磁体在一定温度下，其磁矩在空间无序排列的状态，温度较高时，无论自旋玻璃间相互作用有多强，所有自旋玻璃的磁相随机变化(顺磁

相)；温度较低时，所有自旋玻璃的磁相同步变化(磁化相)；当温度在某特定范围时，只有部分自旋玻璃同步改变状态到一起，即系统达到超顺磁相。超顺磁聚类算法汲取该思想，低温时，所有点的状态改变到一起，即只得到一类；高温时，很多点的状态独立变化，因此数据被分为很多类，每类中仅有几个点；当温度正好对应超顺磁相时，只有聚集到一起的点才会同时改变它们的状态。

在对放电序列进行聚类时，可以选定小波系数作为 SPC 算法的输入，在大的温度范围内生成磁相、顺磁相和超顺磁相。为使超顺磁相自动聚类，采用如下准则：对于顺磁相和磁化相，温度增加能引起聚类，但每类中只有少量的元素，即随着温度的增加，顺磁相时，类将被分解为多个小类，磁化相时则基本上没变化；而对于超顺磁相，随着温度的升高，会产生含有大量元素的新类。通过这个准则，可以自动选择达到超顺磁相的最优温度参数从而实现聚类。

3.2.2　分类结果

图 3.7 给出了一组针刺诱发的动作电位序列经分类后的结果。图 3.7(a)为对动作电位序列的分类过程；图 3.7(b)为图 3.7(a)动作电位序列的局部放大图；图 3.7(c)则是对应于图 3.7(b)神经元放电栅状图，纵坐标表示神经元编号，图中每一条竖线表示在当前时刻神经元产生了一次放电。可见，在经过超顺磁聚类算法后，不同神经元的动作电位被有效地区分开来。本章后续研究均基于分类后的单个神经纤维或神经元的动作电位序列进行。

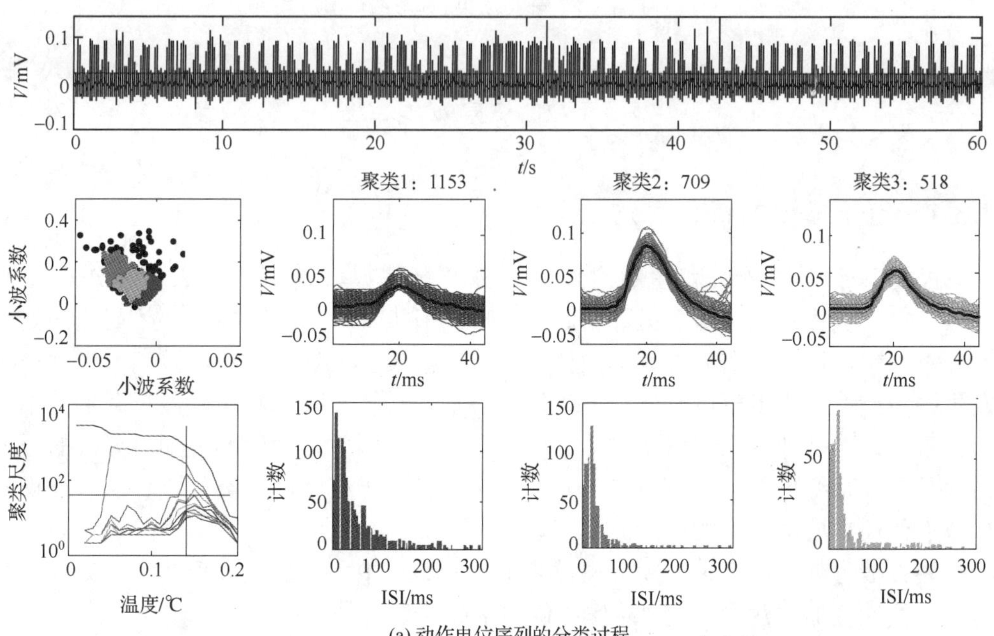

(a) 动作电位序列的分类过程

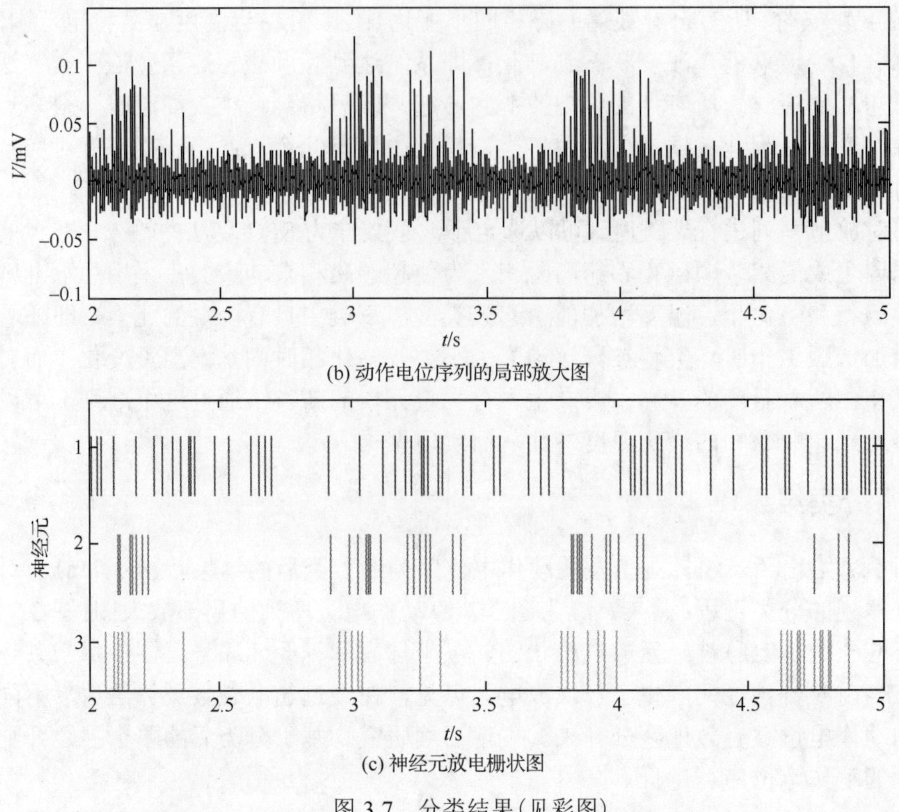

(b) 动作电位序列的局部放大图

(c) 神经元放电栅状图

图 3.7 分类结果(见彩图)

3.3 分类算法改进

3.3.1 基于模型的优化算法

虽然基于小波变换和超顺磁聚类的分类算法很好地解决了人为操作产生的误差[10-12]，大大提高了分类效率，但是在噪声干扰[13-15]和波形叠加[16-18]问题的处理上并不理想。特别是在波形叠加的情况下，小波聚类方法的漏检率较高。当神经元发生同步或近似同步放电时就会产生波形叠加，与背景噪声相比，波形叠加并不是随机事件，而是神经元网络集群活动的重要体现。因此，由波形叠加所导致的分类错误是高度系统化的，不可忽略。本节采用一种基于模型的分类优化算法，辨识同步或近似同步放电产生的叠加波形[19]。

假设 t 时刻电极记录的动作电位是神经元集群中所有放电波形在 t 时刻以不同形式的线性叠加，建立 t 时刻动作电位的生成模型[19,20]

$$v(t)=\sum_{j=1}^{n_c}\sum_{\tau=0}^{n_\tau}x_j(t-\tau)w_j(\tau)+\eta(t) \tag{3-5}$$

其中，$v(t)=(v_i(t))_{n_e\times 1}$ 表示 t 时刻所有电极记录的动作电位，n_c 是多电极的个数，$v_i(t)$ 表示 t 时刻第 i 个电极记录的动作电位。所有的放电波形都被平均地离散成 n_τ 份，$w_j(\tau)$ 表示被所有电极记录的神经元 j 的第 τ 段波形。$x_j(t)$ 是一个二进制变量，表示神经元 j 在 t 时刻是否发生放电。$\eta(t)$ 是均值为零的背景白噪声。

根据式(3-5)，得到整个观测时间内的动作电位的生成模型

$$\boldsymbol{V}=\boldsymbol{W}*\boldsymbol{X}+\eta \tag{3-6}$$

其中，$\boldsymbol{W}*\boldsymbol{X}$ 表示卷积运算，η 是一个多变量 Gaussian 白噪声。所以 $\boldsymbol{V}-\boldsymbol{W}*\boldsymbol{X}$ 服从多变量 Gaussian 分布，那么在放电时刻和放电波形条件下，动作电位产生的条件概率函数为

$$p(\boldsymbol{V}|\boldsymbol{X},\boldsymbol{W})\propto\exp\left[-\frac{1}{2}(\boldsymbol{V}-\boldsymbol{W}*\boldsymbol{X})^{\mathrm{T}}\boldsymbol{\Lambda}^{-1}(\boldsymbol{V}-\boldsymbol{W}*\boldsymbol{X})\right] \tag{3-7}$$

其中，$\boldsymbol{\Lambda}$ 是多维 Gaussian 变量 η 的协方差矩阵，它不仅表示时间上噪声的协方差，还表示空间上电极采集位置所造成的噪声的协方差。

将小波聚类算法的分类结果作为优化算法的初始值，定义每个神经元放电序列 x_j 和放电波形 $w_j(\tau)$ 的先验概率函数。假设神经元放电是一个伯努利事件，那么 $x_j(t)$ 服从伯努利分布，且每个时间窗内都是独立的，放电序列 x_j 的先验概率函数为

$$p(x_j)=\prod_t (p_j)^{x_j(t)}(1-p_j)^{1-x_j(t)} \tag{3-8}$$

其中，$x_j(t)$ 为一个二进制变量，t 时刻神经元 j 产生放电时，$x_j(t)$ 等于 1，否则，$x_j(t)$ 等于 0。从小波聚类方法的分类结果中可以获取神经元 j 产生放电事件的先验概率 p_j。例如，在针刺实验中，动作电位采样频率为 40000Hz。如果小波聚类算法的分类结果中，针刺神经元平均每秒产生 10 个动作电位，即平均 4000 个采样点就会产生一个放电，那么针刺神经元放电事件的先验概率为 1/4000。

根据先验函数、条件概率函数及贝叶斯理论，动作电位由放电序列和放电波形诱发的后验概率函数为

$$p(\boldsymbol{X},\boldsymbol{W}|\boldsymbol{V})\propto p(\boldsymbol{V}|\boldsymbol{X},\boldsymbol{W})p(\boldsymbol{X})p(\boldsymbol{W}) \tag{3-9}$$

令上述后验概率函数取最大值，从而估计出放电序列和放电波形[21-24]。对式(3-9)进行负对数变换，即式(3-10)函数的最小值

$$L(\boldsymbol{X},\boldsymbol{W})=\left[\frac{1}{2}(\boldsymbol{V}-\boldsymbol{W}*\boldsymbol{X})^{\mathrm{T}}\boldsymbol{\Lambda}^{-1}(\boldsymbol{V}-\boldsymbol{W}*\boldsymbol{X})\right]+\boldsymbol{\gamma}^{\mathrm{T}}\boldsymbol{X} \tag{3-10}$$

其中，$\boldsymbol{\gamma}$ 是基于先验概率集 $\{p_j\}$ 的常值向量。在微分求解过程中，可以将式(3-10)

看做两部分。第一项是放电序列与放电波形线性叠加和与动作电位之间的平方差，是噪声协方差在空间上的测量值。第二项来自先验概率。

为了简化运算，采用坐标下降法[25]，估计放电序列和放电波形。坐标下降法是一种替换估计思想，替换固定参数$\boldsymbol{W}$和$\boldsymbol{X}$，取式(3-10)的最小值，然后替换估计参数$\boldsymbol{X}$和$\boldsymbol{W}$。当固定$\boldsymbol{X}$求解最小值时，式(3-10)的第二项是常量，第一项是一个最小二乘法问题。根据式(3-8)可知，先验概率的对数是关于$\boldsymbol{X}$的线性函数，即式(3-10)的第二项是$\boldsymbol{X}$的线性函数，所以当固定$\boldsymbol{W}$求解最小值时，也是一个最小二乘法问题。具体算法如下。

(1)放电波形的最小二乘法估计。

首先固定放电序列为小波聚类算法估计得到的放电序列$\boldsymbol{X}_{(0)}$，取式(3-10)的最小值。$\boldsymbol{V}-\boldsymbol{W}*\boldsymbol{X}$是多维 Gaussian 变量，假设方程$\boldsymbol{\Lambda}$是一个单位阵，根据最小二乘法计算$\boldsymbol{W}$，得

$$\begin{aligned}\boldsymbol{W}_{(1)} &= \underset{\boldsymbol{W}}{\operatorname{argmin}}(\boldsymbol{V}-\boldsymbol{W}*\boldsymbol{X}_{(0)})^{\mathrm{T}}\boldsymbol{\Lambda}^{-1}(\boldsymbol{V}-\boldsymbol{W}*\boldsymbol{X}_{(0)}) \\ &= (\boldsymbol{M}_{\boldsymbol{X}_{(0)}}^{\mathrm{T}}\boldsymbol{M}_{\boldsymbol{X}_{(0)}})^{-1}\boldsymbol{M}^{\mathrm{T}}{}_{\boldsymbol{X}_{(0)}}\boldsymbol{V}\end{aligned} \tag{3-11}$$

其中，$\boldsymbol{M}_{\boldsymbol{X}_{(0)}}$是一个托布里兹矩阵，由$\boldsymbol{X}_{(0)}$的元素组成，且满足条件$\boldsymbol{M}_{\boldsymbol{X}_{(0)}}\boldsymbol{W}=\boldsymbol{W}*\boldsymbol{X}_{(0)}$。$\boldsymbol{W}_{(1)}$为使式(3-11)取得最小值的值。然后根据$\boldsymbol{W}_{(1)}$，通过子集选择[26]，整理出此次迭代神经元$i$在第$j$个电极下的放电波形$\boldsymbol{W}_{ij}(1)$。设定阈值$a$为第$j$个电极上噪声的倍数，如果$\boldsymbol{W}_{ij}(1)$的向量范数小于$a$，即$\|\boldsymbol{W}_{ij}(1)\|<a$，认为$\boldsymbol{W}_{ij}(1)$为 0，即第$j$个电极未检测到神经元$i$放电。

(2)计算协方差矩阵$\boldsymbol{\Lambda}$，并将动作电位$\boldsymbol{V}$与放电波形$\boldsymbol{W}_{(1)}$白噪化。

根据初值$\boldsymbol{X}_{(0)}$以及$\boldsymbol{W}_{(1)}$拟合$\boldsymbol{V}$，得到拟合残差，残差协方差为$\boldsymbol{\Lambda}$的估计值

$$\hat{\boldsymbol{\Lambda}}=\operatorname{cov}(\boldsymbol{V}-\boldsymbol{W}_{(1)}*\boldsymbol{X}_{(0)}) \tag{3-12}$$

由于在最小二乘法中，协方矩阵为单位阵，所以在此应根据$\hat{\boldsymbol{\Lambda}}$，将$\boldsymbol{V}$和$\boldsymbol{W}_{(1)}$白噪化，得到$\tilde{\boldsymbol{V}}$和$\tilde{\boldsymbol{W}}_{(1)}$，为下面的估计做准备。

(3)估计放电序列。

固定放电波形$\tilde{\boldsymbol{W}}_{(1)}$，将式(3-10)白噪化，即

$$\tilde{L}(\boldsymbol{X},\tilde{\boldsymbol{W}})=\left[\frac{1}{2}(\tilde{\boldsymbol{V}}-\tilde{\boldsymbol{W}}*\boldsymbol{X})^{\mathrm{T}}(\tilde{\boldsymbol{V}}-\tilde{\boldsymbol{W}}*\boldsymbol{X})\right]+\boldsymbol{\gamma}^{\mathrm{T}}\tilde{\boldsymbol{X}} \tag{3-13}$$

根据之前的讨论定义$p_j=n_j/n_T$是神经元j的先验概率，其中n_T等于观测时间内的时间窗个数，n_j等于观测时间内神经元j的放电个数。令

$$\hat{\boldsymbol{\gamma}}_j=-\log(\hat{p}_j)+\log(1-\hat{p}_j) \tag{3-14}$$

$$\boldsymbol{\gamma}=\{\hat{\boldsymbol{\gamma}}_j\} \tag{3-15}$$

那么式(3-10)的第二项可写成 $\log p(x_j) = x_j(\log p_j + \log(1-p_j)) + c$。由于 $\boldsymbol{X}$ 是一个二进制变量组成的向量，所以通过比较剔除和加入一个放电后方程(3-13)的大小，来确定这个放电是否存在。$\boldsymbol{X}_i$ 表示第 i 个时间窗上值，定义 $\boldsymbol{X}^{\backslash i}$ 表示向量 $\boldsymbol{X}$ 剔除第 i 个时间窗上值后的向量。同样地定义 $\boldsymbol{M}_W$，使得 $\boldsymbol{M}_W \boldsymbol{X} = \boldsymbol{W} * \boldsymbol{X}$。$\boldsymbol{w}_i$ 是 $\boldsymbol{M}_W$ 第 i 列，定义 $\boldsymbol{M}_W^{\backslash i}$ 是向量 $\boldsymbol{M}_W$ 剔除第 i 列后的矩阵。分别地令 $\boldsymbol{X}_i = 0$，$\boldsymbol{X}_i = 1$，计算相应的式(3-13)的值为

$$\tilde{L}(\boldsymbol{X}_i = 0 \mid \boldsymbol{X}^{\backslash i}) = \frac{1}{2}(\boldsymbol{V} - \boldsymbol{M}_W^{\backslash i}\boldsymbol{X}^{\backslash i})^{\mathrm{T}}(\boldsymbol{V} - \boldsymbol{M}_W^{\backslash i}\boldsymbol{X}^{\backslash i}) + (\boldsymbol{\gamma}^{\backslash i})^{\mathrm{T}}\boldsymbol{X}^{\backslash i} \tag{3-16}$$

$$\tilde{L}(\boldsymbol{X}_i = 1 \mid \boldsymbol{X}^{\backslash i}) = \frac{1}{2}(\boldsymbol{V} - \boldsymbol{M}_W^{\backslash i}\boldsymbol{X}^{\backslash i} - \boldsymbol{w}_i)^{\mathrm{T}}(\boldsymbol{V} - \boldsymbol{M}_W^{\backslash i}\boldsymbol{X}^{\backslash i} - \boldsymbol{w}_i) + (\boldsymbol{\gamma}^{\backslash i})^{\mathrm{T}}\boldsymbol{X}^{\backslash i} + \gamma_i \tag{3-17}$$

然后，计算 $\boldsymbol{X}_i = 0$ 和 $\boldsymbol{X}_i = 1$ 两种情况下式(3-13)的差值为

$$\Delta\tilde{L}_i = \boldsymbol{V}^{\mathrm{T}}\boldsymbol{w}_i - \boldsymbol{w}_i^{\mathrm{T}}\boldsymbol{M}_W^{\backslash i}\boldsymbol{X}^{\backslash i} - \boldsymbol{\gamma}_i - \frac{1}{2}\boldsymbol{w}_i^{\mathrm{T}}\boldsymbol{w}_i \tag{3-18}$$

当 $\Delta\tilde{L}_i < 0$ 时，$\tilde{L}(\boldsymbol{X}_i = 0 \mid \boldsymbol{X}^{\backslash i}) < \tilde{L}(\boldsymbol{X}_i = 1 \mid \boldsymbol{X}^{\backslash i})$，表示在第 i 个时间窗内不放电；当 $\Delta\tilde{L}_i > 0$ 时，$\tilde{L}(\boldsymbol{X}_i = 0 \mid \boldsymbol{X}^{\backslash i}) > \tilde{L}(\boldsymbol{X}_i = 1 \mid \boldsymbol{X}^{\backslash i})$，表示在第 i 个时间窗内放电。从而可知所有时间窗内的放电情况，得到整个放电序列。

然后将本次迭代的所有估计值作为下次迭代初值，再进行下一次迭代，直到 $\Delta\tilde{L}$ 接近于 0 停止。最后一次迭代的估计值即放电序列和放电波形的最优解。

3.3.2　分类算法比较

小波聚类算法的分类情况，如图 3.8 所示。其中，图 3.8(a)分别表示捻转补(NB)、捻转泄(NX)、提插补(TB)和提插泄(TX)四种针刺手法诱发的原始数据。图中每一次捻转(NB 和 NX)刺激都能产生一簇密集的高幅值放电，呈“单峰”现象；而提插(TB 和 TX)刺激诱发的高幅值放电分布则比较松散，呈“多峰”现象，由此可知捻转法和提插法的作用机制明显不同。

四种手法条件下所有放电波形的小波特征参数如图 3.8(b)所示。图中小波特征参数分布在四个不同颜色的区域，所以这些动作电位相应地被分为四类，每一类的平均动作电位如图 3.8(c)所示。在此，定义红色高幅值的动作电位由神经元 1 产生，绿色余弦动作电位由神经元 2 产生，蓝色正弦动作电位由神经元 3 产生，青色低幅值的动作电位由神经元 4 产生。由于神经元 1 放电波形的幅值明显较高，所以神经元 1 的小波特征参数的分布区域离另外三类较远。四种手法条件下，估计得到的四个神经元的放电个数如表 3.1 所示，可知不同针灸手法诱发的四个神经元放电个数的差异不大。

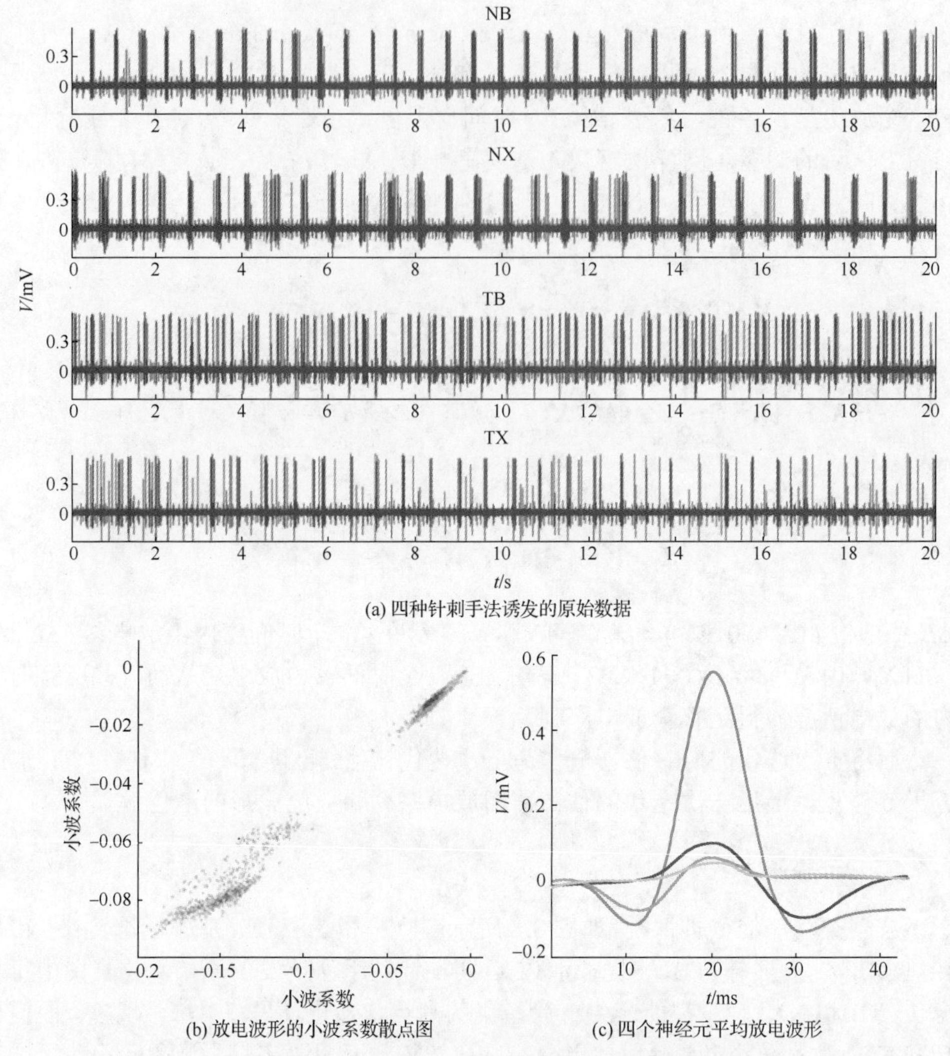

(a) 四种针刺手法诱发的原始数据

(b) 放电波形的小波系数散点图

(c) 四个神经元平均放电波形

图 3.8　小波聚类算法的分类(见彩图)

表 3.1　小波聚类算法中四个神经元在四种手法下的放电个数

针刺手法 \ 神经元	神经元 1（红色）	神经元 2（绿色）	神经元 3（蓝色）	神经元 4（青色）
NB	177	158	183	137
NX	152	143	133	122
TB	250	147	136	67
TX	122	107	111	126

把小波聚类算法的分类结果作为初始值，根据模型算法，对四组原始数据进行重新分类。估计得到的平均放电波形，如图 3.9 所示。其中，神经元 1、神经元 2

和神经元 3 的平均放电波形(红色实线、绿色实线和蓝色实线)与小波聚类算法中三个神经元的平均放电波形(灰色虚线)基本重合。而神经元 4 的平均放电波形(青色实线)却明显高于小波聚类算法中的平均放电波形(灰色虚线)。

模型算法中，四个神经元在四种手法刺激下产生的放电个数如表 3.2 所示。与表 3.1 相比，在模型算法中除了神经元 4，另外三个神经元被检测到的放电个数都显著增加，有的甚至是小波聚类算法中放电个数的两倍。而对于第四类动作电位，由于其幅值是最低的，并且基电位过高，所以被认为不是神经元的响应活动，而是周围噪声的结果。所以在本节和以后的讨论中对第四类动作电位不予考虑。

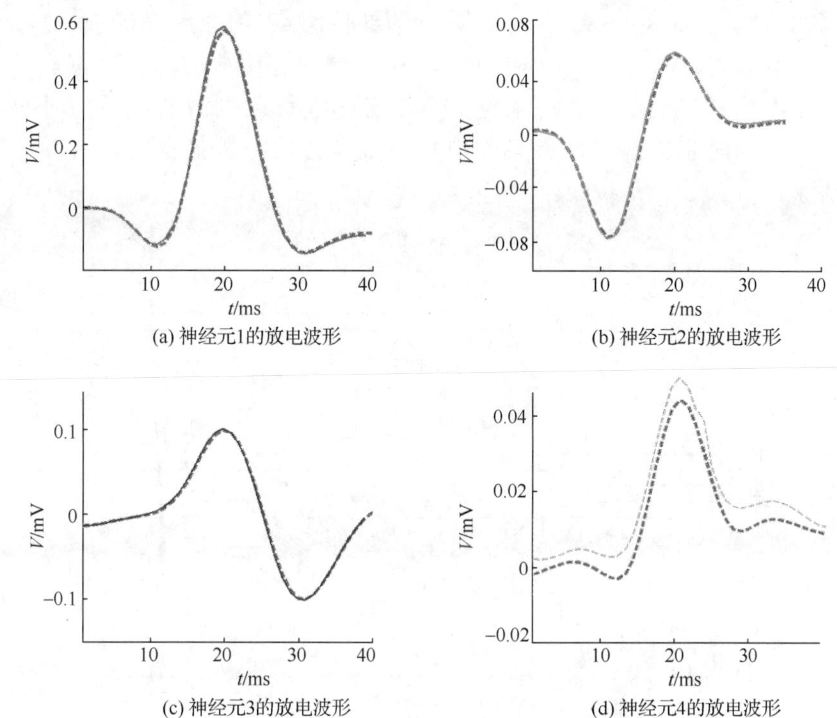

图 3.9　两种分类算法估计得到的放电波形(见彩图)

表 3.2　模型算法中四个神经元在四种手法下的放电个数

针刺手法 \ 神经元	神经元 1 (红色)	神经元 2 (绿色)	神经元 3 (蓝色)	神经元 4 (青色)
NB	320	321	354	7
NX	221	212	191	13
TB	343	264	261	4
TX	210	225	205	7

为了更直观地体现模型算法的优点，取两种算法在一次针刺刺激(约 0.6s)中的分类结果进行比较，如图 3.10 所示。图中蓝色圆点是两种算法都提取到的动作电位，红色圆点是模型算法都提取到的动作电位，绿色圆点是模型算法漏掉的第四类动作电位。由图可知模型算法很好地解决了多个放电波形叠加的问题。尤其是红色虚线框的部分，电极记录的动作电位(下面的蓝色曲线)集中地出现，表明神经元集群的响应活动强烈，此时模型算法能检测出所有的动作电位，而基于放电波形的小波聚类算法却因为放电波形的多次叠加未辨识出一个动作电位。另外在处理噪声的问题上，与模型算法相比，小波聚类算法仍有不足。比如 8.7s 附近的红色圆点(神经元 1 的高幅值放电)、8.9～9s 和 9.2s 附近的红色圆点(神经元 3 的放电)，小波聚类算法都未检测到，而这些点所对应图 3.10(c)中存在明显的动作电位。对于模型漏掉的动作电位(绿色圆点)，它们绝大部分分布在针刺刺激结束后的时间段，如绿色虚线框，同时它们所对应的动作电位曲线在背景噪声范围内，所以这类动作电位被剔除。

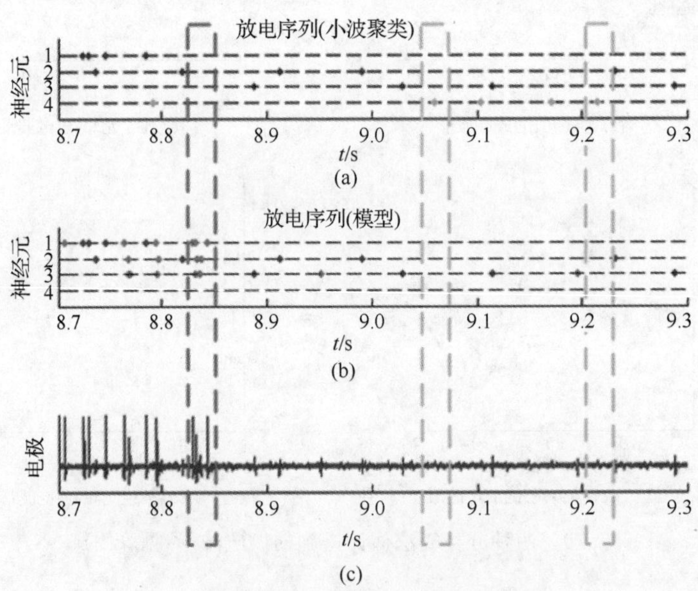

图 3.10　分类算法的结果比较(见彩图)

3.4　本 章 小 结

本章采用现代信息处理技术对不同频率针刺足三里穴在外周神经电通路脊髓背根处以及低级中枢神经电通路脊髓背角处诱发的神经动作电位序列进行了分析。采用多种方法对动作电位序列进行预处理，并对分类算法进行了改进。

参 考 文 献

[1] Quiroga R Q, Nadasdy Z, Ben S Y. Unsupervised spike detection and sorting with wavelets and superparamagnetic clustering. Neural Computation, 2004, 16(8): 1661-1687.

[2] Abeles M, Goldstein M. Multispike train analysis. Proceedings of the IEEE, 1977, 65: 762-773.

[3] Lewicki M. A review of methods for spike sorting: The detection and classification of neural action potentials. Network: Computation in Neural Systems, 1998, 9: 53-78.

[4] Donoho D L, Johnstone J M. Ideal spatial adaptation by wavelet shrinkage. Biometrika, 1994, 81(3): 425-455.

[5] Press W H, Teukolsky S A, Vetterling W T, et al. Numerical Recipes in C. Cambridge: Cambridge University Press, 1992.

[6] Blatt M, Wiseman S, Domany E. Super-paramagnetic clustering of data. Physical Review Letters, 1996, 76: 3251-3254.

[7] Blatt M, Wiseman S, Domany E. Data clustering using a model granular magnet. Neural Computation, 1997, 9: 1805-1842.

[8] Wolf U. Comparison between cluster Monte Carlo algorithms in the ising spin model. Physics Letters B, 1989, 228: 379-382.

[9] Binder K, Heermann D W. Monte Carlo Simulations in Statistical Physics: An Introduction. Berlin: Springer, 1988.

[10] Harris K D, Henze D A, Csicsvari J, et al. Accuracy of tetrode spike separation as determined by simultaneous intracellular and extracellular measurements. Journal of Neurophysiology, 2000, 84: 401-414.

[11] Blatt M, Wiseman S, Domany E. Super-paramagnetic clustering of data. Physical Review Letters, 1996, 76: 3251-3254.

[12] Blatt M, Wiseman S, Domany E. Data clustering using a model granular magnet. Neural Computation, 1997, 9: 1805-1842.

[13] Sahani M. Latent variable models for neural data analysis. Pasadena: California Institute of Technology, 1999.

[14] Bar-Gad I, Ritov Y, Vaadia E, et al. Failure in identification of overlapping spikes from multiple neuron activity causes artificial correlations. Journal of Neuroscience Methods, 2001, 107: 1-13.

[15] Takahashi S, Anzai Y, Sakurai Y. Automatic sorting for multi-neuronal activity recorded with tetrodes in the presence of overlapping spikes. Journal of Neurophysiology, 2003, 89: 2245-2258.

[16] Segev R, Goodhouse J, Puchalla J, et al. Recording spikes from a large fraction of the ganglion cells in a retinal patch. Nature Neuroscience, 2004, 7: 1155-1162.

[17] Lewicki M. Bayesian modeling and classification of neural signals. Neural Computation, 1994, 6: 1005-1030.

[18] Pouzat C, Mazor O, Laurent G. Using noise signature to optimize spike-sorting and to assess neuronal classification quality. Journal of Neuroscience Methods, 2002, 122: 43-57.

[19] Johnston D, Wu S M S. Foundations of Cellular Neurophysiology. Cambridge: The MIT Press, 1994.

[20] Pillow J W, Shlens J, Chichilnisky E J, et al. A model-based spike sorting algorithm for removing correlation artifacts in multi-neuron recordings. PLoS ONE, 2013, 8(5): e62123.

[21] Wood F, Black M. A nonparametric bayesian alternative to spike sorting. Journal of Neuroscience Methods, 2008, 173: 1-12.

[22] Sahani M, Pezaris J, Andersen R. On the separation of signals from neighboring cells in tetrode recordings. Advances in Neural Information Processing Systems, 1997, 10: 222-228.

[23] Prentice J S, Homann J, Simmons K D, et al. Fast, scalable, bayesian spike identification for multi-electrode arrays. PLoS ONE, 2011, 6: e19884.

[24] Marre O, Amodei D, Deshmukh N, et al. Mapping a complete neural population in the retina. The Journal of Neuroscience, 2012, 32: 14859-14873.

[25] Sahani B. Spike sorting using a convex relaxation. London: University College London, 2006.

[26] John G, Kohavi R, Pfleger K. Irrelevant features and the subset selection problem. Proceedings of the eleventh international conference on machine learning, 1994, 129: 121-129.

第 4 章　针刺神经电信号的编码分析

本章将对所采集的神经电信号进行编码特征分析，研究神经系统对不同频率针刺手法的编码机制，探索针刺的作用规律。由于神经系统是高维、复杂的非线性系统，针刺神经电信号具有很强的非线性特性，采用传统的、线性的统计学方法分析难以全面揭示针刺作用规律，因此对针刺足三里穴在脊髓背根和脊髓背角处诱发的动作电位序列进行统计学分析以后，将继续采用 Lyapunov 指数、分形特性以及复杂度分析等非线性分析方法对针刺诱发的动作电位序列进行剖析，揭示不同频率针刺作用对神经系统的影响。

4.1　针刺神经电信号的频率编码

4.1.1　放电率

神经元放电活动是神经系统传递信息的重要途径。图 4.1 是通过细胞外记录和细胞内记录技术记录的神经元动作电位序列示意图。图 4.1(a)是将玻璃微电极插入神经元胞体内，通过细胞内记录采集的神经元胞体动作电位序列。为了能够清晰地观察到阈下振荡部分，截取动作电位幅值的一部分。图 4.1(b)是将微电极插入离胞体有一定距离的轴突，通过细胞内记录采集的神经元轴突动作电位序列，由于衰减作用，阈下振荡于轴突已经消失，但动作电位序列相同。这也说明在信息传递过程中峰放电比阈下振荡重要。图 4.1(c)是将金属电极靠近神经元轴突，通过细胞外记录采集的神经元轴突动作电位序列，其波形主要在 0.1mV 范围内上下波动，与细胞内记录相比，细胞外记录动作电位的幅值衰减近 1000 倍。尽管如此，峰放电与细胞内记录得到的信息完全一致，除阈下振荡外，没有丢失其他信息。可见虽然动作电位本身有一定的持续时间、幅值和波形，但是在神经编码研究过程中，动作电位的放电时刻携带重要信息，因此放电时刻被作为典型事件。如果忽略每个动作电位的持续时间，那么动作电位序列则转换成由一系列

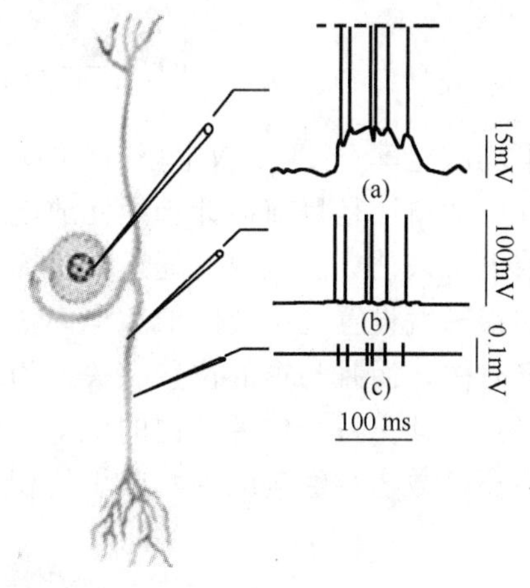

图 4.1　模拟神经元电信号记录示意图

放电时刻组成的序列，即点过程。

对于n个放电，令放电时刻为t_i，其中$i=1,2,\cdots,n$。假设每次实验持续时间为T，则对于任何i，都有$0\leqslant t_i\leqslant T$。放电序列也可以表示为$n$个理想的无限窄的放电之和，即定义神经响应函数

$$\rho(t)=\sum_{i=1}^{n}\delta(t-t_i) \tag{4-1}$$

频率编码通过改变放电率$r(t)$编码刺激信息。由于每次施加某特定刺激所诱发的动作电位序列都不同，具有不可重复性，理论上放电率$r(t)$必须经过大量实验才能得到较好的估计。假设在区间$[t,t+\Delta t]$内神经元放电概率为$p(t)\Delta t$，其中$p(t)$是单个放电发生的概率密度。于是有$p(t)=r(t)$，即放电率。

根据大数定律，当Δt足够小、实验数据量足够大时，可以根据神经响应函数的均值估计放电率$r(t)$，即

$$r(t)\Delta t=\int_{t}^{t+\Delta t}\langle\rho(\tau)\rangle\mathrm{d}\tau \tag{4-2}$$

对于任意可积函数，平均神经响应函数$\langle\rho(\tau)\rangle$可由放电率$r(t)$代替，于是对任意函数h都有

$$\int h(\tau)\langle\rho(t-\tau)\rangle\mathrm{d}\tau=\int h(\tau)\langle r(t-\tau)\rangle\mathrm{d}\tau \tag{4-3}$$

与放电率$r(t)$不同，放电计数率r可以通过统计实验中动作电位的个数得到，即

$$r=\frac{n}{T}=\frac{1}{T}\int_{0}^{T}\rho(\tau)\mathrm{d}\tau \tag{4-4}$$

由式(4-4)第二个等式可以看出放电计数率r是整个实验过程中神经响应函数$\rho(t)$的均值。

同理，放电计数率r经多组实验求均值可以得到平均放电率，即

$$\langle r\rangle=\frac{\langle n\rangle}{T}=\frac{1}{T}\int_{0}^{T}\langle\rho(\tau)\rangle\mathrm{d}\tau=\frac{1}{T}\int_{0}^{T}r(t)\mathrm{d}t \tag{4-5}$$

平均放电率$\langle r\rangle$等于放电率$r(t)$的均值或者多组实验放电计数率r的均值。

加窗法是目前估计神经元放电率的常用方法之一，即通过计算时间窗内的平均放电率来估计放电率。通过减小窗的宽度，可以提高放电率估计的空间分辨率，但如果窗宽设置过小会降低放电率估计的时间分辨率。加窗估计放电率不仅与窗的宽度有关，而且与窗的位置有关，为避免窗的位置对估计结果的影响，采用滑动窗的形式，计算每个位置窗内的放电个数，过程如图 4.2 所示。估计的放电率可以表示为窗函数与神经响应函数乘积的积分形式

$$r_{\text{approx}}(t)=\int_{-\infty}^{+\infty}w(\tau)\rho(t-\tau)\mathrm{d}\tau \tag{4-6}$$

其中，$w(t)$ 为窗函数，指导神经响应函数 $\rho(t)$ 在 $t-\tau$ 时刻估计 t 时刻的放电率。窗函数 $w(t)$ 具有多种选择形式，只要 $w(t)$ 满足在 $\tau=0$ 两侧附近逐渐趋于零，且积分值为 1 即可。此处采用常用的高斯窗，即

$$w(\tau)=\frac{1}{\sqrt{2\pi}\sigma_w}\mathrm{e}^{-\frac{\tau^2}{2\sigma_w^2}} \tag{4-7}$$

其中，σ_w 控制着放电速率的时间分辨率，由连续窗函数估计的放电率不仅可以避免窗位置因素的影响，而且与非滑动窗法相比有较高的时间分辨率。

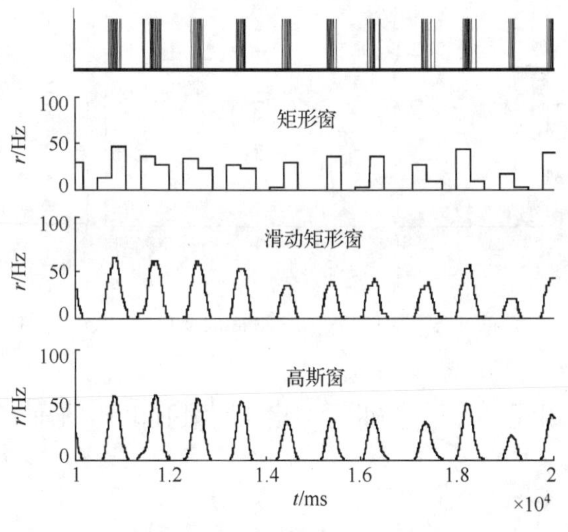

图 4.2　加窗法估计放电率

4.1.2　神经电信号的放电率

采用高斯滑动窗法分别对四种不同频率手法针刺作用下在脊髓背根诱发的神经电信号进行放电率估计。为保证估计的放电率足够平滑，高斯窗参数 σ_w 取 0.08，滑动窗每次移动 100ms。为统计方便，在采用滑动窗估计放电率的基础上，对估计得到的放电率在整个时间域进行平均处理，同时为使不同组实验间的分析结果具有可比性，对每组数据的分析结果分别进行了归一化处理。图 4.3 给出了对 13 组不同频率针刺刺激下脊髓背根神经电信号进行放电率估计的结果，横坐标表示四种不同的针刺频率，纵坐标表示平均放电率估计的归一化结果。在针刺 50 次/min、100 次/min、150 次/min 和 200 次/min 时，脊髓背根神经纤维平均放电率分别为 0.4757 ± 0.3746Hz、0.5144 ± 0.2464Hz、0.7495 ± 0.2483Hz 和 0.9054 ± 0.1305Hz，可见随着针刺频率的增加，脊髓背根神经纤维放电率增加。进一步地，应用单因素方差考察在 50 次/min、100 次/min、150 次/min 和 200 次/min 针刺作用时，脊髓背根神经纤维放电频率有

无显著性差异，发现显著性指标 $p = 0.0003$，即在 0.01 的显著水平下，认为四种不同频率针刺作用时脊髓背根放电频率具有显著性差异。这揭示了脊髓背根神经纤维通过神经放电的频率编码能够有效地反映针刺的输入信息。

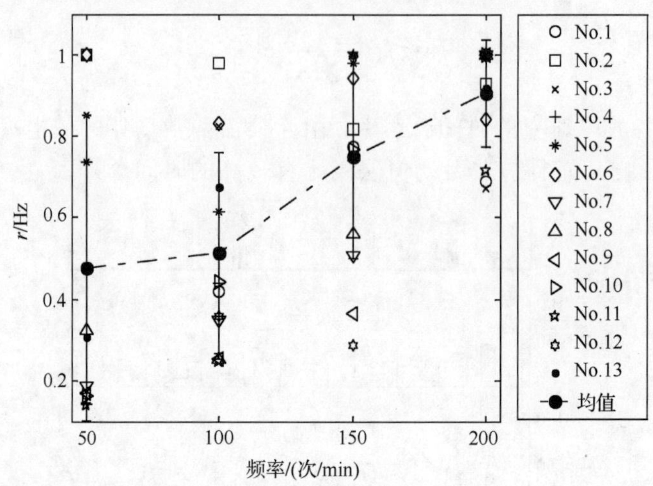

图 4.3　不同频率针刺刺激下脊髓背根放电率估计归一化结果

4.2　针刺神经电信号的时间编码

4.2.1　变异系数

ISI 是指任意两个相邻动作电位发生时刻的差值，如图 4.4 所示。生物放电的 ISI 序列已被生物学家公认为携带生物信息的主要载体，因此对动作电位序列的分析可以转换为对 ISI 序列的检验分析。对于 n 个放电，定义每个动作电位的放电时刻为 t_i，其中 $i = 1,2,\cdots,n$。假设每次实验持续时间从 0 到 T，则对于任何 i，都有 $0 \leqslant t_i \leqslant T$。由放电时刻序列 t_i 可得 ISI 序列

$$\mathrm{ISI}_i = t_{i+1} - t_i \tag{4-8}$$

其中，$i = 1,2,\cdots,n-1$。图 4.5 是四种不同频率针刺刺激足三里穴在脊髓背根诱发的神经动作电位序列对应的 ISI 序列图。

变异系数(coefficient of variation，CV)，又称为标准差率，定义为样本标准差与平均值的比值[1,2]，是衡量各观测样本值变异程度的统计量。当对两个或多个样本变异程度进行比较时，如果样本平均值相同，则可以直接利用标准差进行比较。如果样本平均值不同，比较样本变异程度就不能采用标准差，而需要采用标准差与平均值的比值进行比较，反映单位均值上的离散程度，可用于总体均值不等时多个总体的离散程度的比较。

ISI 序列的变异系数即为 ISI 分布的标准差和平均值的比值

$$\mathrm{CV} = \frac{\sigma_T}{\langle T \rangle} \tag{4-9}$$

其中，σ_T 为 ISI 序列的标准差，$\langle T \rangle$ 为 ISI 序列的平均值。

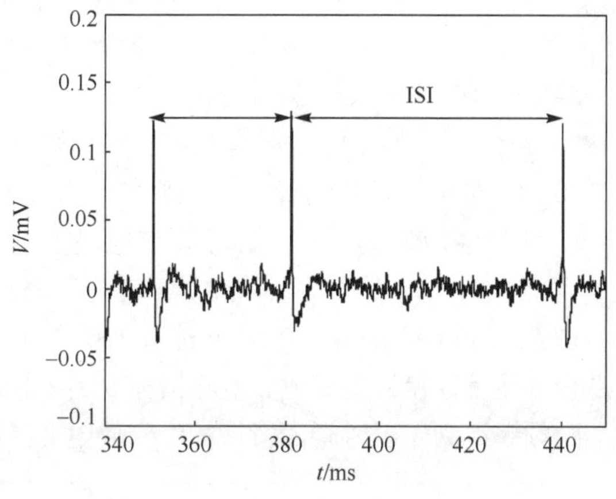

图 4.4　ISI 示意图

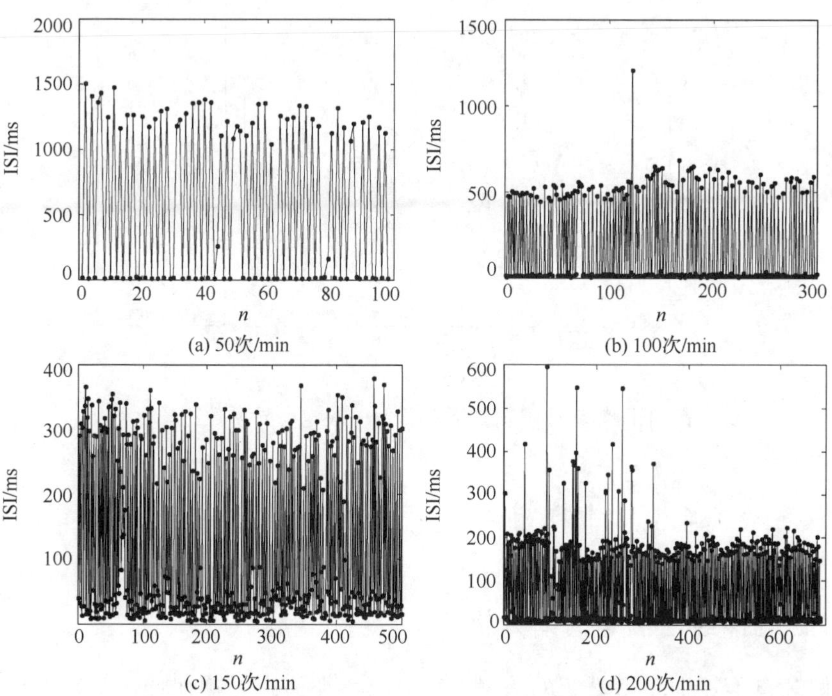

图 4.5　针刺足三里穴脊髓背根神经电信号 ISI 序列图

4.2.2 神经电信号的变异系数

采用变异系数 CV 分别对四种不同频率手法针刺作用下在脊髓背根诱发的神经电信号进行变异性分析。为使不同组实验间的分析结果具有可比性，对每组数据的分析结果分别进行归一化处理。图 4.6 为对 13 组不同频率针刺刺激下脊髓背根神经电信号进行变异性分析的结果，横坐标表示四种不同的针刺频率，纵坐标表示变异系数的归一化结果。在针刺 50 次/min、100 次/min、150 次/min 和 200 次/min 时，脊髓背根神经纤维 ISI 序列的变异系数分别为 0.9552 ± 0.0808 、 0.8505 ± 0.1587 、 0.6309 ± 0.1197 和 0.6290 ± 0.1695 。可见随着针刺频率的增加，脊髓背根神经纤维放电的变异系数逐渐降低，即神经放电离散程度减小，放电趋于均匀，但当刺激频率超过 150 次/min 时，变异系数变化趋于饱和，神经放电离散程度变化不大。应用单因素方差考察在针刺 50 次/min、100 次/min、150 次/min 和 200 次/min 针刺作用时脊髓背根神经元放电变异性是否有显著性差异，发现显著性指标 $p=4\times10^{-8}$ ，即在 0.01 的显著水平下，认为在四种不同频率针刺作用时脊髓背根神经元放电变异性具有显著性差异。

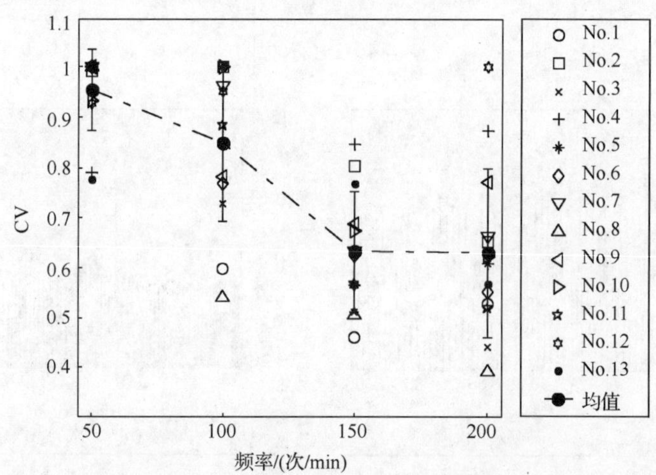

图 4.6　不同频率针刺刺激下脊髓背根放电变异系数归一化结果

4.3 针刺神经电信号的非线性分析

4.3.1 针刺神经电信号的谱分析

看似源自不规则动力系统的信号，其突出特征为缺乏规律性，或者是非周期的。因此对于看似随机的时间序列信号，可以首先采用传统的谱分析方法，检测时间序列变异性的内在周期性。功率谱是传统的谱分析法，是从能量的角度提取信号的频率信息。若功率谱只存在单一的尖峰，则可以推断此信号具有谐振或者单周期振荡的特性；若出现有限峰值的功率谱，则推断为拟周期信号；若功率谱表现出“噪声背景”及宽峰(连续峰值)，则可以初步推测此信号可能具有混沌特征。

功率谱的计算有很多种方法，如自相关法谱估计、周期图法谱估计、平均法谱估计、平滑周期图谱估计等，其中平滑周期图法中的 Welch 功率谱估计法可以实现频域滑动平均的效果，去掉频谱曲线中的“毛刺”。因此采用 Welch 功率谱估计法对针刺足三里穴在外周和低级神经电通路诱发的动作电位序列对应的点过程进行频谱估计。

采用平滑周期图法中的 Welch 功率谱估计法对针刺足三里穴时在脊髓背角 WDR 神经元放电相应的点过程进行谱估计，滑动窗长为 8192，重叠窗长为 4096，如图 4.7 所示，对于四种针刺手法功率谱均呈现“噪声背景”及宽峰，且功率谱曲线第一极大峰值所对应的频率能够很好地反映低频针刺手法的频率。然后分别对 13 组数据进行了功率谱分析，如图 4.8 所示，横坐标表示针刺频率，纵坐标为相应神经电信号功率谱第一极大值对应频率。针刺 30 次/min、60 次/min、120 次/min 和 180 次/min 所对应的脊髓背角 WDR 神经元神经电信号对应点过程的功率谱曲线第一极大值所对应的频率 f_m^1 统计均值分别为 31.7308 ± 3.6278Hz、59.3523 ± 10.9896Hz、110.1136 ± 13.3400Hz 和 320.3885 ± 149.5230Hz，可见对于低频率手法，手法频率和相应神经电信号点过程功率谱第一极大值频率能够很好地对应，对于高频率手法，存在一定误差，进一步验证了通过脊髓背角 WDR 神经元电活动的功率谱确实能够反映低频针刺手法频率的结论。

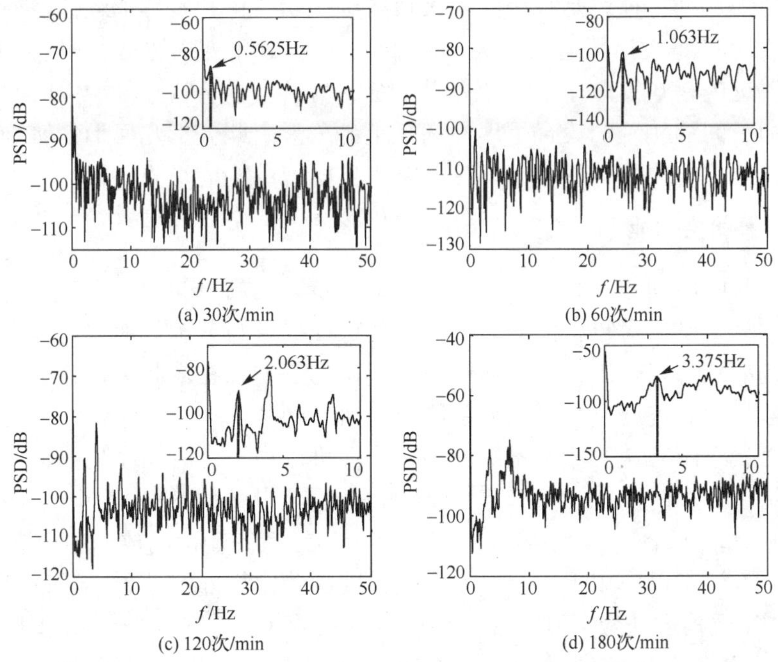

图 4.7　针刺足三里穴脊髓背角神经电信号点过程谱分析

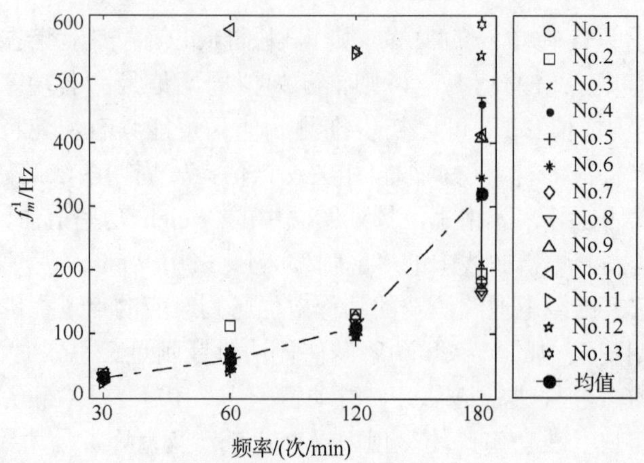

图 4.8　不同频率针刺刺激下脊髓背角神经电信号点过程功率谱第一极大值频率

4.3.2　针刺神经电信号的混沌特征

混沌是非线性确定性系统，由于系统自身内部的非线性相互作用而产生的一种对初始状态敏感，表现拟周期、非周期和不可预测的行为过程。吸引子是混沌特性的重要特征之一，从一维时间序列重构的吸引子保持着原始动力学系统某些内在确定性和拓扑特性，因此研究重构吸引子的特性有助于对原始动力学系统的深入了解。确定性混沌的典型特征就是系统的未来状态对初始条件的敏感依赖性，初始状态的微小变化将会迅速按指数速度扩大，Lyapunov 指数即为描述这种增长率的重要参数。除了轨迹的指数发散，混沌动力学系统的另一个显著特点是一段时间内系统状态点访问相空间的轨迹的集合呈现不规则集合图形，此分形几何形是轨迹发散的自然结果，伸展、折叠和体积伸缩都可以导致自相似结构的形成。

4.3.2.1　相空间重构

非线性时间序列分析大致分为两步：第一步，利用已知的时间序列重构系统的动态空间；第二步，对重构的动态空间进行特征提取与分析。通常情况下不能直接观察到系统的状态点，因此只能通过相空间重构等方法在观测数据的基础上尽量恢复丢失的信息，最终得到系统的局部或全局状态函数。

在动力学系统领域，原始系统的动态特性可以由一维时间序列重构，这种方法被广泛应用于分析时间序列的确定性特性。对于放电序列来说，当时间序列由动力学系统产生时，原始动力学系统的吸引子能由神经系统输出的放电序列重构，即 ISI 重构法，此方法可以应用于所有放电序列数据的确定性非线性分析。目前已有很多研究者将 ISI 重构方法应用到神经系统放电序列的研究当中。那么 ISI 重构法到底是否能适用于实际生物神经元呢？人们已经通过大量复杂的神经元模型的数值仿真[3]、噪声作用的影响[4]以及大鼠皮肤机械性刺激感受器的电生理信号[5]等方面证实了其有效性，且已经实际检测到真实神经元放电序列的确定性结构[6,7]。虽然无法通过 ISI 序列完全还原原始动力系统吸引子，但 ISI 序列重构的吸引子确实能够反映整个系统的某些方面。

对于连续动力学系统 $(\boldsymbol{Y},\boldsymbol{\Phi})$，系统的吸引子 $\boldsymbol{A}\subset\boldsymbol{Y}$，其中 $\boldsymbol{Y}$ 是可微的流形，$\boldsymbol{\Phi}$ 是 $\boldsymbol{Y}$ 上的流。动力学系统的观测可以表示为映射 $\boldsymbol{h}:\boldsymbol{Y}\to\mathbf{R}$，其中观测值为 $\boldsymbol{h}(y)$，$y\in\boldsymbol{Y}$。假设系统状态能够收敛至吸引子 $\boldsymbol{A}$，当状态 $y(t)$ 移动到吸引子 $\boldsymbol{A}$ 时，通过映射函数 h 观测原始动力学系统，可得到时间序列 $x(t)=h[y(t)]$。即对于长时程的演变过程，系统的任意状态变量都包含系统中所有变量的相关信息，因此一维状态变量的时间序列也可以用来分析系统的动态特性。为了从一维时间序列中提出更多的有用信息，Packard 等提出了利用时间序列重构相空间的方法，即从任意耗散的动力学系统某个状态变量的观测值重构相空间，确定系统吸引子的维度，目前坐标延迟重构法是研究非线性时间序列较为普遍的方法[8]。

设实际观测的一维时间序列为

$$x_i\in\mathbf{R},\ \ i=1,2,\cdots,N \tag{4-10}$$

通过坐标延迟重构法，定义重构映射 $F:\mathbf{R}\to\mathbf{R}^m$

$$\boldsymbol{X}_i=(x_i,x_{i+\tau},\cdots,x_{i+(m-2)\tau},x_{i+(m-1)\tau}),\quad i=1,2,\cdots,N-m+1 \tag{4-11}$$

其中，m 是嵌入维数，τ 是延迟时间。

基于这个理论，采用的实际观测的一维时间序列为神经动作电位序列对应的 ISI 序列，ISI 序列通过坐标延迟重构法重构后，在重构相空间中的点集构成 ISI 吸引子。接下来将介绍确定参数延迟时间 τ 和嵌入维数 m 的方法。

在无噪声、时间序列无限长的情况下，理论上延迟时间可以任意选取，然而，实际采集到的一维时间序列往往是有限长度且受噪声污染，如果延迟时间取值过小，那么相空间中的吸引子会因为 x_i 和 $x_{i+\tau}$ 距离太紧密导致过采样和信息冗余而无法展开，重构向量将汇聚在相空间主对角线位置；相反，如果延迟时间取值过大，那么 x_i 和 $x_{i+\tau}$ 之间完全不相关，直接导致重构向量分散于整个相空间。因此必须选择一个准则来确定延迟时间 τ。

目前判断准则有自相关方法[9]、互信息方法[10,11]和 CC 算法[12,13]等。选择 Fraser 提出的一种简单而有效的自相关方法，该方法适用于大多数系统延迟时间的确定[9]。此准则是基于自相关函数建立的，自相关函数估计形式如下

$$C(\tau)=\langle x_i x_{i+\tau}\rangle=\frac{1}{N-\tau-1}\sum_{i=1}^{N-\tau}x_i x_{i+\tau} \tag{4-12}$$

最优估计延迟时间为自相关函数 $C(\tau)$ 第一次过零点或 $C(0)/\mathrm{e}$ 时所对应的自变量的

值，这样可以保证 x_i 和 $x_{i+\tau}$ 之间避免出现距离过近或过远导致的信息冗余或不相关的两种极端情况，最终目标是在提供高度独立的延迟坐标分量的同时维持系统的本质特征。如图 4.9 所示，自相关函数过 $C(0)/\mathrm{e}$ 时所对应的 τ 值为 5，则延迟时间选择 5。

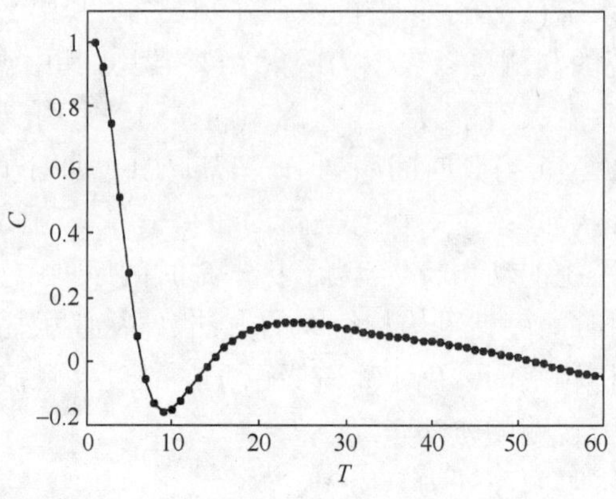

图 4.9　自相关函数图

选取合适的嵌入维数的目的是使重构吸引子与原始吸引子拓扑等价。根据 Takens 嵌入定理[14]得到的 $m \geqslant 2d_A + 1$（d_A 是分形维数，如盒计数维数）仅仅能够保证在此条件下重构吸引子能够充分展开。如果嵌入维数取得过小，重构吸引子将无法展开甚至出现交叠，在某些区域的较小邻域会包含吸引子不同轨道上的点，重构吸引子在形状上与原始吸引子完全不同；如果嵌入维数取得过大，尽管吸引子被完全展开，但会增大计算量，同时放大了噪声对结果的影响。选择合适的嵌入维数十分重要。目前确定嵌入维数的方法很多，如 CC 算法[12]、经验法、FNN 法[15]和 Cao 法[16]。这里主要结合 FNN 法和 Cao 法对嵌入维数进行估计。Abarbanel 等采用局部伪近邻点的思想，提出 FNN 算法，尽管利用它估计的嵌入维数大于实际维数，但与其他方法相比能够确定相对较小的嵌入维数，被认为是能够有效计算嵌入维数的方法之一。然而此方法存在一个缺陷即不可区分噪声和混沌信号。因此同时引入 Cao 法，此方法是伪近邻点的改进方法，能够有效地区分噪声和混沌信号。

1．FNN 法

当重构相空间的维数 m 小于嵌入维数 d_e 时，吸引子不仅要出现交点，而且本来不相邻的点由于投影到比较小的维空间而可能变成相邻的点，这种原本不相邻仅由于投影到低维空间而变成相邻的点称为伪近邻点。反过来，当重构维数 m 大于嵌入维数 d_e 时，吸引子被完全展开，即不存在交点，上述那些伪近邻点也将由于空间维数的增大而去投影变为不相邻。即系统吸引子由 $m < d_e$ 变为 $m > d_e$ 时，近邻点数会突然变小。因此只要计算距离小于某值 R 的最近邻点数随重构维数 m 的变化，当 m

达到某值时，最近邻点数发生突变，即随重构维数 m 的增大而变小，之后改为不变，这时的重构维数 m 就是嵌入维数 d_e。

设实际采集的一维时间序列是 $x(i)\in\mathbf{R}, i=1,2,\cdots,N$。相空间重构后的向量表示为

$$\boldsymbol{X}(i)=(x(i),x(i+\tau),\cdots,x(i+(m-2)\tau),x(i+(m-1)\tau)) \tag{4-13}$$

其中，$i=1,2,\cdots,N-m+1$。设 $\boldsymbol{X}^{NN}(i)$ 是 $\boldsymbol{X}(i)$ 的一个最近邻点

$$\boldsymbol{X}^{NN}(i)=(x^{NN}(i),x^{NN}(i+\tau),\cdots,x^{NN}(i+(m-2)\tau),x^{NN}(i+(m-1)\tau)) \tag{4-14}$$

两点之间的距离是 $R_m(i)$，则

$$R_m^2(i)=\left\|\boldsymbol{X}(i)-\boldsymbol{X}^{NN}(i)\right\|^2=\sum_{k=1}^{m}[x(i+(k-1)\tau)-x^{NN}(i+(k-1)\tau)]^2 \tag{4-15}$$

当 m 增加 1 而变成 $m+1$ 时

$$\begin{aligned}R_{m+1}^2(i)&=\left\|\boldsymbol{X}(i)-\boldsymbol{X}^{NN}(i)\right\|^2=\sum_{k=1}^{m+1}[x(i+(k-1)\tau)-x^{NN}(i+(k-1)\tau)]^2\\&=R_m^2(i)+[x(i+m\tau)-x^{NN}(i+m\tau)]\end{aligned} \tag{4-16}$$

可见由于重构维数增加 1 而引起的两近邻点之间距离的变化为

$$[R_{m+1}^2(i)-R_m^2(i)]^{1/2}=\left|x(i+m\tau)-x^{NN}(i+m\tau)\right| \tag{4-17}$$

相对变化量为

$$f_m(i)=\left[\frac{R_{m+1}^2(i)-R_m^2(i)}{R_m^2(i)}\right]^{1/2}=\frac{\left|x(i+m\tau)-x^{NN}(i+m\tau)\right|}{R_m(i)} \tag{4-18}$$

一般地，$f_m(i)\geqslant 15\%$ 即被认为是伪近邻点。定义吸引子的平均直径为

$$R_a=\frac{1}{N}\sum_{i=1}^{N}\left|x(i)-\langle x\rangle\right| \tag{4-19}$$

其中，$\langle x\rangle=\frac{1}{N}\sum_{i=1}^{N}x(i)$。若取 $R_m(i)=R_a$，则存在伪近邻点的判断准则可定义为

$$f_m(i)=\frac{\left|x(i+m\tau)-x^{NN}(i+m\tau)\right|}{R_a}\geqslant 10\% \tag{4-20}$$

计算伪近邻点占最近邻点的百分比随重构维数 m 增大而变化的情况。当 m 等于某值时，伪近邻点所占比例降至 0，且随着 m 的继续增大比例仍保持不变，则可认为此转折点所对应的重构维数即为嵌入维数 d_e。上述确定嵌入维数的方法即为伪近邻点法，即 FNN 法。

2．Cao 法

尽管 FNN 法能够计算得到较小的、接近于真实系统维数的嵌入维数，但是不能区分噪声和混沌信号，因此 Cao 法在 FNN 法的基础上做了改进。将 $f_m(i)$ 改进为 $g_m(i)$

$$g_m(i)=\frac{\left\|\boldsymbol{X}_{m+1}(i)-\boldsymbol{X}_{m+1}^{NN}(i)\right\|}{\left\|\boldsymbol{X}_m(i)-\boldsymbol{X}_m^{NN}(i)\right\|} \tag{4-21}$$

其中，$\boldsymbol{X}_m(i)$ 和 $\boldsymbol{X}_m^{NN}(i)$ 是重构 m 维相空间中的第 i 个向量及其最近邻点；$\boldsymbol{X}_{m+1}(i)$ 和 $\boldsymbol{X}_{m+1}^{NN}(i)$ 是重构 $m+1$ 维相空间中的第 i 个向量及其最近邻点。此时定义

$$\begin{aligned}E(m)&=\frac{1}{N-m\tau}\sum_{i=1}^{N-m\tau}g_m(i)\\E_1(m)&=E(m+1)/E(m)\end{aligned} \tag{4-22}$$

对于某时间序列，嵌入维数是一定的，$E_1(m)$ 将在 m 达到某特定值后不再发生变化，若为随机信号，$E_1(m)$ 会继续逐渐增加，但在实际应用过程中，对于某序列所对应的 $E_1(m)$ 是缓慢变化还是已经确定饱和不变较难做出判断，因此补充判据 $E_2(m)$

$$\begin{aligned}E^*(m)&=\frac{1}{N-m\tau}\sum_{i=1}^{N-m\tau}\left|x(i+m\tau)-x^{NN}(i+m\tau)\right|\\E_2(m)&=E^*(m+1)/E^*(m)\end{aligned} \tag{4-23}$$

对于随机序列，序列中各数据点之间无相关性，即不可预测，$E_2(m)$ 始终保持为 1，对于确定性信号，数据点之间的相关性会随着重构维数 m 的变化而变化，即总会存在不为 1 的 $E_2(m)$。简言之，可以通过 $E_1(m)$ 估计嵌入维数，$E_2(m)$ 判断时间序列是否具有确定性以区别于随机信号。

通过 FNN 法可以估计相对较小的嵌入维数，而 Cao 法可以区别确定性与随机性信号，因此结合两种方法的优点，通过折中的方法估计嵌入维数。图 4.10 是采用

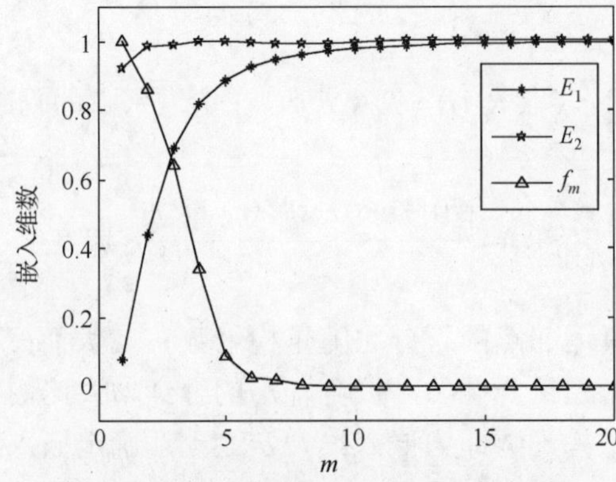

图 4.10　FNN 法和 Cao 法估计嵌入维数

FNN 法和 Cao 法对 ISI 序列进行嵌入维数估计的曲线图，对于 FNN 法来说，当 $m=9$ 时，$f_m=0$；对于 Cao 法来说，当 $m=15$ 时，E_1 曲线才接近于饱和，因此结合两种方法所得到的结论，最后选取嵌入维数为 12，且通过观察 E_2 曲线发现，并非所有的值都等于 1，即排除此 ISI 序列为完全随机信号的可能。

4.3.2.2　针刺神经电信号的 Lyapunov 指数

Lyapunov 指数是指给定的轨道在各个独立方向上发散或收敛的速度，从而刻画出轨道局部不稳定性，是混沌对初始敏感依赖性的定量判别，是判断动力学系统是否具有混沌特性的最常用的重要依据之一。

对于一个 m 维动力学系统

$$\boldsymbol{X}=f(\boldsymbol{x}) \tag{4-24}$$

初始条件误差 $\delta\boldsymbol{X}_0$，随时间演化导致的误差 $\delta\boldsymbol{X}$ 应满足如下方程

$$\delta\boldsymbol{X}=\left.\frac{\partial f}{\partial\boldsymbol{x}}\right|_{\boldsymbol{x}_0}\delta\boldsymbol{X}_0 \tag{4-25}$$

经过 τ 时刻以后，$\delta\boldsymbol{X}$ 可表示为

$$\|\delta\boldsymbol{X}\|=\|\delta\boldsymbol{X}_0\|\mathrm{e}^{\lambda\tau} \tag{4-26}$$

那么 Lyapunov 指数即为

$$\lambda=\frac{1}{\tau}\ln\frac{\|\delta\boldsymbol{X}\|}{\|\delta\boldsymbol{X}_0\|}=\frac{1}{\tau}\ln\left\|\frac{\partial f}{\partial\boldsymbol{x}}\right\|_{\boldsymbol{x}_0} \tag{4-27}$$

若 $\lambda_i<0$，表明系统沿 i 方向收敛于一个稳定点或周期轨道，系统是耗散的，呈现渐近稳定性；若 $\lambda_i=0$，表明系统沿 i 方向中性稳定，系统是保守的且处于稳定状态；若 $\lambda_i>0$，则系统沿 i 方向混沌且不稳定。对于一个混沌系统来说，至少有一个正的 Lyapunov 指数，且 $\sum\lambda_i<0$（保证系统全局稳定）。正的 Lyapunov 指数越大，表明系统越混沌，即系统越不易预测。

目前计算 Lyapunov 指数的算法有很多，如 Wolf 算法[17]、小数据量法[18,19]等。Wolf 算法适用于无噪声时间序列，相空间中轨道的演化高度非线性；稳健的小数据量法抗噪声能力强，且适用于小数据量，上述算法都是基于重构相空间。由于在 60s 针刺作用下，在外周和低级中枢神经通路诱发的动作电位个数有限，对应的 ISI 序列长度相对较短，因此采用小数据量法对不同频率针刺作用下诱发的动作电位序列对应的 ISI 序列进行最大 Lyapunov 指数估计。

图 4.11 给出了对 13 组不同频率针刺刺激下脊髓背角 WDR 神经元神经电信号进行最大 Lyapunov 指数的估计结果，横坐标表示四种针刺频率，纵坐标表示最大

Lyapunov 指数估计值，可以看出除了极其少数的最大 Lyapunov 指数小于 0 以外，绝大多数最大 Lyapunov 指数均为正，与脊髓背根神经电信号分析结果相同，证明针刺足三里穴在脊髓背角诱发的神经电信号是混沌的，其初值敏感性说明不同针刺手法在脊髓背角处作用效果不同。

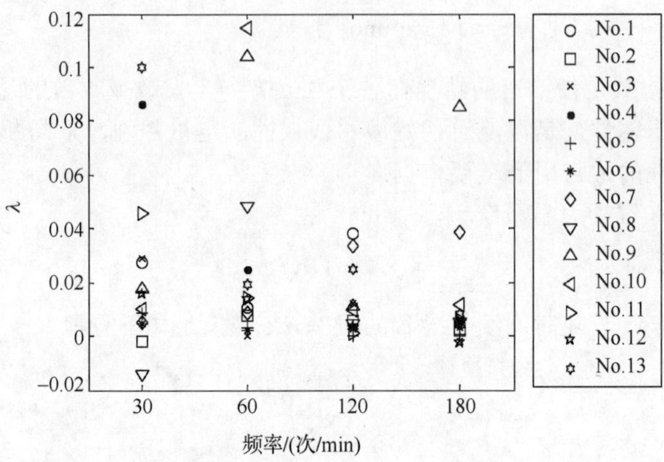

图 4.11 不同频率针刺刺激下脊髓背角 WDR 神经元放电 ISI 序列的最大 Lyapunov 指数

4.3.3 针刺神经电信号的分形特性

1975 年 Mandelbrot 首次提出分形的概念[20,21]，用于描述连续但不可微的时空现象。与传统的欧几里得空间不同，分形主要具有无特征尺度、自相似性、复杂性以及无限长度或细节等特性[22]，分形理论为描述对象或过程的内在不规律性提供了一种手段。分形分析中，分形维数是用来刻画动力学系统混沌静态特性的不变测度，如吸引子几何结构复杂程度。关联维数是比较有效的分形维数计算方法。因此分形分析作为一种有用工具被广泛应用到生物系统研究中。

和其他学科一样，分形和神经科学之间存在着密切联系。大脑是由亿万个神经元经过复杂的突触连接组成的高度复杂的非线性系统，由相互作用的内在机制控制，这些内在机制在多重时间和空间尺度上运行，表现出复杂的多组成成分、多层次结构和突现性等特点，这使得理解和刻画复杂系统变得困难。许多动物，特别是哺乳动物神经系统的自发放电和刺激诱发放电都表现出分形状态[23,24]。在这些动物的视觉系统和听觉系统中都能观测到明显的分形活动。此外，分形活动还存在于交感神经和脊髓神经元中。目前，分形分析还没有应用到针刺诱发的神经活动分析中，而研究神经响应时间的分形特性将有助于探索针刺的传导规律及其镇痛效应。

4.3.3.1　针刺神经电信号的关联维数

在高维系统中，常采用的分形维数为关联维数[25]。

设 $\boldsymbol{A}$ 为奇异吸引子，$\boldsymbol{X}_i$ 为吸引子上的点，即 $\boldsymbol{X}_i \in \boldsymbol{A}$，定义与 $\boldsymbol{X}_i$ 之间距离小于 l 的点的个数为 $N_i(l)$，占总点数的比例为

$$p_i(l) = \frac{N_i(l)}{N-1} \tag{4-28}$$

其中，N 是吸引子上总点数。关联维数的定义：首先定义关联积分

$$C(l) = \frac{1}{N}\sum_{i=1}^{N} p_i(l) \tag{4-29}$$

假设

$$C(l) = \lim_{l \to 0} k l^{D_2} \tag{4-30}$$

其中，D_2 即为系统的关联维数。现在同时对方程两边取对数，有

$$D_2 = \lim_{l \to 0} \frac{\log C(l)}{\log l} \tag{4-31}$$

采用如下的形式来计算关联积分

$$\begin{aligned} C(l) &= \frac{1}{N}\sum_{i=1}^{N} p_i(l) \\ &= \frac{1}{N}\sum_{i=1}^{N} \frac{N_i(l)}{N-1} \\ &= \frac{1}{N(N-1)}\sum_{\substack{i=1 \\ i \neq j}}^{N}\sum_{j=1}^{N} H(l - \|\boldsymbol{X}_i - \boldsymbol{X}_j\|) \end{aligned} \tag{4-32}$$

其中，$H(x)$ 是 Heaviside 阶跃函数

$$H(x) = \begin{cases} 0, & x < 0 \\ 1, & x > 0 \end{cases} \tag{4-33}$$

分形特征是非整数的、分数的维数，是混沌系统特有的自相似结构，维数相对较大，系统越复杂，随着时间的流逝，信息损失速率越快，同时产生的新信息越多。

采用关联维数 D_2 估计不同频率针刺足三里穴在脊髓背角 WDR 神经元诱发的神经电信号对应的 ISI 序列的分形混沌特征，如图 4.12 所示，给出了对 13 组数据估计的结果，发现对于所有频率针刺对应 ISI 序列的关联维数均为非整数，且远远小于嵌入维数，从另一个角度反映针刺足三里穴在脊髓背角 WDR 神经元产生的神经电

信号不是随机的。为了便于不同组实验间的比较，将每组结果进行归一化处理，如图 4.13 所示，然后对 30 次/min、60 次/min、120 次/min 和 180 次/min 针刺作用时脊髓背角 WDR 神经元放电 ISI 序列进行单因素方差分析，显著性指标 $p = 0.1714$，发现四种不同频率针刺作用在脊髓背角诱发的电活动存在一定差异，有随着针刺频率的增加分形特征越显著的趋势，但到高频率针刺手法时，分形特征变化不明显。

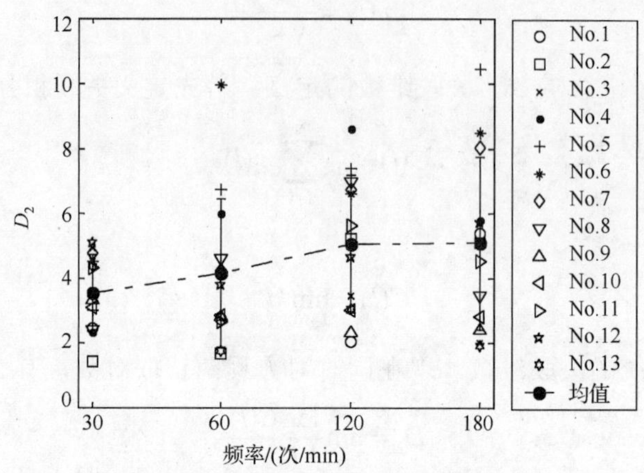

图 4.12　不同频率针刺刺激下脊髓背角 WDR 神经元放电 ISI 序列的关联维数

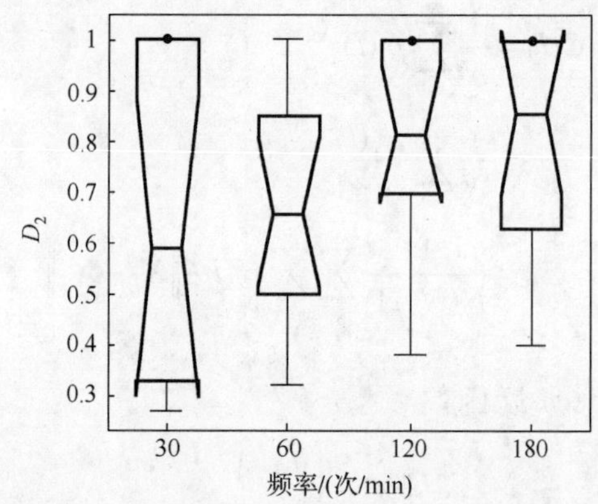

图 4.13　不同频率针刺刺激下脊髓背角 WDR 神经元放电 ISI 序列的关联维数归一化结果

4.3.3.2　分形因子

1．Allan 因子

Allan 因子是用来描述不同时间尺度下事件相关性的指标，于 1966 年首先被用于衡量原子钟的稳定性。Allan 因子具体计算方法如下：假设有一列给定长度的放电序列，使用特定长度时间窗将时间轴分为连续不重叠的时间窗口，对于每个时间窗

口都能计算出该窗口中的放电个数(事件数)，则 Allan 因子的计算表示如下

$$A(T)=\frac{\langle N_{i+1}(T)-N_i(T)\rangle^2}{2\langle N_i(T)\rangle} \tag{4-34}$$

其中，分子是 Allan 方差，表示连续两个时间窗中事件的变化率，T 是特定的时间窗长度，$N_i(T)$ 是第 i 个时间窗内的事件数，于是 Allan 因子可表示为时间窗 T 的函数。本节在计算 Allan 因子时，时间窗从 5ms 开始逐渐增长到 10s，所以在计算时至少保证了 6 个不重叠的时间窗。

如果序列是完全随机的，序列中的事件互不相关，则 $A(T)$ 在所有的时间窗内都等于 1；如果是周期序列，随着时间窗长度 T 的增加，Allan 方差逐渐减小，$A(T)$ 逐渐趋近 0；若时间序列是分形的，具有长时程相关性，则随着时间窗长度 T 增加，$A(T)$ 呈现指数上升状态，即 $A(T)\infty T^{\alpha}$。在双对数图上呈现为一条直线，该直线的斜率即为尺度指数 α，可以通过直线拟合求得。α 的变化范围为 $[0,3]$。Allan 因子可以用于计算 H 指数，计算方法如下

$$H=\frac{\alpha+1}{2},\qquad 0<\alpha<1 \tag{4-35}$$

$$H=\frac{\alpha-1}{2},\qquad 1<\alpha<3 \tag{4-36}$$

可知，H 的变化范围为 $[0,1]$。$H=0.5$ 表示该信号是随机信号，没有相关性。$H\neq 0.5$ 表示该信号是分形的，具有长时程相关性，$H>0.5$ 表示长时程正相关，$H<0.5$ 表示长时程负相关。

2．Fano 因子

Fano 因子首先被用于描述快速充电时离子数量的波动特性。Fano 因子具体计算方法和 Allan 因子类似，其计算公式为特定长度时间窗内事件数的方差与其均值之间的比率，表示如下

$$F(T)=\frac{\mathrm{var}\left[N_i(T)\right]}{\mathrm{mean}\left[N_i(T)\right]} \tag{4-37}$$

Fano 因子分析方法和 Allan 因子类似，不同之处在于：①其出现幂律特性的时间窗口比 Allan 因子小，因此分形特性表达比 Allan 因子更加明显；②Fano 因子的尺度指数在 1 附近会出现饱和状态，因此不适合用于计算 H 指数。因此，在计算中主要利用 Allan 因子，在判断分形状态时用 Fano 因子作为辅助。

3．替代数据

为了进一步检验获取的针刺时间序列的时间结构的准确性，使用“随机重排替

代数据”构造替代数据序列，构造方法如下：首先通过脊髓背角神经元的放电时刻序列计算其 ISI，然后产生一组和 ISI 序列长度相等的随机数，根据这组随机数的大小顺序重排 ISI 序列，最后将 ISI 序列还原得到替代的放电时刻序列。这样构造出来的替代数据和原始放电序列具有相同的统计特性(均值、方差和 ISI 分布等)，但是其原有的时间结构将被完全打乱。对每列待分析的原始时间序列，都产生 10 列替代数据来检验和原始数据所得结果的差异。若实验得到的放电时刻序列的 Allan 因子(Fano 因子)随统计时间窗的增加呈现增加趋势，而替代数据的 Allan 因子(Fano 因子)却没有表现出随时间窗长度增加而增加的特性，则认为原始序列存在长时程相关性，具有某种特定的时序结构。

4.3.3.3 脊髓背角电信号的分形特征

采用分形分析方法衡量针刺足三里穴脊髓背角神经电信号的长时程相关性。图 4.14 给出了在针刺状态下受试大鼠一类典型脊髓背角 WDR 神经元的分析结果。其刺激频率大约为 2Hz。序列时间长度为 1180s，包含 45225 个放电。该序列最小 ISI 为 3ms，最大 141.8 为 220ms，ISI 峰值为 26.1ms，ISI 均值为 26.1ms。该神经元时间序列的 ISI 直方图呈现单峰分布，右边带有明显的长尾。ISI 的变异系数为 0.68。

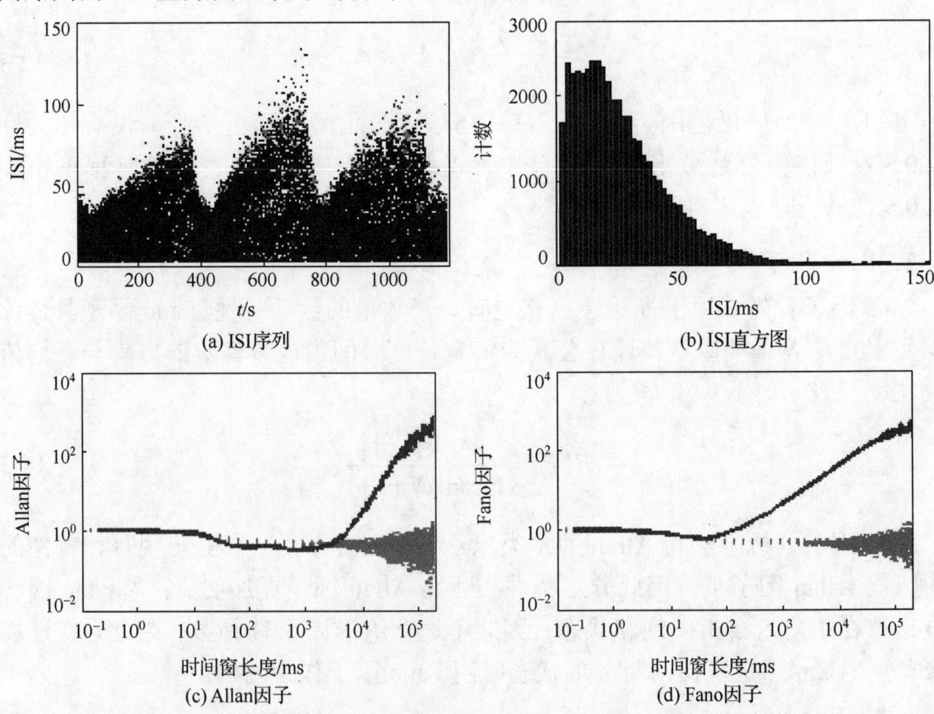

图 4.14 针刺诱发的脊髓背角 WDR 神经元放电的分形分析结果

Allan 因子及其替代数据分析结果如图 4.14(c)所示，当时间窗小于 10ms 时，

$A(T)$ 约等于 1；当时间窗在 10～1000ms 时，$A(T)<1$，这时反映的是放电序列的节律信息；当时间窗大于 1s 时，$A(T)$ 呈现指数上升状态，反映出一种幂律特性，在双对数图表现为一条直线。对该直线进行拟合，得到斜率为 $\alpha=1.76$（$R^2=0.97$，p=0.0127<0.05，估计范围为 4～140s）。相比之下替代数据 Allan 因子曲线却没有幂律特性。Fano 因子的分析结果和 Allan 因子类似。因此可以得出结论：该放电序列具有长时程相关性，尺度指数为 1.76，根据公式计算可得 H 指数为 0.38。

为了进一步研究针刺对 WDR 神经元放电分形特性的影响，对针刺前、针刺中和针刺后脊髓背角 WDR 神经元的尺度指数进行比较。在计算中发现，在神经元针刺前状态未表现出分形特性，这部分神经元的尺度指数设置为 0，H 指数设置为 0.5。在该设置下，并不知道针刺前尺度指数的根部信息，因此使用非参数检验方法进行比较。使用方法为 Friedman 检验，后校验方法为 Wilcoxon 配对秩和检验。Friedman 检验结果显示针刺前中后三种状态、尺度指数（p=0.039<0.05）和 H 指数（p=0.011<0.05）都出现了显著性变化。Wilcoxon 秩和后校验结果如表 4.1 所示，针刺前和针刺中，针刺前和针刺后状态的比较都出现了显著性差异（p<0.05），但是针刺中和针刺后无显著性差异（p>0.05）。

表 4.1　针刺前中后三种状态的 Wilcoxon 秩和后校验结果

	α	H 指数
针刺前 VS 针刺中	0.010	0.014
针刺前 VS 针刺后	0.015	0.011
针刺中 VS 针刺后	0.453	0.469

图 4.15 为针刺前中后三种状态的尺度指数和 H 指数分布图。发现和针刺前相比，针刺中的尺度指数和 H 指数收缩到一个较小的范围内。结合前面的统计学分析结果，可以得到结论：针刺改变了脊髓背角 WDR 神经元的分形特性。从针刺中和针刺后分形特性的相似性可以看出，针刺效应在针刺结束以后还会持续一段时间。

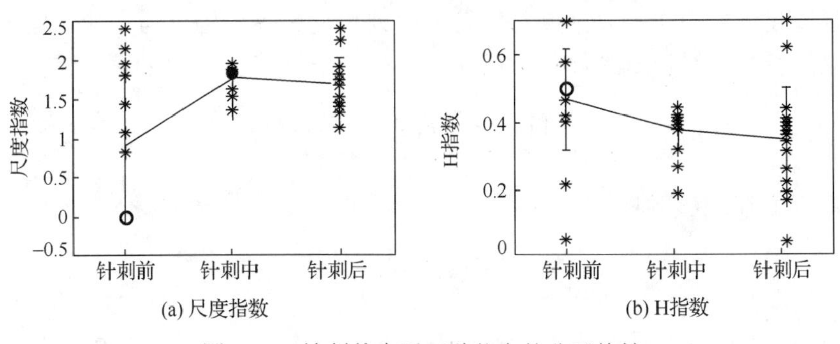

(a) 尺度指数　　(b) H指数

图 4.15　针刺前中后三种状态的分形特性

4.3.4 针刺神经电信号的复杂度

到目前为止，对于“复杂性”尚未有明确的定义。复杂性分析可以大致分为两个方向，即非线性复杂性和随机性复杂性。非线性复杂性是指非线性的确定性系统动态行为的复杂程度，而随机性复杂性是指随机过程的复杂程度。为了解整个系统的运动规律，定量刻画复杂系统动态行为的复杂性，即度量系统运动的混乱或无序的程度，提出复杂性的量化量度，即复杂度。1965 年，Kolmogorov 基于图灵机提出了 Kolmogorov 复杂度，用来度量产生某字符串的最短程序，字符串随机性越强，复杂度越大[26]。然而 Kolmogorov 复杂度在操作上十分困难，无法得到实际应用，因此很多其他量度复杂度的指标被依次提出，如信息熵[27]、LZ (Lempel-Ziv) 复杂度[28]、近似熵[29]、涨落复杂性[30]、样本熵[31]、多尺度熵[32]等。

LZ 复杂度是近年来由符号动力学理论、混沌理论和非线性理论相结合发展出来的度量符号序列复杂性的算法，是对某一时间序列随其长度的增加而出现新模式的速率的反映。其实质是先对序列值符号化，然后进行编码，最后计算复杂度特征。LZ 复杂度的算法如下。

(1) 对原始时间序列进行粗粒化处理，转换成 (0,1) 的字符串序列

$$\boldsymbol{S}=(S_1,S_2,\cdots S_i,\cdots,S_n) \tag{4-38}$$

其中，$S_i=0,1$。

(2) 从序列 $\boldsymbol{S}$ 中取字符串 $\boldsymbol{S}'=(S_1',S_2',\cdots,S_m')$，后接一个字符串 $\boldsymbol{Q}=(S_{m+1}',S_{m+2}',\cdots,S_{m+k}')$，得到字符串 $\boldsymbol{S'Q}=(\boldsymbol{S}',\boldsymbol{Q})$，去掉 $\boldsymbol{S'Q}$ 的最后一个变为 $\boldsymbol{S'Qv}$。判断 $\boldsymbol{Q}$ 是否为 $\boldsymbol{S'Q}$ 的子串：如果不是，令 $\boldsymbol{S'Q}\to\boldsymbol{S}'$，$(S_{m+k}')\to\boldsymbol{Q}$，相应的 $c(n)+1\to c(n)$；如果是，则 $\boldsymbol{S}'$ 不变，令 $(S_{m+1}',S_{m+2}',\cdots,S_{m+k+1}')\to\boldsymbol{Q}$。

(3) 对符号序列重复进行 (2) 操作，直至 $\boldsymbol{S}'$ 或 $\boldsymbol{Q}$ 中的最后一个字符是整个原始字符串 $\boldsymbol{S}$ 的末尾。

(4) 最终执行一次 $c(n)+1\to c(n)$，则 $\boldsymbol{S}=(S_1,S_2,\cdots S_i,\cdots,S_n)$ 的 LZ 复杂度等于 $c(n)$。

上述过程所求的 LZ 复杂度与字符串序列长度有关，因此为了排除序列长度对计算结果的影响，对 $c(n)$ 进行归一化处理。对一个足够长的 (0,1) 序列有

$$\lim_{n\to\infty}c(n)=b(n)=\frac{n}{\log_2 n} \tag{4-39}$$

于是有归一化 LZ 复杂度

$$C(n)=\frac{c(n)}{b(n)} \tag{4-40}$$

该函数表达了时间序列的复杂度变化，若序列中存在某种模式，影响序列中 0 和 1 出现的概率发生变化，从而使复杂度降低。对于完全随机的序列，$C(n)\to 1$，对于

周期序列，$C(n)\to 0$，即 $C(n)$ 越大，表明动力系统随机性增强，复杂度增大；反之，动力系统规律性越明显。

通常一个动作电位持续的时间在 1ms 左右，若定义时间分辨率为 1ms，那么神经元动作电位序列可以转换为由 0 和 1 构成的符号序列。如图 4.16 所示，设动作电位序列时间长度为 T，设置窗宽 T_W 为 1ms 的滑动窗在动作电位序列上滑动，滑动窗之间不重叠，若滑动窗内存在放电，则设为 1，无放电，则设为 0，于是产生长度为 $N=T/T_W$ 的符号序列

$$\boldsymbol{S}=(S_1,S_2,\cdots,S_i,\cdots,S_N) \tag{4-41}$$

其中，$S_i=\begin{cases}1, & \text{有放电}\\ 0, & \text{无放电}\end{cases}$，$t\in[(i-1)T_W, iT_W]$。

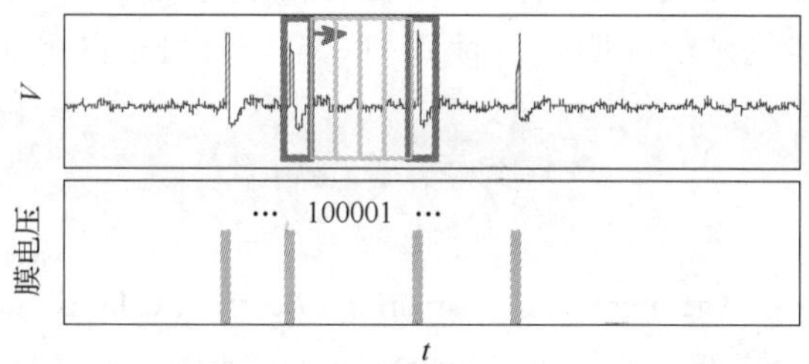

图 4.16　动作电位符号化过程

采用 LZ 复杂度测度针刺足三里穴脊髓背角 WDR 神经元电活动的复杂度。为了使不同组实验间的分析结果具有可比性，对每组数据的分析结果分别进行了归一化处理。图 4.17 给出了对 13 组不同频率针刺刺激下脊髓背角 WDR 神经元电活动对应的点过程进行 LZ 复杂度估计的结果，横坐标表示四种不同的针刺频率，纵坐标表示 LZ 复杂度的归一化结果。在针刺 30 次/min、60 次/min、120 次/min 和 180 次/min 时，对应的 LZ

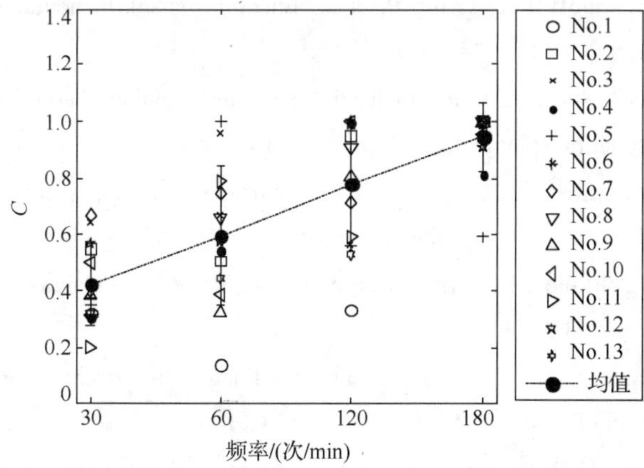

图 4.17　不同频率针刺刺激下脊髓背角 WDR 神经元放电的 LZ 复杂度归一化结果

复杂度分别为 0.4194 ± 0.1460、0.5928 ± 0.2465、0.7781 ± 0.2217 和 0.9432 ± 0.1200。可见随着针刺频率的增加，相应的神经电信号的复杂程度呈现显著的上升趋势。为考察在四种不同频率针刺作用下脊髓背角 WDR 神经元放电的复杂度是否有显著性差异，采用单因素方差法进行分析，发现显著性指标 $p = 4.468 \times 10^{-8}$，即不同频率针刺足三里穴在脊髓背角 WDR 神经元诱发的神经电信号复杂性具有显著的差别。

4.4 本章小结

本章通过放电率和变异系数分别从频率和时间编码角度刻画了不同频率的针刺手法[33,34]。通过非线性特征分析，证明了不同针刺手法诱发的神经电信号是混沌的，混沌系统的初值敏感特性说明不同频率针刺手法作用效果不同[35,36]；针刺频率越高，诱发的神经电信号越复杂，证明通过针刺神经电信号可以区分不同手法[37-40]。

参考文献

[1] Softky W R, Koch C. The highly irregular firing of cortical cells is inconsistent with temporal integration of random EPSPs. Journal of Neuroscience, 1993, 13(1): 334-350.

[2] Holt G R, Softky W R, Koch C, et al. Comparison of discharge variability in vitro and in vivo in cat visual cortex neurons. Journal of Neurophysiology, 1996, 75(5): 1806-1814.

[3] Racicot D M, Longtin A. Interspike interval attractors from chaotically driven neuron models. Physica D, 1997, 104(2): 184-204.

[4] Lindner J F, Meadows B K, Marsh T L, et al. Can neurons distinguish chaos from noise? International Journal of Bifurcation and Chaos, 1998, 8(4): 767-781.

[5] Richardson K A, Imhoff T T, Grigg P, et al. Encoding chaos in neural spike trains. Physical Review Letters, 1998, 80(11): 2485-2488.

[6] Chang T, Schiff S J, Sauer T, et al. Stochastic versus deterministic variability in simple neuronal circuits: I. monosynaptic spinal cord reflexes. Biophysical Journal, 1994, 67(2): 671-683.

[7] Schiff S J, Jerger K, Chang T, et al. Stochastic versus deterministic variability in simple neuronal circuits: II. hippocampal slice. Biophysical Journal, 1994, 67(2): 684-691.

[8] Packard N H, Crutchfield J P, Farmer J D, et al. Geometry from a time series. Physical Review Letters, 1980, 45(9): 712-716.

[9] Fraser A M, Swinney H L. Independent coordinates for strange attractors from mutual information. Physical Review A, 1986, 33(2): 1134-1140.

[10] Liebert W, Schuster H G. Proper choice of the time delay for the analysis of chaotic time series. Physics Letters A, 1989, 142(2/3): 107-111.

[11] Rosenstein M T, Collins J J, de Luca C J. Reconstruction expansion as a geometry-based framework for choosing proper delay times. Physica D, 1994, 73(1/2): 82-98.

[12] Kim H S, Eykholt R, Salas J D. Nonlinear dynamics, delay times, and embedding windows. Physica D, 1999, 127(1/2): 48-60.

[13] Buzug T, Pfister G. Optimal delay time and embedding dimension for delay-time coordinates by analysis of the global static and local dynamical behavior of strange attractors. Physical Review A, 1992, 45(10): 7073-7084.

[14] Takens F. Detecting Strange Attractors in Turbulence//Dynamical Systems and Turbulence, Heidelberg: Springer, 1981: 366-381.

[15] Abarbanel H, Kennel M B. Local false nearest neighbors and dynamical dimensions from observed chaotic data. Physical Review E, 1993, 47(5): 3057-3068.

[16] Cao L. Practical method for determining the minimum embedding dimension of a scalar time series. Physica D, 1997, 110(1/2): 43-50.

[17] Wolf A, Swift F B, Swinney H L, et al. Determining Lyapunov exponents from a time series. Physica D, 1985, 16(3): 285-317.

[18] Kantz H. A robust method to estimate the maximal Lyapunov exponent of a time series. Physics Letters A, 1994, 185(1): 77-87.

[19] Rosenstein M T, Collins J J, de Luca C J. A practical method for calculating largest Lyapunov exponents from small data sets. Physica D, 1993, 65(1/2): 117-134.

[20] Mandelbrot B B. How long is the coast of britain? Statistical self-similarity and fractional dimension. Science, 1967, 156(3775): 636-638.

[21] Mandelbrot B B. Stochastic models for the Earth's relief, the shape and the fractal dimension of the coastlines, and the number-area rule for islands. Proceedings of the National Academy of Sciences of the United States of America, 1975, 72(10): 3825-3828.

[22] Hastings H M, Sugihara G. Fractals: A User's Guide for the Natural Sciences. Oxford: Oxford University Press, 1993.

[23] Stam C J, van Woerkom T C, Pritchard W S. Use of non-linear EEG measures to characterize EEG changes during mental activity. Electroencephalography and Clinical Neurophysiology, 1996, 99(3): 214-224.

[24] Lee Y J, Zhu Y S, Xu Y H, et al. Detection of non-linearity in the EEG of schizophrenic patients. Clinical Neurophysiology, 2001, 112(7): 1288-1294.

[25] 赵贵兵, 石炎福, 段文锋, 等. 从混沌时间序列同时计算关联维和 Kolmogorov 熵. 计算物理, 1999, 16(3): 309-315.

[26] Kolmogorov A N. Three approaches to the quantitative definition of information. Problems of Information and Transmission, 1965, 1(1): 1-7.

[27] Shannon C E. A mathematical theory of communication. Bell System Technical Journal, 1948, 27: 379-423, 623-656.

[28] Lempel A, Ziv J. On the complexity of finite sequences. IEEE Transactions on Information Theory, 1976, 22(1): 75-81.

[29] Pincus A M. Approximate entropy as a measure of system complexity. Proceedings of the National Academy of Sciences of the United States of America, 1991, 88(6): 2297-2301.

[30] Bates J E, Shepard H K. Measuring complexity using information fluctuation. Physics Letters A, 1993, 172(6): 416-425.

[31] Richman J S, Moorman J R. Physiological time-series analysis using approximate entropy and sample entropy. American Journal of Physiology-Heart and Circulatory Physiology, 2000, 278(6): 2039-2049.

[32] Costa M, Goldberger A L, Peng C K. Multiscale entropy analysis of biological signals. Physical Review E, 2005, 71(2): 021906.

[33] Wang J, Si W J, Zhong L M, et al. Distinguish different acupuncture manipulations by using idea of ISI//International Conference on Life System Modeling and Simulation, Shanghai, 2007.

[34] Zhou T, Wang J, Han C X, et al. Analysis of interspike interval of dorsal horn neurons evoked by different needle manipulations at ST 36. Acupuncture in Medicine, 2014, 32(1): 43-50.

[35] Wang J, Sun L, Fei X Y, et al. Chaos analysis of the electrical signal time series evoked by acupuncture. Chaos, Solitons & Fractals, 2007, 33(3): 901-907.

[36] Han C X, Wang J, Che Y Q, et al. Nonlinear characteristics extraction from electrical signals of dorsal spinal nerve root evoked by acupuncture at Zusanli point. Acta Physica Sinica, 2010, 59(8): 5880-5887.

[37] Bian H R, Wang J, Han C X, et al. Features extraction from EEG signals induced by acupuncture based on the complexity analysis. Acta Physica Sinica, 2011, 60(11): 118701.

[38] Luo X L, Wang J, Han C X, et al. Characteristics analysis of acupuncture electroencephalograph based on mutual information Lempel-Ziv complexity. Chinese Physics B, 2012, 21(2): 028701.

[39] Chen Y Y, Guo Y, Wang J, et al. Fractal characterization of acupuncture-induced spike trains of rat WDR neurons. Chaos, Solitons & Fractals, 2015, 77: 205-214.

[40] 陈颖源，王江，邓斌，等. 针刺下大鼠脊髓背根神经元放电的时间结构. 天津大学学报, 2015, 48(6): 494-501.

第 5 章 针刺神经电信号的小波分析

虽然对针刺电信号的研究还处在起步阶段，但从心电、脑电的研究中已获知大部分体电信号并非单一时间尺度信号，而具有统计自相似性等分形特征。多分辨率时频分析相比时域统计指标及频域分析方法通常可以揭示更多的信息。作为多分辨率时频分析的代表——小波分析，在语音识别、图像处理以及生物医学信号分析等多个领域都得到了成功应用。

5.1 小 波 和 熵

小波分析[1]是一种基于小波变换的调和分析方法，其思想源于信号分析的伸缩与平移。1984 年，Goupilaud 等提出连续小波变换的几何体系[2]。1985 年，Meyer 提出多分辨率概念和框架理论[3]。1986 年，Mallat 提出快速小波变换算法——Mallat 算法[4]。Daubechies 构造了具有有限紧支集的正交小波基[5]，Chui 和 Wang 构造了基于样条函数的正交小波[6]。至此，小波分析的系统理论得以建立。

基于多分辨率分析的快速小波变换是利用正交小波基将信号分解为不同尺度下的各个分量，其实现过程相当于重复使用一组高通和低通滤波器，对时间序列信号进行逐步分解，高通滤波器产生信号的高频细节分量，低通滤波器产生信号的低频趋势分量。滤波器得到的两个分量所占频带宽度相等，各占信号的 1/2 频谱带。每次分解后，将信号的采样频率降低 1/2，进一步对低频分量重复以上的分解过程，从而得到下一层次上的两个分解分量。

设信号 $x(n)$ 经过上述快速变换后，在第 j 分解尺度下 k 时刻的高频分量系数为 $cD_j(k)$，低频分量系数为 $cA_j(k)$，进行单支重构后得到的信号分量 $D_j(k)$、$A_j(k)$ 所包含信息的频带范围为

$$\begin{cases} D_j(k):[2^{-(j+1)}f_s, 2^{-j}f_s] \\ A_j(k):[0, 2^{-(j+1)}f_s], \quad j=1,2,\cdots,m \end{cases} \tag{5-1}$$

其中，f_s 是信号的采样频率，原始信号序列 $x(n)$ 则可表示为各分量的和，即

$$\begin{aligned} x(n) &= D_1(n) + A_1(n) \\ &= D_1(n) + D_2(n) + A_2(n) \\ &= \sum_{j=1}^{m} D_j(n) + A_m(n) \end{aligned} \tag{5-2}$$

为了统一，将 $A_m(n)$ 表示为 $D_{m+1}(n)$，则

$$x(n)=\sum_{j=1}^{m+1}D_j(n) \tag{5-3}$$

对于连续小波变换，取不同的离散尺度 $j(j=1,2,\cdots,m)$，可以得到系列的离散小波系数 D_j，此时 D_j 不是信号 $x(n)$ 的完备表示，但在多数应用下，多个尺度的离散小波变换在一定程度上可以反映信号的时频分布。

由于小波变换结果中包含了大量的小波分解信息和数据，在通常的检测方法中，特征提取都存在人工的干预或对特定情况的假设。而分类方法中，小波分解信息繁多，使神经网络、模糊判别等智能判别系统变得庞大。因此不直接从针刺信号的小波分析入手，而是在小波分析的基础上引入熵的概念进行研究。

在信息论中，熵表示每个符号所提供的平均信息量和信源的平均不确定性，能提供关于信号潜在动态过程的有用信息。事实上，对于一个单一频率的周期信号，除了包含这个典型信号频率的小波尺度，其他小波系数几乎都是 0。对于这个特殊的尺度，小波系数将接近于 1，而此时信号的熵值将接近于 0 或者是一个很小的值。相反，由一个完全无序的过程生成的信号(如随机信号)，在所有的频段上都有小波系数，而且数值大小并无明显差别，此时信号的熵值将接近于 1；同时，信号的概率分布越接近无序的分布，其熵值越大，信号熵值的大小反映概率分布的均匀性。如果把小波变换的系数矩阵处理成一个概率分布序列，由它计算得到的熵值就反映了这个系数矩阵的稀疏程度，即信号概率分布的有序程度，这种熵被称作小波熵。

在传统的统计分析方法中，往往直接根据信号的概率分布计算熵值，但是假如异常信号的幅值小而且持续时间短，那么在信号的统计分布中所占的比例就小，从而容易被忽略。而小波变换以不同的分辨率观察信号，可以放大局部的特性，因此在小波变换的基础上，计算熵值就能够发现信号中微小而短促的异常，这就是多分辨率下的小波熵。

5.2　小波能量熵

5.2.1　小波能量熵原理

设 $E_j=E_1,E_2,\cdots,E_m$ 为信号 $x(t)$ 在 m 个尺度上的小波能量谱。在此之上拓展，在某一个时间窗内（窗宽为 $w\in N$）信号总功率 E 就等于各分量功率 E_j 之和。设 $p_j=E_j/E$，则 $\sum_j p_j=1$，于是此窗内的小波能量熵(wavelet energy entropy，WEE)为

$$\mathrm{WEE}=-\sum_{j=1}^{m}p_j\cdot\ln p_j \tag{5-4}$$

由图 5.1 小波能量熵原理图看到，随着窗的滑动，可以得到小波能量熵随时间的变化规律。尺度空间与频率空间具有一定的对应关系，对于针刺电信号来说，式 (5-4) 定义的小波能量熵能反映针刺电信号电压频率空间的能量分布信息。因为小波函数在频域与时域上均不具有脉冲选择性质，而是具有一定的支撑区间，因此在尺度空间上对电压能量的划分，同时反映了电压在时域和频域上的能量分布特征。

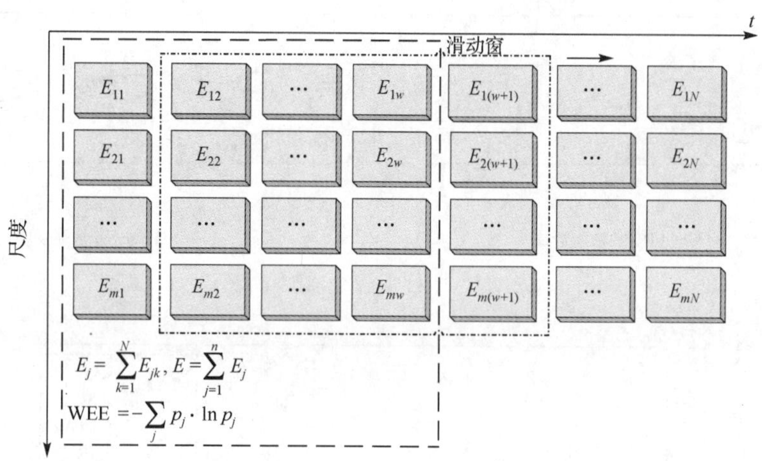

图 5.1　小波能量熵原理图

5.2.2　针刺电信号的小波能量熵分析

对信号选择合适的窗以较为准确地区分不同针刺手法，最后选取窗口大小为 40000，图 5.2 和图 5.3 是苍龟按穴(CGTX)、徐疾补泻(XJBX)、平补平泻(PBPX)和青龙摆尾(QLBW)四种手法的小波能量熵图及对比图。

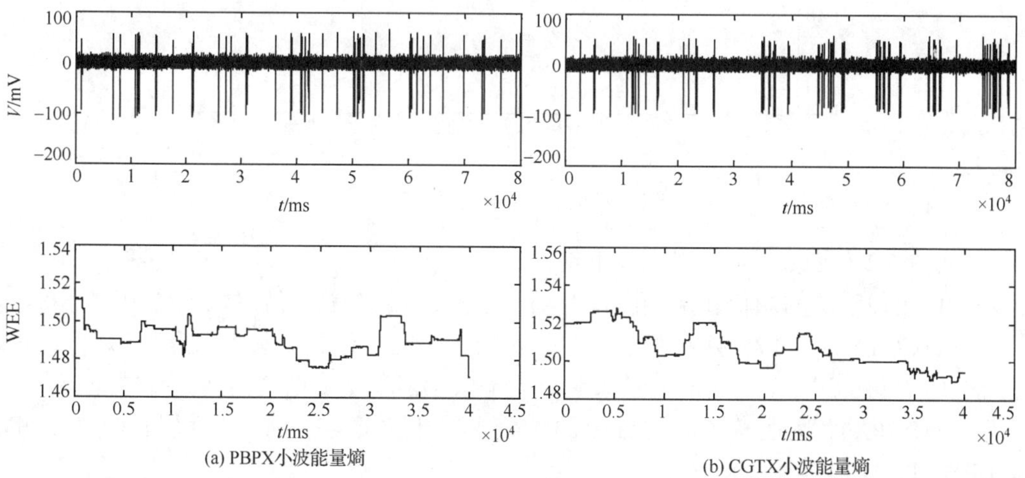

(a) PBPX小波能量熵

(b) CGTX小波能量熵

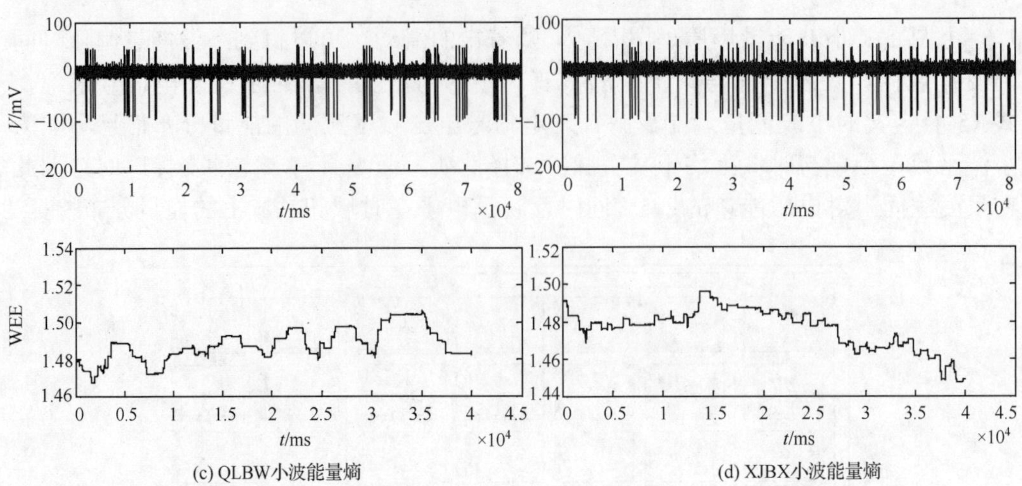

(c) QLBW小波能量熵　　　　(d) XJBX小波能量熵

图 5.2　四种手法小波能量熵

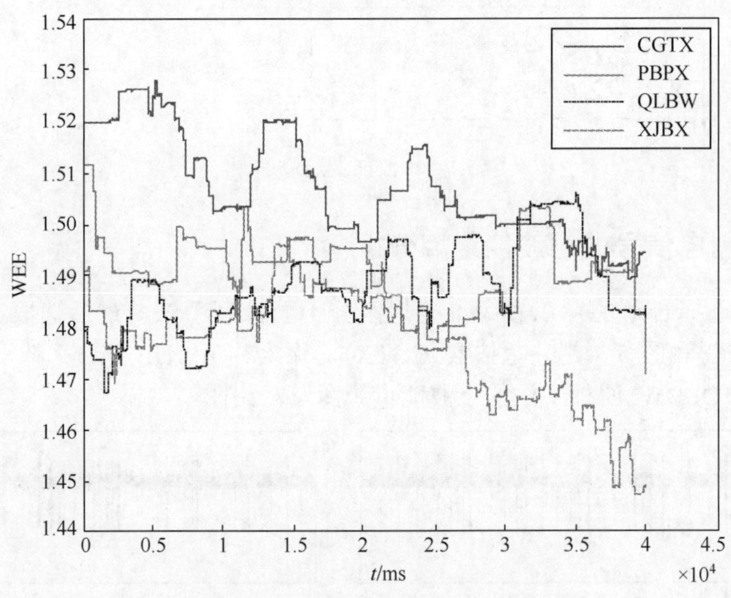

图 5.3　四种手法小波能量熵的对比

从图 5.2 和图 5.3 可以得到以下结论。

(1) 四种手法的熵值在起始阶段有明显区别，而且在总体能量熵上分别相差 0.1。

(2) CGTX 和 XJBX 两种手法在整个时间轴上的变化趋势基本一致，都是振荡减小演变，而且 CGTX 手法的能量熵明显大于 XJBX 手法，两者演变过程中无交叉。

(3) PBPX 手法在整个时间轴上的振荡中趋于平稳，在最后阶段与 CGTX 和 QLBW 手法发生交叉。

(4) QLBW 手法在时间轴上振荡增大演变，并且在演变过程中与 PBPX 手法发生多次交叉。

四种手法小波能量熵的统计特征如表 5.1 所示。

表 5.1　小波能量熵统计特征表

统计量 \ 手法	CGTX	PBPX	QLBW	XJBX
均值	1.5069	1.4908	1.4877	1.4763
方差	0.0103	0.0075	0.0086	0.0107

通过表 5.1 可以看出，它们的均值顺序减小，基本符合上图的能量熵走势，与香农熵的趋势一致；CGTX 和 XJBX 手法的熵波动比较大，所以方差也比熵波动较平稳的 PBPX 和 QLBW 手法大。

因为神经元的放电模式只有固定的峰放电、簇放电等形式，而且在同样的神经元上，动作电位幅值不变，所以用每种手法刺激之后，大致仅在频率上体现出手法的区别。用上述方法分析之后，难免会出现交叉和重合的现象，这是不可避免的。

5.3　小波时间熵

5.3.1　小波时间熵原理

小波时间熵 (wavelet time entropy，WTE) 原理如图 5.4 所示。设在尺度 j 下，多分辨率分析的离散小波系数为 $\boldsymbol{D}=(d(k),k=1,\cdots,N)$，在此小波系数上定义一滑动窗，设窗宽为 $w\in N$，滑动因子为 $\delta\in N$，于是滑动窗为

$$\boldsymbol{W}(m;w,\delta)=(d(k),k=1+m\delta,\cdots,w+m\delta) \tag{5-5}$$

其中，$m=1,\cdots,M$。将滑动窗划分为 L 个区间，有

$$\boldsymbol{W}(m;w,\delta)=\bigcup_{l=1}^{L}\boldsymbol{Z}_l \tag{5-6}$$

其中，$\boldsymbol{Z}_l=[s_{l-1},s_l),l=1,2,\cdots,L$，互不相交。$s_0$ 与 s_L 之间的关系为

$$s_0<s_1<s_2<\cdots<s_L \tag{5-7}$$

$$s_0=\min[\boldsymbol{W}(m;w,\delta)]=\min[\{d(k),k=1+m\delta,\cdots,w+m\delta\}] \tag{5-8}$$

$$s_L=\max[\boldsymbol{W}(m;w,\delta)]=\max[\{d(k),k=1+m\delta,\cdots,w+m\delta\}] \tag{5-9}$$

设 $p^m(\boldsymbol{Z}_l)$ 表示小波系数 $d(k)\in\boldsymbol{W}(m;w,\delta)$ 落于区间 $\boldsymbol{Z}_l$ 的数目与窗宽 w 的比值，那么在第 j 尺度下的小波时间熵为

$$\mathrm{WTE}_j(m)=-\sum_{l=1}^{L}p^m(\boldsymbol{Z}_l)\log(p^m(\boldsymbol{Z}_l)) \tag{5-10}$$

其中，$m = 1,2,\cdots,M$，$M = (N - w)/\delta \in N$，每一尺度均可计算其相应的 $\mathrm{WTE}_j(m)$ 并作出它的变换曲线图。

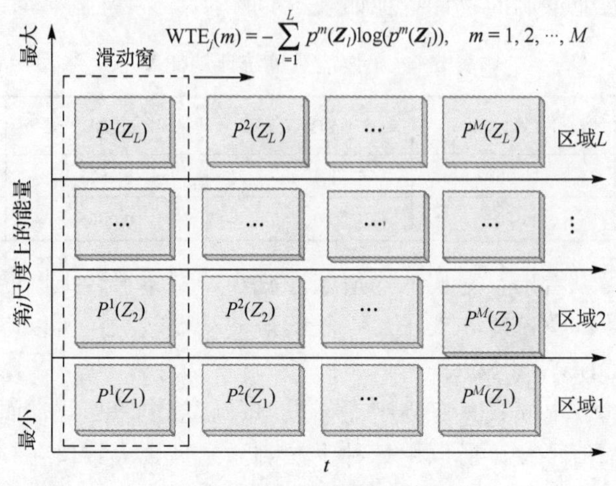

图 5.4　小波时间熵原理图

5.3.2　针刺电信号的小波时间熵分析

从四种手法在每一层上的小波时间熵对比图(图 5.5～图 5.9)，以及表 5.2 和表 5.3，得到以下结论。

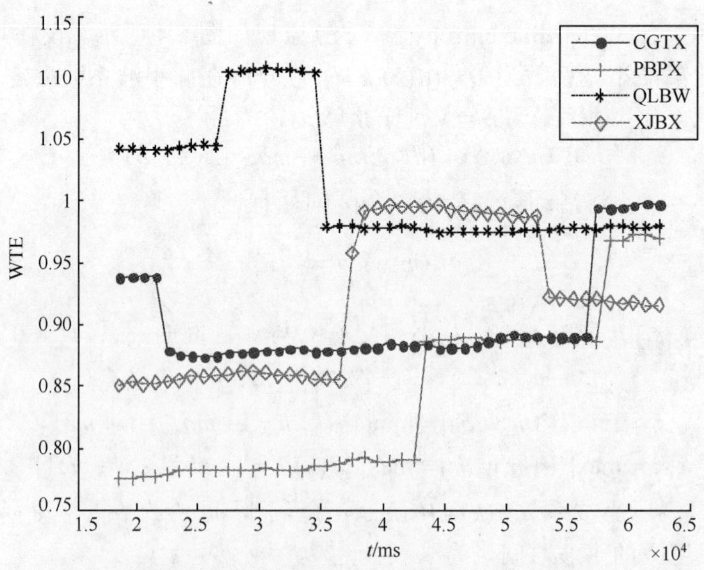

图 5.5　四种手法在第一层小波时间熵的对比

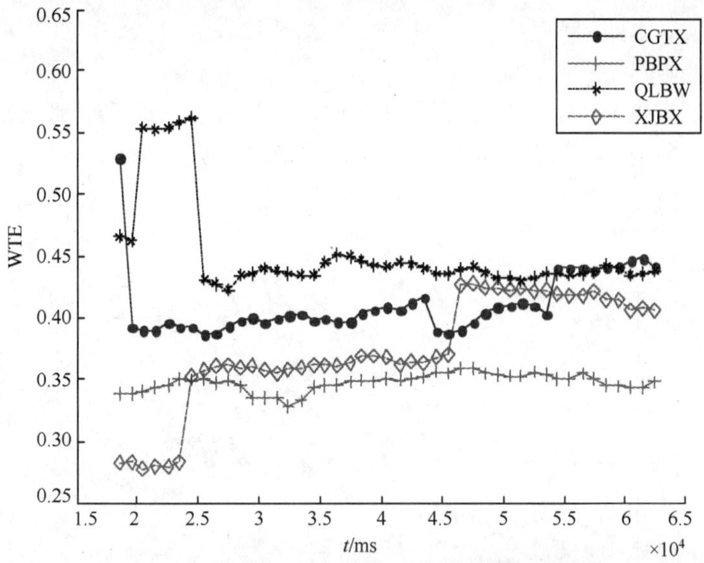

图 5.6　四种手法在第二层小波时间熵的对比

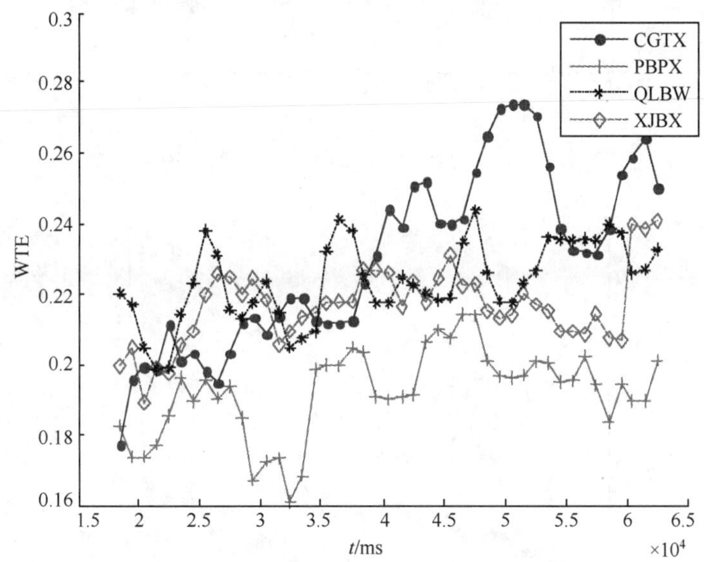

图 5.7　四种手法在第三层小波时间熵的对比

(1) 在第一层高频上，每种手法起始阶段有很明显的区别，之后不断经过几个宽峰，表现出高频分量上信号处于平稳-陡变的特性，表明小波熵在高频段对信号具有较强的检测与定位能力；

(2) 在第二层高频上，除 PBPX 手法之外，其余三种手法在起始端都比较陡变，但随后也趋于平稳。

(3)在第三、第四层中频上，四种手法波动都比较大且集中，说明每种手法在中频段都有一定频率的外界干扰。

(4)在第五层低频上，CGTX 手法波动比较大，其余三种手法都比较平稳而且都有一个宽峰，说明四种手法在低频分量都有平稳的趋势。

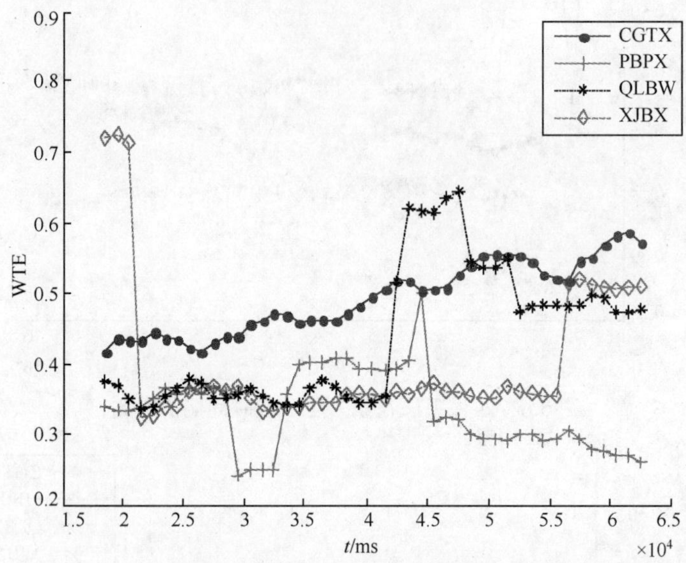

图 5.8　四种手法在第四层小波时间熵的对比

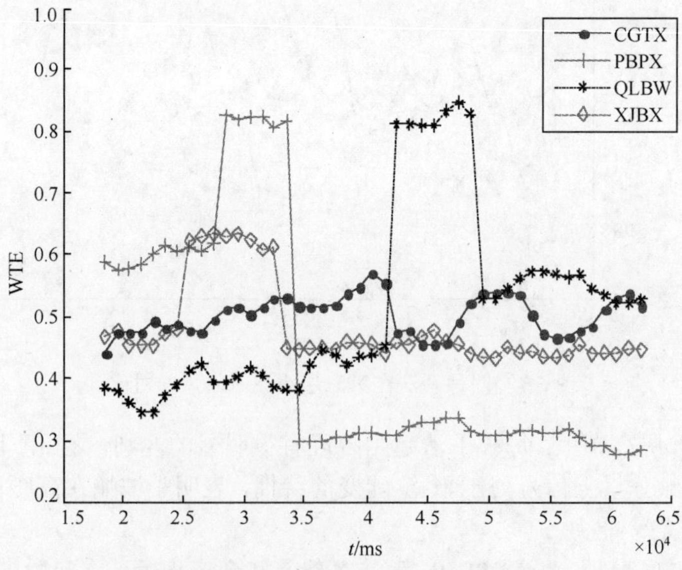

图 5.9　四种手法在第五层小波时间熵的对比

表 5.2　小波时间熵均值表

多尺度变换层数 \ 手法	CGTX	PBPX	QLBW	XJBX
第一层	0.9024	0.8388	1.0132	0.9178
第二层	0.4105	0.3469	0.4515	0.3724
第三层	0.2299	0.1921	0.2236	0.2165
第四层	0.4997	0.3361	0.4500	0.4468
第五层	0.5025	0.4404	0.5120	0.4824

表 5.3　小波时间熵方差表

多尺度变换层数 \ 手法	CGTX	PBPX	QLBW	XJBX
第一层	0.0408	0.0673	0.0505	0.0595
第二层	0.0260	0.00698	0.0381	0.0452
第三层	0.0253	0.0124	0.0114	0.0108
第四层	0.0810	0.0632	0.0958	0.1292
第五层	0.0307	0.1925	0.1517	0.0678

5.4　小波奇异熵

5.4.1　奇异值分解

奇异值分解(singular value decomposition，SVD)是线性代数中一种重要的矩阵分解，已被广泛应用于线性预测、系统辨识中的阶数确定、参数提取等信号处理等方面，由于矩阵的奇异值具有非常好的稳定性及旋转、比例不变性，奇异值分解技术为模式识别提供了一种有效、稳定的特征提取方法[7-9]。

对于一个 $m\times n$ 维的矩阵 $\boldsymbol{D}$，必然存在一个 $m\times l$ 维的酉矩阵 $\boldsymbol{U}$、一个 $n\times l$ 维的酉矩阵 $\boldsymbol{V}$ 和一个 $l\times l$ 维的矩阵 $\boldsymbol{\Lambda}$，使得矩阵 $\boldsymbol{D}$ 分解为

$$\boldsymbol{D}_{m\times n}=\boldsymbol{U}_{m\times l}\boldsymbol{\Lambda}_{l\times l}\boldsymbol{V}_{l\times n}^{\mathrm{T}} \tag{5-11}$$

其中，对角线矩阵 $\boldsymbol{\Lambda}$ 的主对角线元素 $\lambda_i(i=1,2,\cdots,l)$ 非负，并按降序排列，即 $\lambda_1\geqslant\lambda_2\geqslant\cdots\geqslant\lambda_l\geqslant 0$，这些对角线元素是变换矩阵 $\boldsymbol{D}_{m\times n}$ 的奇异值。

理论和实践证明，当信号无噪声或具有较高信噪比时，对其进行奇异值分解后的 $\boldsymbol{\Lambda}$ 矩阵可描述为

$$\boldsymbol{\Lambda}=\mathrm{diag}(\lambda_1,\lambda_2,\cdots,\lambda_k,0,\cdots,0),\quad k<l,\quad \lambda_i\neq 0,\quad i=1,2,\cdots,k \tag{5-12}$$

而当信号具有较低信噪比时，其奇异值分解后得到的 $\boldsymbol{\Lambda}$ 矩阵可描述为

$$\boldsymbol{\Lambda}=\operatorname{diag}(\lambda_1,\lambda_2,\cdots,\lambda_k,\cdots,\lambda_l),\quad \lambda_i\neq 0,\quad i=1,2,\cdots,l \tag{5-13}$$

显然，$\boldsymbol{\Lambda}$矩阵中主对角线非零元素的个数与信号所含频率成分的复杂程度有着密切的联系。$\boldsymbol{\Lambda}$矩阵中主对角线非零元素越多，信号成分越复杂，甚至当信号受到噪声干扰以后，$\boldsymbol{\Lambda}$矩阵的主对角线元素有可能均为非零值；而$\boldsymbol{\Lambda}$矩阵中主对角线非零元素越少，则说明信号的频率成分越简单。基于$\boldsymbol{\Lambda}$矩阵的这一特性，结合小波变换，提出了小波奇异熵的概念。

5.4.2 小波奇异熵原理

小波奇异熵原理（wavelet singular entropy，WSE）如图 5.10 所示。假设信号在尺度 $j(j=1,\cdots,m)$ 下的小波分解为 $\boldsymbol{D}_j(n)$，则 m 个尺度下的分解结果可构成一个 $m\times n$ 维的矩阵 $\boldsymbol{D}_{m\times n}$，根据信号奇异值分解理论，可求得对应的奇异特征值 $\lambda_i(i=1,2,\cdots,l)$ 。

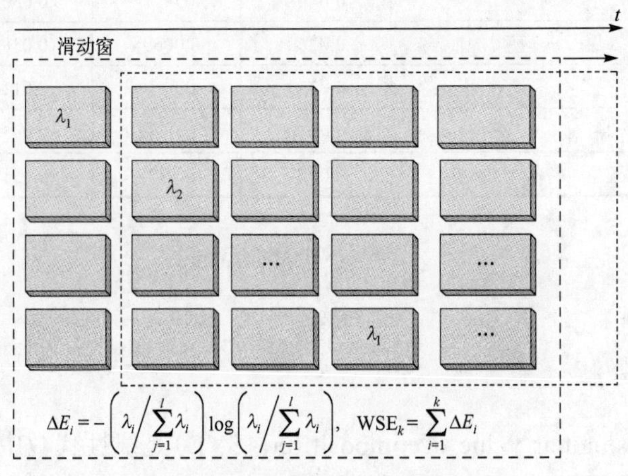

图 5.10　小波奇异熵原理图

为定量描述信号的频率成分及分布特征，定义小波奇异熵为

$$\mathrm{WSE}_k=\sum_{i=1}^{k}\Delta E_i \tag{5-14}$$

其中，ΔE_i 为第 j 阶增量小波奇异熵

$$\Delta E_i=-\left(\lambda_i\Big/\sum_{j=1}^{l}\lambda_i\right)\log\left(\lambda_i\Big/\sum_{j=1}^{l}\lambda_i\right) \tag{5-15}$$

小波奇异熵是小波变换、奇异值分解和信息熵理论三者的有机结合，融合了三者在信号处理中的独特优势：小波变换的时频局部性特性，奇异值分解挖掘数据基本模态特征的特性以及信息熵对特征数据进行统计量化的功能。

对小波变换矩阵进行奇异值分解相当于将彼此存在关联的小波空间映射到线性无关的特征空间。小波空间的奇异熵在综合冗余信息的基础上，直接反映了被分析信号在时-频空间中其特征模式能量分布的不确定性。被分析信号越简单，能量越集中于少数几个模式，小波奇异熵越小；反之，信号越复杂，能量就越分散，小波奇异熵就越大。因此奇异谱熵可作为一个在整体上衡量信号复杂性或不确定性程度的指标。

5.4.3　针刺电信号的小波奇异熵分析

对四种手法用 Daubechies 小波的 5 个尺度(db5)进行分解，将 5 个尺度下的小波系数构造矩阵，然后利用奇异性定理，求得四种手法的特征值如表 5.4 所示。

表 5.4　四种手法的奇异特征值

针刺手法	奇异对角阵的各阶奇异特征值				
	λ_1	λ_2	λ_3	λ_4	λ_5
CGTX	1045.4	887.9533	622.7029	371.4285	230.1139
PBPX	1112.6	863.0360	686.9540	351.5646	233.8066
QLBW	1081.1	871.5182	610.3323	363.0864	229.6942
XJBX	1143.4	930.6529	633.9105	382.2936	233.7756

从表 5.4 中可以看出，5 阶 $\boldsymbol{\Lambda}$ 矩阵中都有 5 个非零奇异特征值，说明信号成分复杂。XJBX 手法的各阶奇异值都显著大于其余三种手法，从信号图上也可以看出，XJBX 手法整个的神经放电分布都大于其余三种手法，因此相应地比其余三种手法要复杂。而其余三种手法的奇异值大小交错变化，说明它们各自的复杂点不同于其他手法，需要引起注意。

对求得的奇异谱求熵，可得四种手法的小波奇异熵曲线。从图 5.11 和图 5.12 可以得到以下结论。

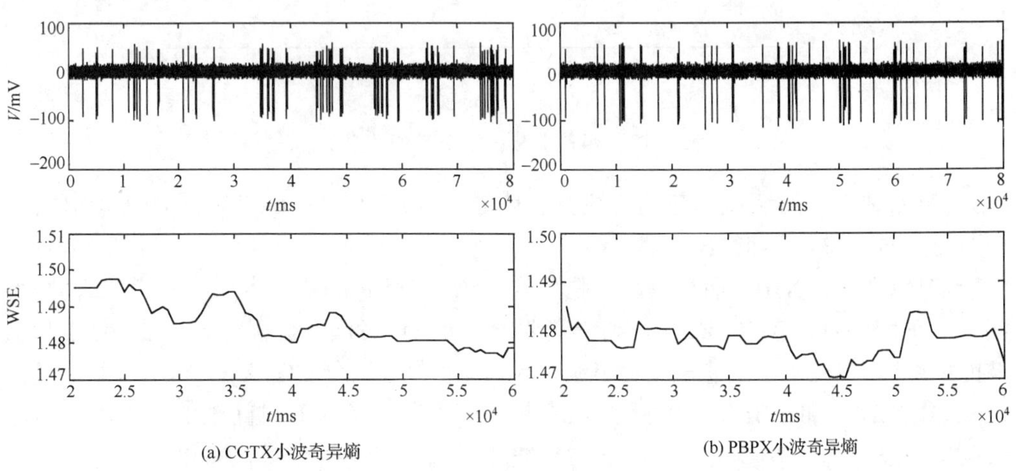

(a) CGTX小波奇异熵　　(b) PBPX小波奇异熵

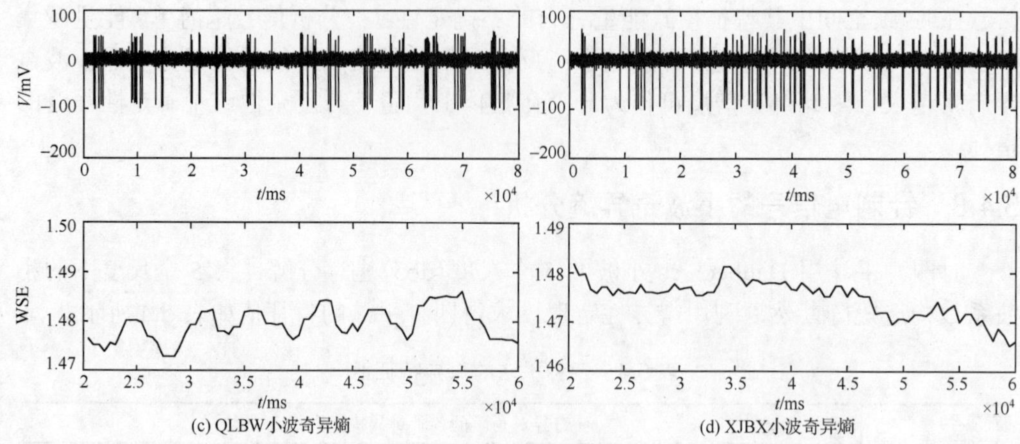

图 5.11　四种手法的小波奇异熵

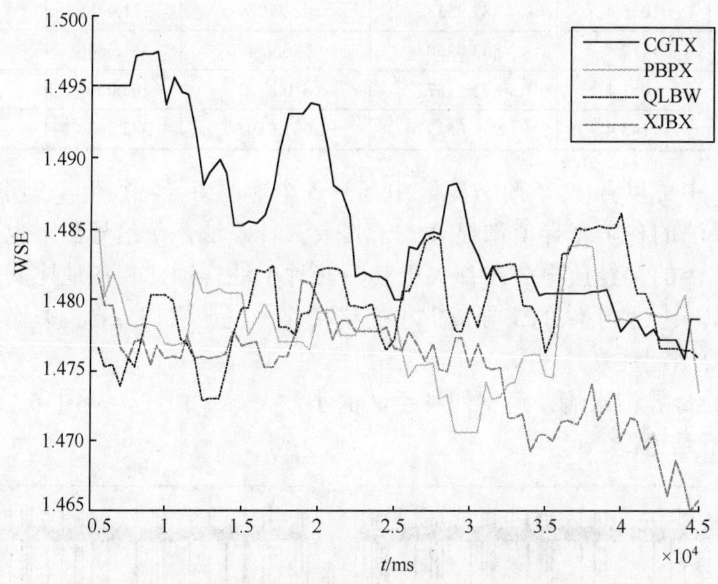

图 5.12　四种手法小波奇异熵的对比

(1) 四种手法的熵值在起始阶段具有明显的区别，其中 CGTX 手法起始值大，而且整个过程中波动也大。

(2) CGTX 和 XJBX 两种手法在整个时间轴上的变化趋势基本一致，都是振荡减小演变，而且 CGTX 较 XJBX 手法奇异熵要大很多，两者演变过程中无交叉，这点与小波能量熵相同，说明小波能量熵和小波奇异熵能很好地区分 CGTX 和 XJBX 两种手法。

(3) QLBW 和 PBPX 两种手法虽然起始值不同，但随着时间轴的变化趋势都是振荡向前发展，两者多次相交，这与小波能量熵的结论也一致，可以说明这两种手法相似度很高，需要做大量的统计分析才能更好地区分开来。

5.5　小波时频熵

5.5.1　小波时频熵原理

前面提到的离散小波表达 $\boldsymbol{D}_j(k)$ 实际上也是一个二维矩阵，可以得到沿着变量 k（窗口数）和 j（小波尺度）的两个向量序列。这里定义小波时频熵(wavelet time-frequency entropy，WTFE)为

$$\mathrm{WTFE}(k,j)=[\mathrm{WTFE}_t(t=kT),\ \mathrm{WTFE}_f(a=2^j)] \tag{5-16}$$

其中

$$\mathrm{WTFE}_t(t=kT)=-\sum_j P_{\boldsymbol{D}(a=2^j)}\ln P_{\boldsymbol{D}(a=2^j)} \tag{5-17}$$

$$\mathrm{WTFE}_f(a=2^j)=-\sum_k P_{\boldsymbol{D}(t=kT)}\ln P_{\boldsymbol{D}(t=kT)} \tag{5-18}$$

其中

$$P_{\boldsymbol{D}(a=2^j)}=\left|\boldsymbol{D}_j(k)\right|^2\Big/\sum_j^m\left|\boldsymbol{D}_j(k)\right|^2 \tag{5-19}$$

$$P_{\boldsymbol{D}(t=kT)}=\left|\boldsymbol{D}_j(k)\right|^2\Big/\sum_k^N\left|\boldsymbol{D}_j(k)\right|^2 \tag{5-20}$$

由图 5.13 所示，WTFE 的结果由两个向量或序列组成。第一个 k 向量在整个时间(小波窗口数)空间伸展，第二个 j 向量在整个频率(小波尺度)空间伸展。如果在 kT 时刻熵值越大，说明小波系数广泛分散于整个频率空间，否则说明小波系数聚集在小部分频率点或频率段。WTFE 能够测量信号在任意给定时间和频率的信息特征。

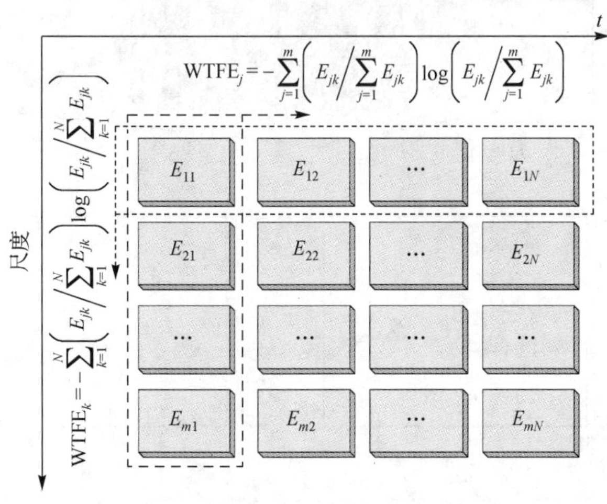

图 5.13　小波时频熵原理图

5.5.2 针刺电信号的小波时频熵分析

选取窗口大小为 20000，对四种手法进行 db5 小波变换，并求解各手法的时频熵以及对比图。其中每图上部为小波时频熵在各尺度随着窗口(时间)变化的曲线，左下角为在时间方向小波熵变化曲线，右下角为频率方向小波熵变化曲线。

从图 5.14 和图 5.15 可以得到以下结论。

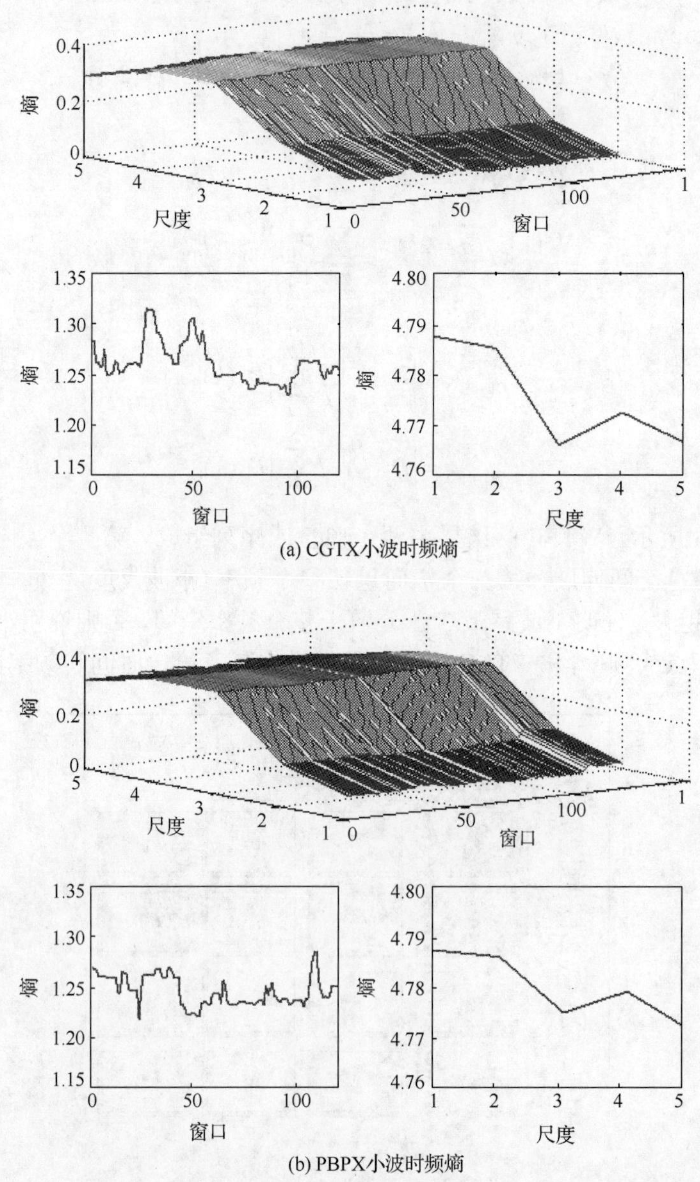

(a) CGTX小波时频熵

(b) PBPX小波时频熵

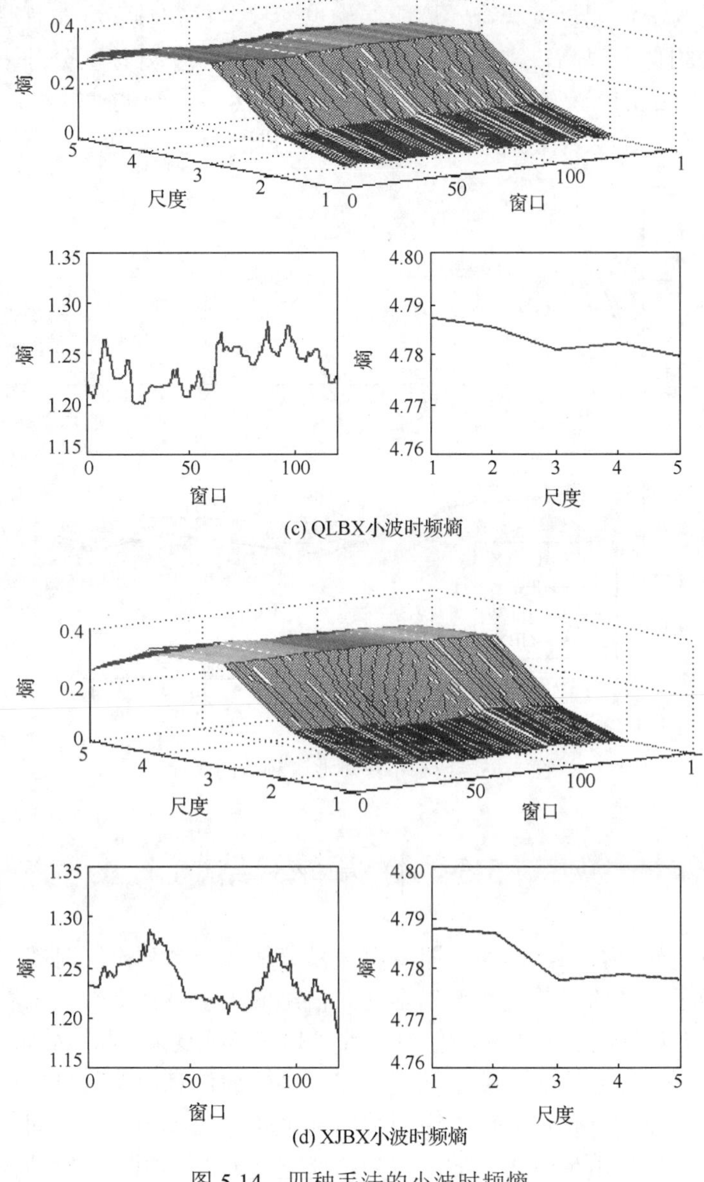

(c) QLBX小波时频熵

(d) XJBX小波时频熵

图 5.14　四种手法的小波时频熵

(1)在时间方向,四种手法的熵值从不同的初值出发波动,然后在最后发生交叉,但 CGTX 与 XJBX 变化趋势基本一致，仅在最后发生交叉，而且 CGTX 比 XJBX 手法的熵值大,这与小波能量熵及小波奇异熵相同,说明这三种熵能够有效区分 CGTX 与 XJBX 两种手法。

(2)QLBW 和 PBPX 两种手法随着时间轴的变化趋势都是振荡向前发展，两者多次相交，这与小波能量熵和奇异熵的结论也一致，仅在频率方向有些微差别，说明这两种手法相似度很高，需要做大量的统计分析才能更好地区分开来。

(3)四种手法在频率方向的熵，起始值相同，然后逐渐波动减小，其中 CGTX 手法最小，说明 CGTX 手法在低频上的信号成分比其他三者少。

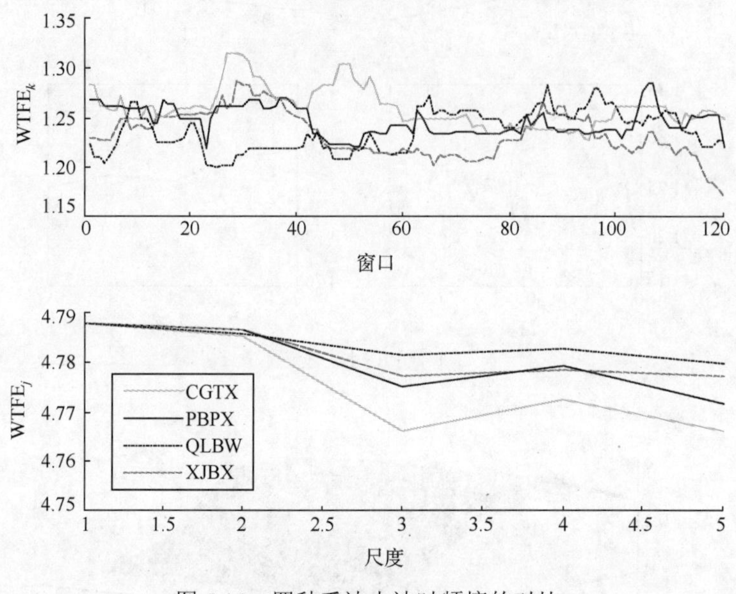

图 5.15　四种手法小波时频熵的对比

5.6 本 章 小 结

对针刺电信号进行小波变换，即将电信号分解成一系列不同时间窗、不同尺度的相应数量的子波。信息伴随着不确定性，信息的定量表征必然联系着不确定性的度量。构成被检测点电位的单元动作电位数目越多、越复杂，则不确定性(熵)越大。针刺电信号的整个频率分布反映了被检测点所接受的信息，该信息特征可由小波熵表征。这与神经元信息传递的放电序列编码理论相一致：神经元之间及其与周围的联系通常是若干动作电位组成的放电序列，通过观察放电频率和对动作电位峰峰间期的时间模式进行编码，来描述神经元的信息传送。本章结合小波理论的多分辨分析和香农熵定义，建立了基于小波分析的小波能量熵、小波时间熵、小波奇异熵和小波时频熵的概念，并给出其计算方法。将小波熵应用于针刺电信号的特征提取上，初步得到了一些结果。几种小波熵侧重点不同，各自在某些尺度上有明显结果，其中小波能量熵、小波时间熵与小波时频熵都能很好地区分出 CGTX 与 XJBX 手法，同时也表明了上述分析方法的有效性[10-13]。

参 考 文 献

[1] 崔锦泰. 小波分析导论. 西安: 西安交通大学出版社, 1995.

[2] Goupillaud P, Grossmann A, Morlet J. Cycle-octave and related transforms in seismic signal analysis. Geoexploration, 1984, 23: 85-102.

[3] Meyer D L. Evolutionary implications of predation on recent comatulid crinoids from the Great Barrier Reef. Paleobiology, 1985, 11: 154-164.

[4] Mallat S. A theory for multiresolution signal decomposition: the wavelet representation. IEEE Pattern Analysis and Machine Intelligence, 1989, 11(7): 674-693.

[5] Daubechies I. Orthogonal bases of compactly supported wavelets. Communications on Pure Applied Mathematics, 1988, 41: 909-996.

[6] Chui C K, Wang J Z. On compactly supported spline wavelets and a duality principle. Technical Report, 1990.

[7] He Z, Chen X, Luo G. Wavelet entropy measure definition and its application for transmission line fault detection and identification//International Conference on Power System Technology, 2006: 1-5.

[8] Ciaccio E, Dunn S, Akay M. Biosignal pattern recognition and interpretation systems. IEEE Engineering in Medicine and Biology Magazine, 1993, 12(3): 89-95.

[9] 杨文献, 姜芷胜. 机械信号奇异熵研究. 机械工程学报, 2000, 36(12): 9-13.

[10] Li N, Wang J, Deng B, et al. Analysis of EEG signals during acupuncture using spectral analysis techniques//The 22nd Chinese Control and Decision Conference, Xuzhou, 2010.

[11] Bian H R, Wang J, Li N, et al. Wavelet packet energy entropy analysis of EEG signals evoked by acupuncture//The 3rd International Conference on Biomedical Engineering and Informatics, Yantai, 2010.

[12] Yi G S, Wang J, Bian H R, et al. Multi-scale order recurrence quantification analysis of EEG signals evoked by manual acupuncture in healthy subjects. Cognitive Neurodynamics, 2013, 7(1): 79-88.

[13] Yi G S, Wang J, Deng B, et al. Modulation of electroencephalograph activity by manual acupuncture stimulation in healthy subjects: An autoregressive spectral analysis. Chinese Physics B, 2013, 22(2): 559-564.

第 6 章　针刺神经响应的状态空间模型

针刺足三里穴能够诱发感觉神经系统响应，产生神经放电活动。然而，在针刺作用于人或动物的实验中，尚无有效的方法准确记录手法针刺的输入信息，这在一定程度上制约了针刺神经响应模型的建立以及对针刺编码解码问题的探索。感觉神经系统是如何编码针刺信息的？在现有实验条件下，如何建立针刺刺激与神经响应之间的关系？如何根据神经放电序列估计诱发该响应的针刺信息？本章将根据现有实验数据，建立针刺神经响应的状态空间模型，并在模型基础上对针刺神经电信息进行贝叶斯解码。首先，将针刺刺激视为隐性刺激，应用状态空间模型刻画针刺诱发的神经放电活动的过程，描述外部刺激如何驱使潜在的状态调节神经活动。然后，在状态空间模型基础上，应用贝叶斯解码算法，根据神经放电序列重构针刺随时间变化的位移波形。

6.1　点过程条件强度函数

点过程定义为连续时间上发生的离散事件的集合。对于神经元放电序列，点过程是各个动作电位发生时刻的集合[1]。在神经生理学实验中，假设记录的单神经元放电活动的观测区间为 $(0,T]$。令 $\{u_i \mid u_i \in (0,T]\}$ 为神经元的放电时刻集合，$i=1,2,\cdots,J$。对于 $t \in (0,T]$，将 $N(t)$ 定义为 $(0,t]$ 中放电个数。于是神经元的放电时刻采样路径被定义为事件 $N_{0,t}=\{0<u_1<u_2,\cdots,u_j \leqslant t \cap N(t)=j\}$，其中 $j<J$，该事件在放电时刻增加 1，在其他时刻不变。采样路径跟踪记录了 $(0,t]$ 中放电的位置和个数，因此包含放电时刻的所有信息[2,3]。

随机神经元放电点过程可以由条件强度函数刻画，当 $t \in (0,T]$ 时，定义条件强度函数[4]

$$\lambda(t \mid \boldsymbol{H}_t)=\lim_{\Delta \to 0}\frac{\Pr(N(t+\Delta)-N(t)=1 \mid \boldsymbol{H}_t)}{\Delta} \tag{6-1}$$

其中，$\boldsymbol{H}_t=(\boldsymbol{N}_{0,t},\boldsymbol{S}_{0,t})$ 是时刻 t 及其之前时刻的放电历史，$\boldsymbol{S}_{0,t}=\{s_i \mid s_i \in (0,t]\}$ 定义为区间 $(0,t]$ 中应用刺激的集合。条件强度函数是依赖于历史的比率函数，是泊松过程频率函数的一般化定义。如果点过程是非齐次泊松过程，则条件强度函数为 $\lambda(t \mid \boldsymbol{H}_t)=\lambda(t)$。当放电序列中具有历史依赖性时，$\lambda(t \mid \boldsymbol{H}_t)\Delta$ 为区间 $[t,t+\Delta)$ 中有一个放电发生的概率。

根据条件强度函数 $\lambda(t \mid \boldsymbol{H}_t)$，区间 $(0,t]$ 内的神经放电序列 $\{u_i\}_{i=1}^n$ 的联合概率分布表示为

$$p(\{t_i\}_{i=1}^n) = \left[\prod_{i=1}^n \lambda(u_i \mid \boldsymbol{H}(u_i))\right] \exp\left(-\int_0^T \lambda(u \mid \boldsymbol{H}(u))\right) \tag{6-2}$$

其中，右边第一项可以看成与实际放电时刻观测到的动作电位相关的概率密度，第二项为在区间内未观测到任何其他放电的概率。条件强度函数表征了放电时间序列的联合概率密度，并完全刻画了模拟神经放电活动的随机结构[3]。

6.2　状态空间模型

状态空间模型已经被广泛应用于工程学、统计学和计算机科学中[5-7]。状态空间模型由状态方程和观测方程两个方程定义，其中，状态方程定义了一个未观测的状态过程，观测方程定义了观测数据是如何与未观测的状态过程相关的[8]。在神经生理学实验中观测的数据为放电序列。因此，本章基于记录的整个放电序列或放电序列集合来估计各个时间点上的状态过程。

6.2.1　针刺状态估计

假设单神经元放电活动的观测区间为 $(0,t]$。为了便于模型的表达，选择足够大的 K 值，并将区间 $(0,t]$ 分为长度为 $\Delta = T/K$ 的 K 个子区间，保证每个区间最多有一个放电。对于 $k=1,\cdots,K$，在每个时刻 $k\Delta$ 评估潜在的过程模型。假设能够以 Δ 分辨率来测量刺激输入。

潜在模型定义为一阶自回归模型

$$x_k = \rho x_{k-1} + \alpha I_k + \varepsilon_k \tag{6-3}$$

其中，x_k 是时刻 $k\Delta$ 的未知状态，I_k 是指示函数，即如果在时刻 $k\Delta$ 有刺激，则 I_k 为 1，否则 I_k 为 0。ρ 是相关系数，α 调节刺激对于潜在过程的影响，ε_k 是均值为 0、方差为 σ_ε^2 的 Gaussian 随机变量。

潜在过程的联合概率密度为

$$\begin{aligned} p(\boldsymbol{x} \mid \rho, \alpha, \sigma_\varepsilon^2) &= \left[\frac{(1-\rho^2)}{2\pi\sigma_\varepsilon^2}\right]^{\frac{1}{2}} \\ &\quad \times \exp\left\{-\frac{1}{2}\left[\frac{(1-\rho^2)}{\sigma_\varepsilon^2} x_0^2 + \sum_{k=1}^K \frac{(x_k - \rho x_{k-1} - \alpha I_k)^2}{\sigma_\varepsilon^2}\right]\right\} \end{aligned} \tag{6-4}$$

其中，$\boldsymbol{x} = (x_0, x_1, \cdots, x_K)$。

应用点过程定理[9]，在潜在过程条件下，神经元的采样路径观测模型表达为

$$p(N_{0,T} \mid \boldsymbol{x}, \boldsymbol{H}_T, \boldsymbol{\theta}^*) = \exp\left[\int_0^T \log \lambda(u \mid x(u), \boldsymbol{H}_u, \boldsymbol{\theta}^*)\,\mathrm{d}N(u) - \int_0^T \lambda(u \mid x(u), \boldsymbol{H}_u, \boldsymbol{\theta}^*)\,\mathrm{d}u\right] \tag{6-5}$$

其中，$\lambda(u \mid x(u), \boldsymbol{H}_u, \boldsymbol{\theta}^*)$ 是条件强度函数，$\boldsymbol{\theta}^*$ 是未知参数。如果神经元在时刻 u 有放电，则 $\mathrm{d}N(u)=1$，否则 $\mathrm{d}N(u)=0$。此处按照状态过程模拟条件强度函数的简单形式为

$$\lambda(k\varDelta) = \exp(\mu + \beta x_k) \tag{6-6}$$

其中，μ 为背景放电率的对数，β 为增益参数，表征潜在过程对神经元放电率的调节程度。令 $\boldsymbol{\theta}^* = (\mu, \beta)$。在简单模型条件下，所有的历史依赖性通过刺激完成。由于潜在过程是未观测的量，并且模型参数未知，因此通过最大似然法估计其值，并应用 EM 算法进行计算来实现[10]。EM 算法要求将完备数据似然对数的期望值最大化。状态空间模型的完备数据似然为

$$p(N_{0,T}, \boldsymbol{x} \mid \boldsymbol{\theta}) = p(N_{0,T} \mid \boldsymbol{x}, \boldsymbol{\theta}^*)\, p(x \mid \rho, \alpha, \sigma_\varepsilon^2) \tag{6-7}$$

应用 Smith 和 Brown 提出的 EM 算法的特殊情况。首先执行 E-步骤: 在算法的第 $l+1$ 次迭代，E-步骤中完备数据对数似然的期望如下

$$\begin{aligned}
&Q(\boldsymbol{\theta} \mid \boldsymbol{\theta}^l) \\
&= E\left[\log\left[p(N_{0,T}, \boldsymbol{x} \mid \boldsymbol{\theta})\right] \| H_K, \boldsymbol{\theta}^l\right] \\
&= E\left[\sum_{k=0}^{K} (\mathrm{d}N(k\varDelta)(\mu + \beta x_k + \log \varDelta) - \exp(\mu + \beta x_k)\varDelta) \| \boldsymbol{H}_K, \boldsymbol{\theta}^l\right] \\
&\quad + E\left[\sum_{k=1}^{K} -\frac{1}{2}\frac{(x_k - \rho x_{k-1} - \alpha I_k)^2}{\sigma_\varepsilon^2} - \frac{K}{2}\log 2\pi - \frac{K}{2}\log \sigma_\varepsilon^2 \| \boldsymbol{H}_K, \boldsymbol{\theta}^l\right] \\
&\quad + E\left[\frac{1}{2}\log(1-\rho^2) - \frac{1}{2}\frac{x_0^2(1-\rho^2)}{\sigma_\varepsilon^2} \| \boldsymbol{H}_K, \boldsymbol{\theta}^l\right]
\end{aligned} \tag{6-8}$$

其中，H_K 表示集群放电活动和区间 $(0,T]$ 内的刺激行为，$\boldsymbol{\theta}^l$ 是第 l 次迭代估计的参数。

为了评估 E-步骤，需要估计如下各项

$$x_{k|K} \equiv E\left[x_k \| \boldsymbol{H}_K, \boldsymbol{\theta}^l\right] \tag{6-9}$$

$$W_k \equiv E\left[x_k^2 \| \boldsymbol{H}_K, \boldsymbol{\theta}^l\right] \tag{6-10}$$

$$W_{k,k+1} \equiv E\left[x_k x_{k+1} \middle\| H_K, \theta^l\right] \tag{6-11}$$

其中，$k=1,2,\cdots,K$。符号 $k\,|\,j$ 表示在给定集群放电活动和时刻 $j\varDelta$ 之前所有刺激的情况下在时刻 $k\varDelta$ 的潜在过程的期望。为了有效地计算这些量，需要将 E-步骤分解为三部分：前向非线性递归滤波来计算 $x_{k|K}$、后向固定区间平滑算法来估计 $x_{k|K}$、状态空间协方差算法来估计 W_k 和 $W_{k,k+1}$。

E-步骤 1：非线性递归滤波包含下面的步骤。

观测方法

$$p(\mathrm{d}N(k\varDelta)|x_k) = \left[\exp(\mu+\beta x_k)\varDelta\right]^{\mathrm{d}N(k\varDelta)} \exp[-\exp(\mu+\beta x_k)\varDelta] \tag{6-12}$$

一阶预测

$$x_{k|k-1} = \rho x_{k-1|k-1} + \alpha I_k \tag{6-13}$$

一阶预测方差

$$\sigma^2_{k|k-1} = \rho\sigma^2_{k-1|k-1} + \sigma^2_\varepsilon \tag{6-14}$$

后验均值

$$x_{k|k} = x_{k|k-1} + \sigma^2_{k|k-1}\beta\left[\mathrm{d}N(k\varDelta) - \exp(\mu+\beta x_{k|k})\varDelta\right] \tag{6-15}$$

后验方差

$$\sigma^2_{k|k} = \left[(\sigma^2_{k|k-1})^{-1} + \beta\exp(\mu+\beta x_{k|k})\varDelta\right]^{-1} \tag{6-16}$$

其中，$k=1,2,\cdots,K$。初始条件为 x_0 和 $\sigma^2_{0|0} = \sigma^2_\varepsilon(1-\rho^2)^{-1}$。

E-步骤 2：固定区间平滑算法如下。

$$x_{k|K} = x_{k|k} + A_k(x_{k+1|K} - x_{k+1|k}) \tag{6-17}$$

和

$$\sigma^2_{k|K} = \sigma^2_{k|k} + A_k^2(\sigma^2_{k+1|K} - \sigma^2_{k+1|k}) \tag{6-18}$$

其中

$$A_k = \rho\sigma^2_{k|k}(\sigma^2_{k+1|k})^{-1} \tag{6-19}$$

且 $k=K-1,\cdots,1$。初始条件为 $x_{K|K}$ 和 $\sigma^2_{K|K}$。

E-步骤 3：状态空间协方差算法如下。

$$\sigma^2_{k,u|K} = A_k\sigma^2_{k+1,u|K} \tag{6-20}$$

其中，$1 \leqslant k \leqslant u \leqslant K$。E-步骤需要的方程和协方差项分别为

$$W_k = \sigma_{k|K}^2 + x_{k|K}^2 \tag{6-21}$$

和

$$W_{k,k+1} = \sigma_{k,k+1|K} + x_{k|K} x_{k+1|K} = A_k \sigma_{k+1|K}^2 \tag{6-22}$$

M-步骤：Q 函数对 ρ^{l+1} 、$\alpha^{(l+1)}$ 和 $\sigma_\varepsilon^{2(l+1)}$ 的梯度方程具有唯一的封闭解如下。

$$\begin{bmatrix} \rho^{l+1} \\ \alpha^{l+1} \end{bmatrix} = \begin{bmatrix} \sum_{k=1}^{K} W_{k-1} & \sum_{k=1}^{K} x_{k-1|K} I_k \\ \sum_{k=1}^{K} x_{k-1|K} I_k & \sum_{k=1}^{K} I_k \end{bmatrix}^{-1} \begin{bmatrix} \sum_{k=1}^{K} W_{k,k-1} \\ \sum_{k=1}^{K} x_{k|K} I_k \end{bmatrix} \tag{6-23}$$

$$\begin{aligned} \sigma_\varepsilon^{2(l+1)} = K^{-1} \Bigg[& \sum_{k=1}^{K} W_k + \rho^{2(l+1)} \sum_{k=1}^{K} W_{k-1} + \alpha^{2(l+1)} \sum_{k=1}^{K} I_k - 2\rho^{(l+1)} \sum_{k=1}^{K} W_{k,k-1} \\ & -2\alpha^{(l+1)} \sum_{k=1}^{K} x_{k|K} I_k + 2\rho^{(l+1)} \alpha^{(l+1)} \sum_{k=1}^{K} x_{k-1|K} I_k + W_0 (1 - \rho^{2(l+1)}) \Bigg] \end{aligned} \tag{6-24}$$

其中，潜在过程的初始条件从 $x_0^{(l+1)}=\rho^{(l+1)} x_{1|K}$ 和 $\sigma_{0|0}^{2(l+1)} = \sigma_\varepsilon^{2(l+1)} (1 - \rho^{2(l+1)})^{-1}$ 估计得到。

参数 $\mu^{(l+1)}$ 被估计为

$$\mu^{(l+1)} = \log\left(\sum_{k=0}^{K} N_k \right) - \log\left[\sum_{k=1}^{K} \exp(\beta^{(l+1)} x_{k|K} + \frac{1}{2} \beta^{2(l+1)} \sigma_{k|K}^2) \Delta \right] \tag{6-25}$$

其中，$\beta^{(l+1)}$ 是如下非线性方程的解

$$\sum_{k=1}^{K} N_k x_{k|K} = \exp \mu^{(l+1)} \times \left[\sum_{k=1}^{K} \exp(\beta^{(l+1)} x_{k|K} + \frac{1}{2} \beta^{2(l+1)} \sigma_{k|K}^2)(x_{k|K} + \beta^{(l+1)} \sigma_{k|K}^2) \Delta \right] \tag{6-26}$$

解该方程需要应用牛顿法。

EM 算法的收敛判别准则为参数联系迭代中绝对数值变化小于 10^{-2} 且参数迭代的相对变化小于 10^{-3}。

6.2.2　放电率函数的置信区间

接下来，计算神经元放电率函数的置信区间。首先将时刻 $k\Delta$ 的状态的概率密度近似为均值为 $\hat{x}_k$ 和方差为 $\hat{\sigma}_k^2$ 的 Gaussian 概率密度。于是神经元在时刻 $k\Delta$ 的放电率的概率密度为对数正态概率密度，定义为

$$p(\lambda_k \mid \hat{\mu}, \hat{\beta}, \hat{x}_k) = (2\pi \hat{\sigma}_k^2)^{-\frac{1}{2}} \hat{\beta} (\lambda_k)^{-1} \times \exp\left(-\frac{1}{2} \left[\frac{\hat{\beta}^{-1} (\log \lambda_k - \hat{\mu}) - \hat{x}_k}{\hat{\sigma}_k} \right]^2 \right) \tag{6-27}$$

其中，$\hat{\mu}$ 和 $\hat{\beta}$ 为 μ 和 β 的 EM 算法的估计值。应用对数正态概率密度和标准 Gaussian 概率密度，计算放电率的 $1-\xi$ 置信区间，找到式(6-27)中概率密度的 $\xi/2$ 和 $1-\xi/2$ 分位数，其中 $\xi \in (0,1)$。

6.3　基于模型的贝叶斯解码

在神经元放电模型的构建过程中，相关协变量 $x(t)$ 与感觉刺激、生理状态或运动行为有关，并用于描述神经元放电序列 $\{u_i\}$ 的统计结构。神经解码是编码模型构建的逆问题，即从观测的放电活动 $\{u_i\}$ 推断外部协变量 $x(t)$ 集合。点过程的离散时间表达能够促进解码算法的构建。为了获得点过程，选择足够大的整数 K 并且将观测区间 $(0,T]$ 分为 K 个子区间 $(t_{k-1},t_k]_{k=1}^K$，长度为 $\Delta = TK^{-1}$。于是，连续时间变量的离散时间形式可记为 $N_k = N(t_k)$、$N_{1:k} = N_{0:t_k}$ 和 $H_k = H(t_k)$。对于放电神经元，各区间中两个相邻点之间的差为 $\Delta N_k = N_k - N_{k-1}$。给定该区间中的放电数，差 ΔN_k 定义了一个随机变量。如果 K 值足够大，则每个区间中至多一个放电事件。集合 $\{\Delta N_k\}_{k=1}^K$ 是典型的 0 和 1 序列，用来表达离散时间序列上的放电序列数据。$\Delta N_{1:k} = \{\Delta N_i\}_{i=1}^k$ 代表时刻 t_k 及其之前时刻观测到的所有放电的集合。因此，所有相关模型成分，如系统状态和观测值，仅定义在这些特定的时刻上。方便起见，$x(t_k)$ 被记为 x_k，将这些时刻上依赖于历史的单神经元条件强度 $\lambda(t_k \mid H_k)$ 记为 λ_k。基于离散时间框架，通过非线性递归滤波和固定区间平滑算法构建贝叶斯解码过程。

若要估计状态 x_k，需应用过去所有观测集合条件下状态的后验密度 $p(x_k \mid \Delta N_{1:k})$，并通过联合状态和观测模型对后验密度进行递归计算。本节假设可将随机状态模拟为动态系统，其一阶自回归状态演化模型为

$$x_k = \rho x_{k-1} + \varepsilon_k \tag{6-28}$$

其中，ρ 是状态矩阵，ε_k 是均值为 0、方差为 σ_ε^2 的 Gaussian 随机变量。本节应用最大似然方法拟合参数 ρ 和 σ_ε^2。已知前一状态值 $p(x_{k+1} \mid x_k) = N(\rho x_k, \sigma_\varepsilon^2)$，状态方程定义了状态在各个离散时间点上的概率。

为获得观测模型，本节将区间 $(t_{k-1},t_k]$ 中观测到单个放电的概率的条件强度函数近似为

$$p(y_k \mid x_k, H_k) = \exp(y_k \log(\lambda_k \Delta) - \lambda_k \Delta) + o(\Delta) \tag{6-29}$$

即使放电过程不是泊松分布，也可等价于参数为 $\lambda_k \Delta$ 的泊松分布。已知目前所有的观测，通过如下贝叶斯法则能够获得状态的后验密度

$$
\begin{aligned}
p(x_k \mid \Delta N_{1:k}) &= \frac{p(\Delta N_{1:k}, x_k)}{\Pr(\Delta N_{1:k})} \\
&= \frac{p(\Delta N_k, \Delta N_{1:k-1}, x_k)}{\Pr(\Delta N_{1:k})} \\
&= \frac{\Pr(\Delta N_k, \Delta N_{1:k-1}, x_k) p(\Delta N_{1:k-1}, x_k)}{\Pr(\Delta N_{1:k})} \\
&= \frac{\Pr(\Delta N_k, \Delta N_{1:k-1}, x_k) p(x_k \mid \Delta N_{1:k-1})}{\Pr(\Delta N_{1:k} \mid \Delta N_{1:k-1})}
\end{aligned}
\tag{6-30}
$$

其中，最后等式中分子的第一项是观测模型，第二项是由 Chapman-Kolmogorov 方程定义的一阶预测密度

$$
p(x_k \mid \Delta N_{1:k-1}) = \int p(x_k \mid x_{k-1}) p(x_{k-1} \mid \Delta N_{1:k-1}) \mathrm{d} x_{k-1} \tag{6-31}
$$

式(6-31)包含两个成分：状态模型 $p(x_k \mid x_{k-1})$ 和来自最后一步迭代的后验密度 $p(x_{k-1} \mid \Delta N_{1:k-1})$。因此，式(6-30)和式(6-31)给出了一个状态空间模型滤波问题完备的递归解。如果状态和观测模型都是线性高斯的，卡尔曼滤波可以用于求解该状态空间估计问题。然而，一般来说式(6-29)是非线性的和非高斯的，因此需要根据 Gaussian 近似代替精确的滤波过程来构建如下的近似滤波。

令 $x_{k|k-1}$ 和 $\sigma^2_{k|k-1}$ 是在 k 时刻一阶预测密度 $p(x_k \mid \Delta N_{1:k-1})$ 近似的均值和方差，$x_{k|k}$ 和 $\sigma^2_{k|k}$ 是在 k 时刻后验密度 $p(x_k \mid \Delta N_{1:k})$ 的均值和方差。下面的方程为递归非线性滤波算法，即根据观测的和先前的估计量，应用式(6-6)作为条件强度，估计后验均值 $x_{k|k}$ 和后验方差 $\sigma^2_{k|k}$。该算法通过卡尔曼滤波的最大后验概率推导获得。通过递归计算得到后验概率密度 $p(x_k \mid H_k)$ 的 Gaussian 近似。Gaussian 近似需要递归地计算后验均值 $x_{k|k}$ 和方差 $\sigma^2_{k|k}$，并将它们作为后验概率密度对数的二阶导数的逆否[11]。

6.4 基于时间重标度理论的拟合优度检验方法

根据统计模型推断特定神经系统之前，对模型和放电序列数据的一致性进行测量是必要的，即评估拟合优度。时间重标度是概率理论中评估拟合优度的著名方法，是直接测量点过程和随机结构概率模型的一致性的方法[12]。经过时间重标度的峰峰间期计算如下

$$
\tau_j = \int_{u_{j-1}}^{u_j} \lambda(u \mid \hat{\theta}) \mathrm{d} u \tag{6-32}
$$

其中，u_j 是神经元的放电时刻，$\lambda(t \mid \boldsymbol{\theta})$ 是方程(6-32)中最大似然估计 $\hat{\theta}$ 条件下点过程 u_j（$j = 1, 2, \cdots, J$）的条件强度函数。依据时间重标度理论，τ_j 是独立的指数随机变

量，并具有单位频率。将τ_j进行进一步转换为

$$z_j = 1 - \exp(\tau_j) \tag{6-33}$$

z_j是区间(0,1)上独立的均匀分布随机变量。因此，Q-Q 图和 K-S 图被构建用来测量均匀概率密度和z_j之间的一致性[13]。首先，将z_j从小到大排序，得到排序序列$\tilde{z}_j$。然后定义均匀分布密度的分位点数如下

$$b_j = \frac{j-0.5}{J}, \qquad j = 1, 2, \cdots, J \tag{6-34}$$

由于从u_j到z_j再到$\tilde{z}_j$的转换都是一一对应的，因此，$\tilde{z}_j$的概率密度和(0,1)上均匀分布概率密度的紧密一致性意味着统计模型和点过程测度的紧密一致性。如果点集$(b_j, \tilde{z}_j)s$位于45°线上，则点过程模型和实验数据之间具有精确的一致性。本章将逐点地构建置信带来测量偏离45°线的程度。如果τ_j是均值为 1 的独立指数随机变量并且z_j是区间(0,1)上的均匀分布，那么各个$\tilde{z}_j$有参数为k和$n-k+1$的 Beta 概率密度，定义为

$$f(z \mid k, n-k+1) = \frac{n!}{(n-k)!(k-1)!} z^{k-1}(1-z)^{n-k} \tag{6-35}$$

其中，$0 < z < 1$。通过寻找与式(6-34)相关的累积分布的第 2.5 个和第 97.5 个分位数，可以设置 95%的置信带。对于中等程度或较大的放电序列数据量，高斯近似到二项概率分布给出 95%置信带的一个合理近似$z_j \pm 2.575[z_j(1-z_j)/n]^{1/2}$[12]，即 Q-Q 图。

为了节制大样本量，95%的置信区间近似为$b_i \pm 1.36 / J^{1/2}$[14]，即 K-S 图。如果绘制的任何点位于这些置信带之外，则 Kolmogorov-Smirnov 检验拒绝零-假设模型。

6.5　针刺隐含刺激状态空间模型

本节应用经验时间平滑方法来估计神经元的放电率函数[15-17]，而不在估计中考虑刺激信息。统计每 100ms 时间窗内的放电个数，时间窗每次移动 1ms，即与状态空间模型具有相同的时间分辨率。

本节首先应用状态空间模型产生针刺放电序列，即一个离散刺激驱动的单泊松神经元。其次应用模型对模拟的针刺放电序列进行拟合。本章基于式(6-3)和式(6-6)应用时间重标度定理算法在 30s 区间内多次重复外部刺激的作用下产生单放电序列。其中，隐式刺激作用周期为 1s，潜在过程模型参数$\rho = 0.99$、$\alpha = 3$和$\sigma_\varepsilon^2 = 10^{-3}$，背景放电率的自然对数$\mu = -4.9$，增益系数$\beta = 1$。在以上参数环境下，神经元的近似平均放电率为 10Hz。EM 算法中潜在的状态方程每 1ms 更新一次。

依据前一节的 EM 算法，式(6-3)和式(6-6)中的状态空间模型被拟合到仿真的神经放电序列。如表 6.1 所示，EM 算法估计的参数与用来模拟针刺放电序列数据的真实值具有良好的一致性。

表 6.1　仿真信号的 EM 算法参数估计

参数	ρ	α	σ_ε^2	μ	β
真实值	0.990	3.000	0.00010	–4.900	1.000
估计值	0.990	2.865	0.00097	–4.906	1.129

从图 6.1 可以看到估计的放电率函数(蓝绿色点状虚线)与产生合成针刺放电序列的真实放电率(蓝色实线)非常相似。另外，真实的放电率曲线完全包含在基于模型的放电率函数的置信区间中(红色虚线)。特别的，放电率的大小和持续时间反映了隐含刺激的效应，并能够通过估计重现。相比于应用时间平滑方法估计的放电率，应用关于刺激作用时刻的信息，模型放电率能更好地估计真实放电率函数。

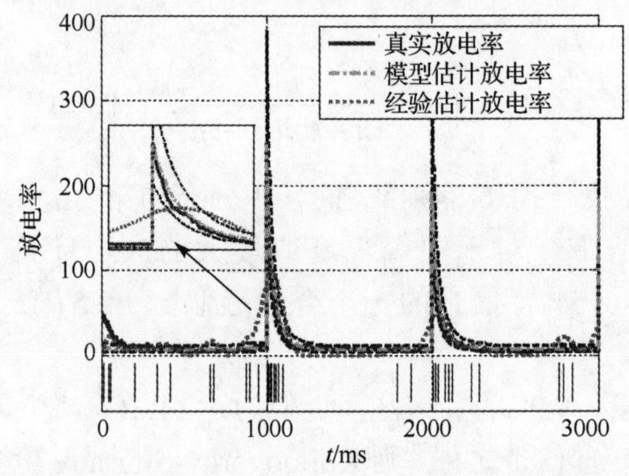

图 6.1　模拟的放电序列及其真实放电率、模型估计放电率和经验估计放电率(见彩图)

图 6.2 显示 EM 算法估计的状态过程(蓝色点状虚线)的 95%的置信带(红色虚线)几乎完全覆盖了真实状态过程的时间演化(蓝绿色实线)。真实的状态在某些时刻位于置信带之外，在这些区域中放电很少，因此潜在过程的信息较少。

最后，应用 K-S 拟合优度检验方法来评估模型对数据的拟合程度。在图 6.3 中，主对角线显示了模型和放电序列数据精确的一致性，两条副对角线代表 95%的置信区间。本章应用 K-S 图来比较模型放电率估计(蓝绿色点状虚线)、经验放电率估计(红色点状线)和真实的放电率(蓝色实线)。首先，由于放电序列基于真实的放电率产生，所以真实放电率的 K-S 图总是位于置信区间之内。其次，模型放电率 K-S 图完全位于置信区间之内意味着模型能够良好的拟合数据。最后，经验放电率 K-S 图在一些时间段位于置信区间之外。因此，相比于经验平滑估计，考虑了隐含刺激信息的状态空间模型对放电序列的描述更加精确。

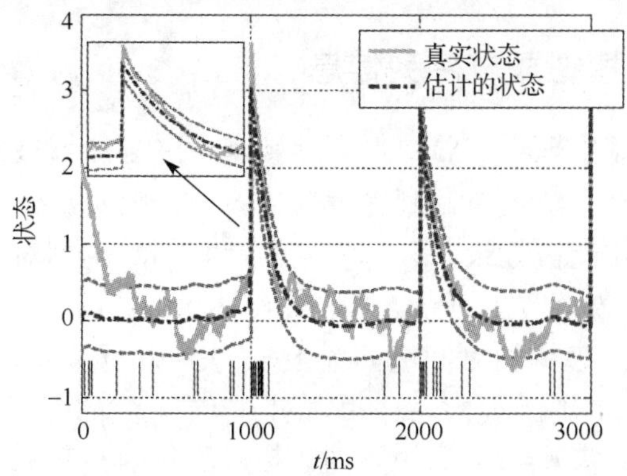

图 6.2　真实状态和通过 EM 算法估计的状态及其 95%的置信区间(见彩图)

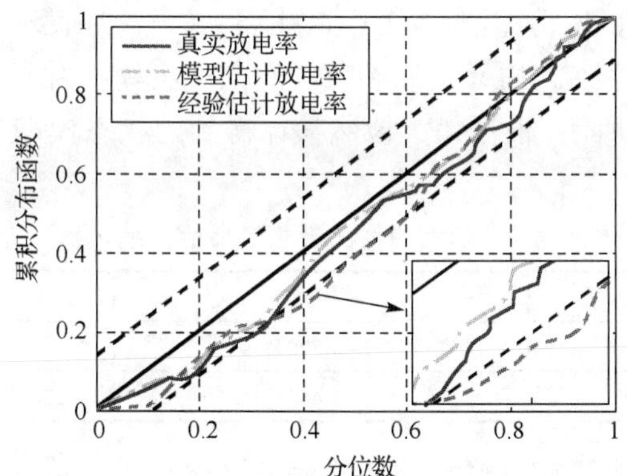

图 6.3　检验模型拟合优度的 K-S 图(见彩图)

6.6　贝叶斯解码针刺信息

本节将阐述针刺神经电信号的解码问题。脊髓背根神经节对针刺刺激的放电响应具有选择性。通过观测的脊髓背根神经节放电活动能够对针刺波形进行重构。取神经元放电的条件强度函数为

$$\lambda(x_k)=\exp(\mu+\beta\cdot x_k) \tag{6-36}$$

其中，$\mu\in R^1$ 是基线放电率，$\beta\in R^1$ 是神经元对于针刺的响应强度。在初始阶段单极神经元负责针刺诱发电信号的产生和传导，假设它不依赖于自身的放电历史和其他神经元的放电。因此，状态活动中包含非均匀的泊松过程。观测区间被均匀的分为大小为 Δ 的小区间。状态演化方程为

$$x_k=\rho x_{k-1}+\varepsilon_k \tag{6-37}$$

其中，ρ 是相关系数，ε_k 是均值为 0、方差为 σ_ε^2 的 Gaussian 随机变量。

6.6.1　贝叶斯解码模拟放电序列信息

目前为止，在神经生理学实验中仅有针刺刺激时刻能够被定量地记录。当在实验鼠上进行针刺作用时无法记录针刺深度变化波形。针刺波形只能通过在针刺分析仪上进行针刺操作时才能被记录[18]。本章依据针刺刺激时刻对不同频率的针刺位移波形进行人为地模拟，如图 6.4 所示。通过式(6-36)和式(6-37)对针刺诱发脊髓背根神经节放电进行模拟。模拟的时间区间为 10s。其中，人为模拟的针刺位移波形作为式(6-37)中的状态演化。式(6-36)中条件强度函数的参数定义为背景放电率 $\mu = -4$ 的对数，增益系数 $\beta = 1$。应用时间重标度理论模拟神经放电序列，状态方程每 1ms 更新一次。

应用前述的贝叶斯解码算法，将式(6-36)和式(6-37)表示的模型同步地拟合到人工生成的神经放电序列。估计出的参数与用来产生模拟神经放电序列数据的真实值一致，具体如表 6.2 所示。根据最大似然估计得到的状态模型参数分别为 $\rho = 0.997$ 和 $\sigma_{\varepsilon}^2 = 0.01$。

表 6.2　根据模拟的针刺信号估计的参数

参数	μ	β
真实值	−4.500	1.000
估计值	−4.484	0.936

图 6.4 展示了贝叶斯解码算法估计的状态过程片段。总体来讲，针刺波形解码捕捉到主要的波动现象。接下来，应用 Q-Q 图拟合优度检验方法评估模型拟合数据的程度。如图 6.5 所示，主对角线(黑色实线)显示的是模型和放电序列数据精确的一致性，两条副对角线(黑色虚线)代表 95%的置信区间。红色实线代表模型对数据拟合的精确度。虽然部分线段轻微偏离 95%的置信区间，但依然具有较高的置信度，说明模型能够较好地拟合数据。

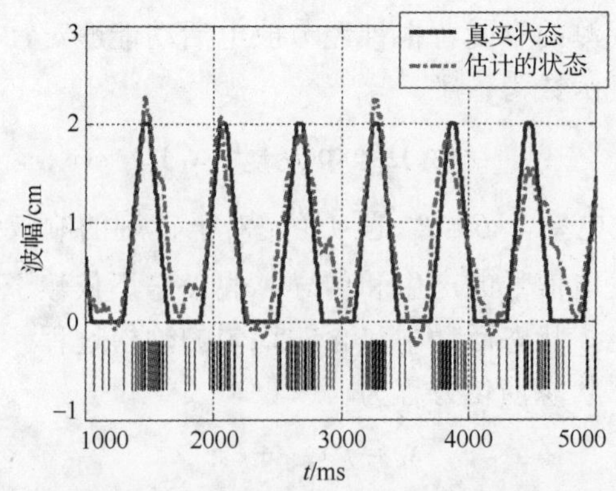

图 6.4　真实位移波形状态和估计的位移波形状态

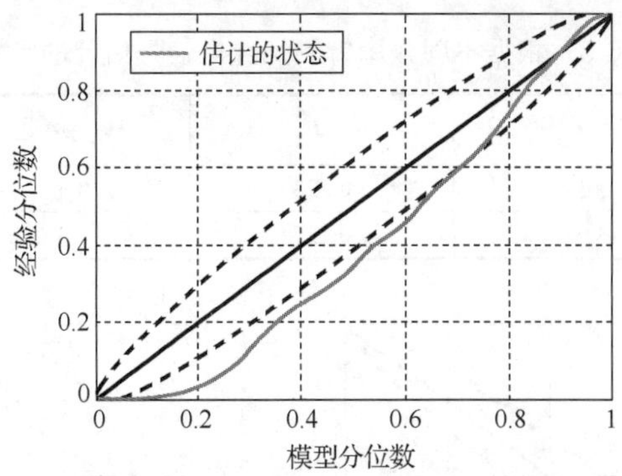

图 6.5　模型估计的 Q-Q 图(见彩图)

6.6.2　重构不同频率针刺位移波形

本节将贝叶斯解码算法应用于针刺足三里脊髓背根神经节记录的数据。首先，根据记录的针刺刺激时刻模拟两种不同频率的均匀提插法(TC)针刺位移波形，如图 6.6 所示。数据长度为 60s。放电序列的分辨率为 1ms，状态方程每 1ms 更新一次。

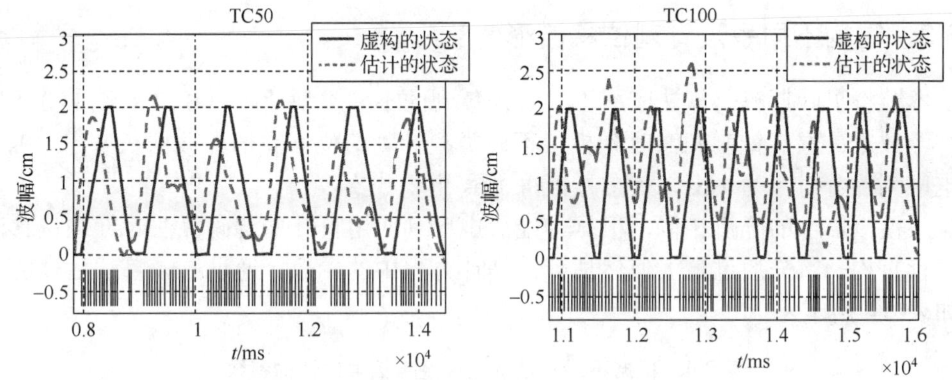

图 6.6　实验记录的针刺放电序列，虚构的针刺位移波形状态和估计的位移波形状态

与模拟信号的分析相似，根据神经放电序列应用贝叶斯解码算法对针刺位移波形进行重构。首先，通过 EM 算法估计出方程中的参数，如表 6.3 所示。其次，根据点过程神经放电序列(横坐标上的竖线)对针刺位移波形进行重构。图 6.6 显示的是两种不同频率波形估计的片段，红色虚线代表估计的状态，能够正确拟合虚构状态。解码的针刺波形捕捉到主要的波动现象，显示了不同频率针刺操作的基本特征。图 6.7 显示的是用来评价拟合优度的 Q-Q 图。红线大部分位于或接近于 95%的置信区间，说明拟合的模型与真实放电序列数据之间具有一致性。

表 6.3　根据不同频率针刺神经电信号估计的参数

针刺频率 \ 参数	μ	β	ρ	σ_{ε}^{2}
50 次/min	−3.593	0.223	0.995	0.010
100 次/min	−3.546	0.236	0.992	0.032

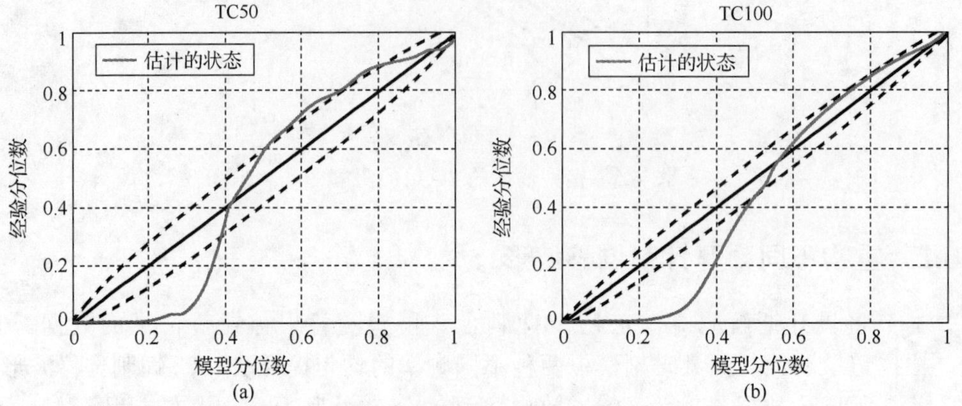

图 6.7　模型估计的 Q-Q 图(红色实线)(见彩图)

6.6.3　重构不同手法针刺位移波形

本节将贝叶斯解码算法应用于实验采集到的不同类型针刺(TB、TX 和 TC)诱发的神经放电。根据针刺刺激时刻模拟不同类型针刺的位移波形。数据长度为 20s。放电序列的分辨率为 1ms，状态方程每 1ms 更新一次。

与模拟信号的分析相似，根据神经放电序列应用贝叶斯解码算法对针刺位移波形进行重构。首先通过最大似然估计法估计方程中的参数。通过 EM 算法估计的参数如表 6.4 所示。

表 6.4　根据不同手法针刺神经电信号估计的参数

针刺手法 \ 参数	μ	β	ρ	σ_{ε}^{2}
TB	−4.350	0.695	0.992	0.022
TX	−4.316	0.446	0.991	0.025
TC	−3.507	0.272	0.990	0.030

在估计出参数后，根据神经放电序列重构针刺波形。图 6.8 分别为三种类型针刺估计状态的片段。对于 TB 针刺操作，波形在上升段 t_1 持续时间较长，在下降段 t_2 持续时间较短，如图 6.8(a)所示；对于 TX 针刺操作，波形在上升段 t_1 持续时间较短，在下降段 t_2 持续时间较长，如图 6.8(b)所示；在 TC 针刺操作的波形中，上

升段 t_1 和下降段 t_2 的持续时间近似相同，如图 6.8(c)所示。总之，解码的针刺波形捕捉了模拟状态显示的主要波动过程，显示出了各个针刺操作的基本特征。图 6.9 为模型估计的 K-S 图，用来评估模型的拟合优度。对于 TB 操作，模型位于 95%的置信区间内，表明整体模型拟合与数据之间具有紧密的一致性。对于 TX 和 TC 操作，除了在小的分位数处，模型拟合均位于置信区间之内。

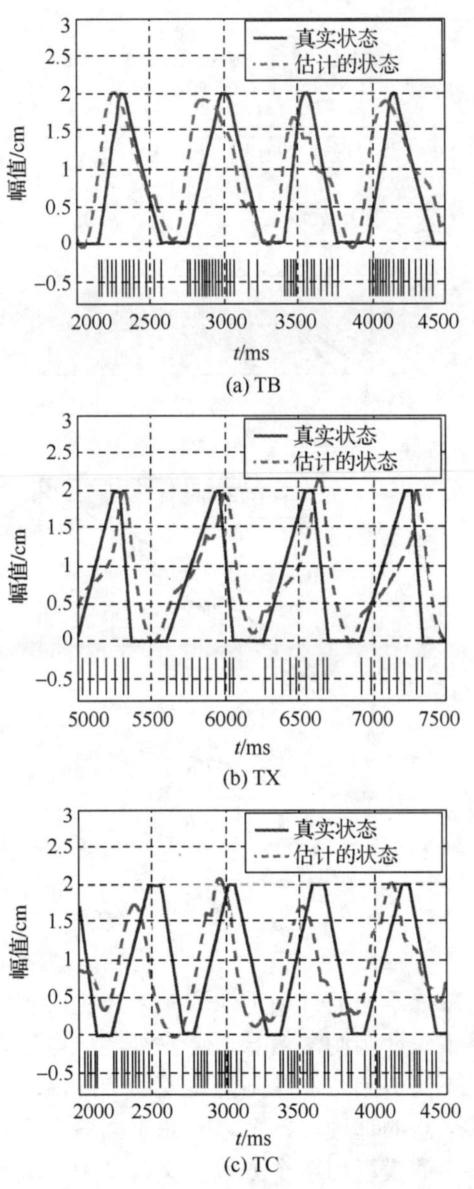

图 6.8　三种类型针刺估计状态的片段

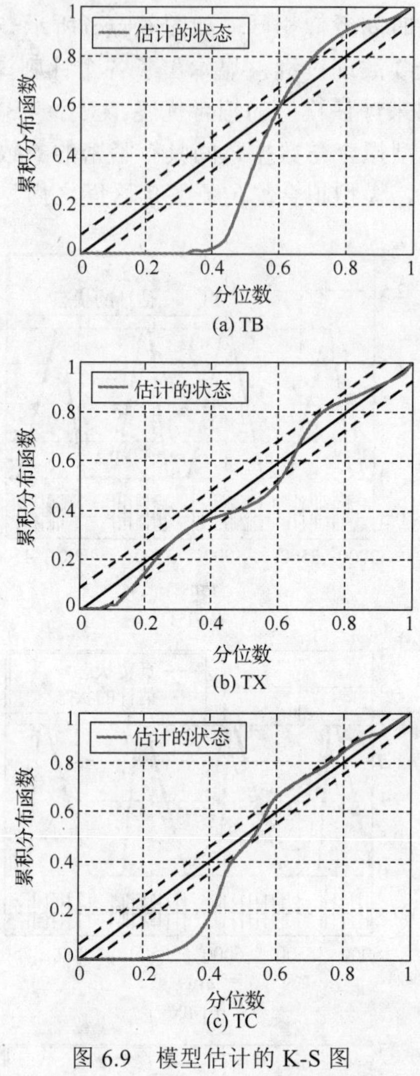

图 6.9　模型估计的 K-S 图

6.7　本 章 小 结

针刺是一种机械刺激，不同的针刺手法和频率产生的刺激方式不同。针刺足三里穴，机械刺激感受器编码针刺刺激信息，诱发神经放电活动。感觉神经系统对不同针刺刺激的编码形式不同。因此，针刺与诱发的神经活动之间的关系研究是理解神经系统反应针刺刺激信息的基础。本章以状态空间模型为基础研究了针刺神经编码解码问题[19-23]。状态空间模型由两个方程定义，其中，观测方程描述隐状态或潜在过程是如何被观测的，状态方程定义了潜在过程随时间的演化。

神经生理学实验表明隐(潜在)刺激诱发神经放电活动响应。本章假设刺激与响应之间存在隐状态，即外部刺激驱动潜在过程的演化，继而潜在过程调节神经放电活动。在计算神经科学中，神经放电活动可以由一般点过程刻画，而点过程是通过条件强度函数定义的，因此潜在过程调节神经放电活动是通过其调节条件强度函数实现的。由于目前针刺神经生理学实验中只能记录针刺操作时刻，因此将针刺看做影响潜在状态变化的隐刺激。记录的针刺神经放电活动被转化为点过程放电序列。Smith 和 Brown 建立了一个方法框架，能够从点过程放电序列估计未观测的状态空间模型、它的参数以及点过程条件强度函数的参数。根据针刺实验数据，本章建立了针刺诱发神经响应的状态空间编码模型，估计了不同频率的针刺的潜在状态，反映了不同频率针刺在放电率编码中的特征。潜在变量将特定时刻的针刺刺激效应与放电率函数相关联。相关系数反映了针刺的频率，即相关系数越大，针刺频率越低。另外，拟合优度 K-S 检验了模型对不同频率针刺诱发的神经放电序列的描述的精确性。在临床研究中针刺频率是一个重要的因素，根据刺激-响应关系可以获取最优的针刺频率。

根据记录的针刺操作时刻以及针刺手法参数测定仪上记录的针刺波形，构建了神经生理实验中针刺随时间演化的波形。在状态空间模型基础上，应用贝叶斯解码算法，根据实验记录的神经放电序列，对不同频率针刺波形进行了重构，并与虚构的针刺演化波形进行了对比。根据时间重标度理论应用 Q-Q 图方法检验了模型的拟合优度。结果显示贝叶斯解码算法能够正确估计出针刺演化波形，为辨识不同类型和频率的针刺提供了可视化特征。

本章的针刺信息编码与解码研究都是在单神经元放电序列上实现的，编码模型与解码算法还可用于研究普通针刺刺激诱发的多神经元放电序列。通过建立针刺电信息编码解码模型，本章从新的角度进一步理解了针刺和不同针刺手法的特征。实验模型与计算模型联合实现的针刺神经电信息的定量模型分析，将使针刺更加标准，对进一步理解针刺和改善其临床功效具有重要意义。而且模型的建立与应用有助于针刺的临床应用中神经接口的构建。

参 考 文 献

[1] Truccolo W, Eden U T, Fellows M R, et al. A point process framework for relating neural spiking activity to spiking history, neural ensemble, and extrinsic covariate effects. Journal of neurophysiology, 2005, 93: 1074-1089.

[2] Smith A C, Brown E N. Estimating a state-space model from point process observations. Neural Computation, 2003, 15: 965-991.

[3] Koyama S, Eden U T, Brown E N, et al. Bayesian decoding of neural spike trains. Annals of the

Institute of Statistical Mathematics, 2010, 62: 37-59.

[4] Truccolo W, Eden U T, Fellows M R, et al. A point process framework for relating neural spiking activity to spiking history, neural ensemble, and extrinsic covariate effects. Journal of Neurophysiology, 2005, 93: 1074-1089.

[5] Kitagawa G, Gersh W. Smoothness Priors Analysis of Time Series. New York: Springer, 1996.

[6] Fahrmeir L, Tutz G. Multivariate Statistical Modelling Based on Generalized Linear Models. New York: Springer, 2001.

[7] Kashiwagi N, Yanagimoto T. Smoothing serial count data through a state-space model. Biometrics, 1992, 48: 1187-1194.

[8] Smith A C, Scalon J D, Wirth S, et al. State-space algorithms for estimating spike rate functions. Computational Intelligence and Neuroscience, 2010: 1-14.

[9] Brown E N. Methods and Models in Neurophysics. Paris: Elsevier, 2005: 691-726.

[10] Dempster A P, Laird N M, Rubin D B. Maximum likelihood from incomplete data via the EM algorithm. Journal of the Royal Statistical Society, 1977, 39: 1-38.

[11] Tanner M A. Tools for Statistical Inference: Methods for the Exploration of Posterior Distributions and Likelihood Functions. New York: Springer, 1996.

[12] Brown E N, Barbieri R, Ventura V, et al. The time-rescaling theorem and its application to neural spike train data analysis. Neural Computation, 2002, 14: 325-346.

[13] Barbieri R, Quirk M C, Frank L M, et al. Construction and analysis of non-Poisson stimulus-response models of neural spiking activity. Journal of Neuroscience Methods, 2001, 105: 25-37.

[14] Johnson A, Kotz S. Distributions in Statistics: Continuous Univariate Distributions. New York: Wiley, 1970.

[15] Grün S, Diesmann M, Grammont F, et al. Detecting unitary events without discretization of time. Journal of Neuroscience Methods, 1999, 94: 67-79.

[16] Riehle A, Grun S, Diesmann M, et al. Spike synchronization and rate modulation differentially involved in motor cortical function. Science, 1997, 278: 1950-1953.

[17] Wood E R, Dudchenko P A, Eichenbaum H. The global record of memory in hippocampal neuronal activity. Nature, 1999, 397: 613-616.

[18] Liu T Y, Yang H Y, Kuai L, et al. Classification and characters of physical parameters of lifting-thrusting and twirling manipulations of acupuncture. Acupuncture Research, 2010, 35: 61-66.

[19] Men C, Wang J, Guo Y, et al. Spatiotemporal coding mechanisms of information induced by acupuncture//The 29th Chinese Control Conference, Beijing, 2010.

[20] Men C, Wang J, Deng B, et al. Decoding acupuncture electrical signals in spinal dorsal root

ganglion. Neurocomputing, 2012, 79:12-17.

[21] Wang J, Wang X, Xue M, et al. State-space model for estimating acupuncture spike firing rate//The 25th Chinese Control and Decision Conference, Guiyang, 2013.

[22] Xue M, Wang J, Deng B, et al. Decoding the neural activity of dorsal spinal nerve root evoked by acupuncture at Zusanli point based on the generalized linear model. Acta Physica Sinica, 2013, 62(9):098701.

[23] Qin Q, Wang J, Xue M, et al. Charactering neural spiking activity evoked by acupuncture through state-space model. Applied Mathematical Modelling, 2015, 39(3):1400-1408.

第 7 章　针刺神经响应的不规则度分析与输入估计

针刺是一种作用在穴区皮肤感受器上的外部机械刺激，不同的针刺手法具有不同的机械刺激形式。神经系统通过不同的放电模式刻画外部刺激信息。放电率与放电不规则度是决定 Gamma 分布的两个参数，经常被用来量化神经放电模式。本章应用 Gamma 放电发生器来拟合不同手法针刺诱发的神经放电，估计局部放电不规则度、时变不规则度和时变放电率，检验不同类型的针刺操作能否导致不同的针刺放电模式，从而辨识针刺手法。另外，在估计的时变放电率与时变不规则度的基础上，本章还根据单神经元放电估计了针刺刺激经神经感受器转化后的假单极神经元尖端处初级电信号的输入形式。

7.1　Gamma 分布拟合峰峰间期统计直方图

7.1.1　峰峰间期统计直方图

生物放电的峰峰间期序列是携带生物信息的主要载体，被广泛用于神经电信号编码机制的研究[1]。本章引入峰峰间期的思想研究针刺神经电信号。峰峰间期定义为两个相邻放电峰值之间的时间区间，如图 7.1 所示。峰峰间期序列表达为 $T(n)$ $(n=1,\cdots,N)$。图 7.2 是四种不同针刺手法刺激足三里穴在脊髓背根诱发的神经动作电位序列对应的峰峰间期序列图。神经系统通过放电时刻编码刺激信息，峰峰间期是放电序列时间编码的等价转化形式，因此应用峰峰间期序列分析针刺诱发的时间编码特性。

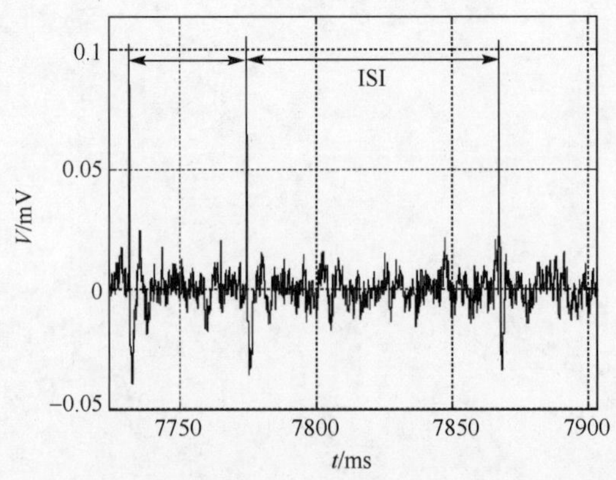

图 7.1　ISI 示意图

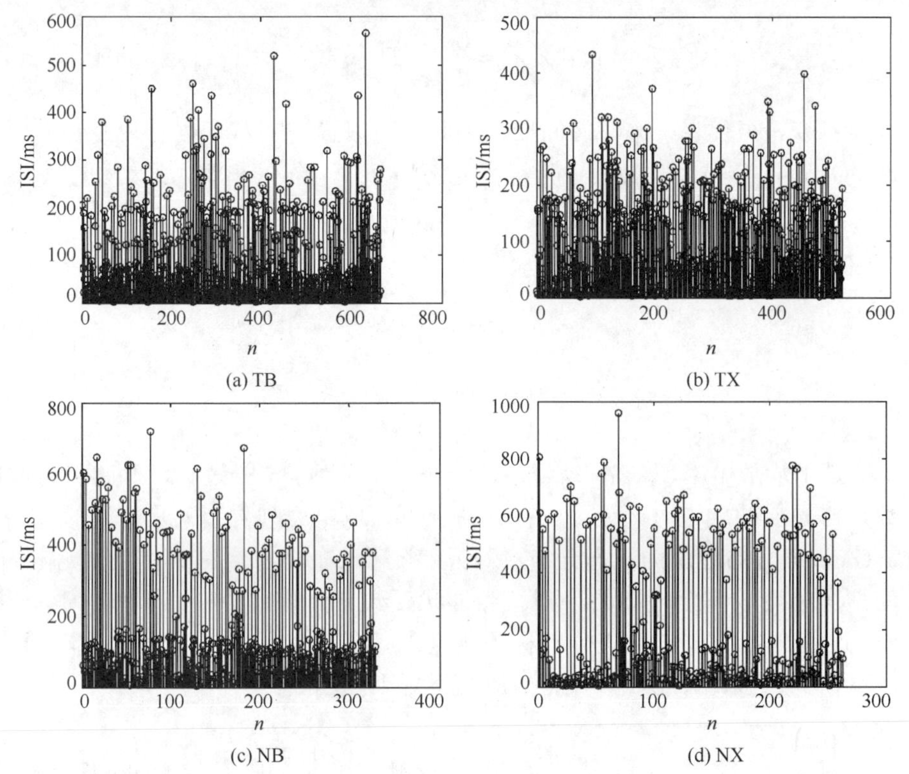

图 7.2　四种不同手法针刺诱发的神经放电活动的 ISI 序列

事件直方图是表达事件发生非均匀密度的一个基本工具，如神经放电活动的表达[2]。峰峰间期直方图定义为不同长度峰峰间期的分布[3]。若干不同的统计分布已经被用于描述不同峰峰间期直方图，如 Gamma 分布[3]、逆 Gaussian 分布[4]、Weibull 分布[5]和 Lognormal 分布[6]。其中，Gamma 分布由两个参数确定：依赖于放电率的参数和与放电不规则度相关的形状参数[7]。为了应用放电不规则度检验不同神经元放电与不同针刺手法之间的关系，本章应用 Gamma 分布拟合峰峰间期直方图。

7.1.2　Gamma 放电发生模型

峰峰间期直方图是对不同长度区间分布的表达[8]。在神经科学中，经常采用 Gamma 分布参数化地表达峰峰间期的均值和 log ISI 的均值[9,10]。由于 Gamma 过程考虑到相对不应期效应，所以它对神经元放电序列的表达优于泊松过程[11]。在能量限制条件下，Gamma 分布也是由最优峰峰间期分布推导而得[12]。

Gamma 分布给出峰峰间期 T 出现的概率。它具有两个参数，放电率 r 和形状参数 α（也称 Gamma 阶数），其中形状参数是独立变化的。Gamma 分布函数的形式如下

$$q(T;\lambda,\kappa)=\frac{(\kappa\lambda)^{\kappa}}{\Gamma(\kappa)}T^{\kappa-1}\mathrm{e}^{-\kappa\lambda T} \tag{7-1}$$

其中，随机变量T代表一个峰峰间期，因此，可以通过调节参数α来改变模型的不规则性。Gamma 分布经常被假设为神经元峰峰间期分布的模型，尤其是在皮层和丘脑外侧膝状核中[13,14]。

峰峰间期的均值和方差为

$$\begin{cases}E\kappa(T)=\dfrac{1}{\lambda}\\ \mathrm{Var}(T)=\dfrac{1}{\lambda^2\kappa}\end{cases} \tag{7-2}$$

其中，λ是平均放电率，κ是形状参数。$\kappa=1$时相当于泊松过程，此时瞬时放电率为常数，与先前的放电时刻无关。在此情况下，放电序列看起来是随机的。当κ较大时，Gamma 分布近似为正态分布，其方差随着κ的增加而减小。当κ无限大时，峰峰间期序列变成完全规则的序列。当形状参数κ分别大于、等于和小于 1 时，Gamma 过程产生的放电形式分别称为规则的、随机的泊松和簇发的放电形式(如图 7.3 所示)[15]。因此，形状参数κ与放电不规则度相关。

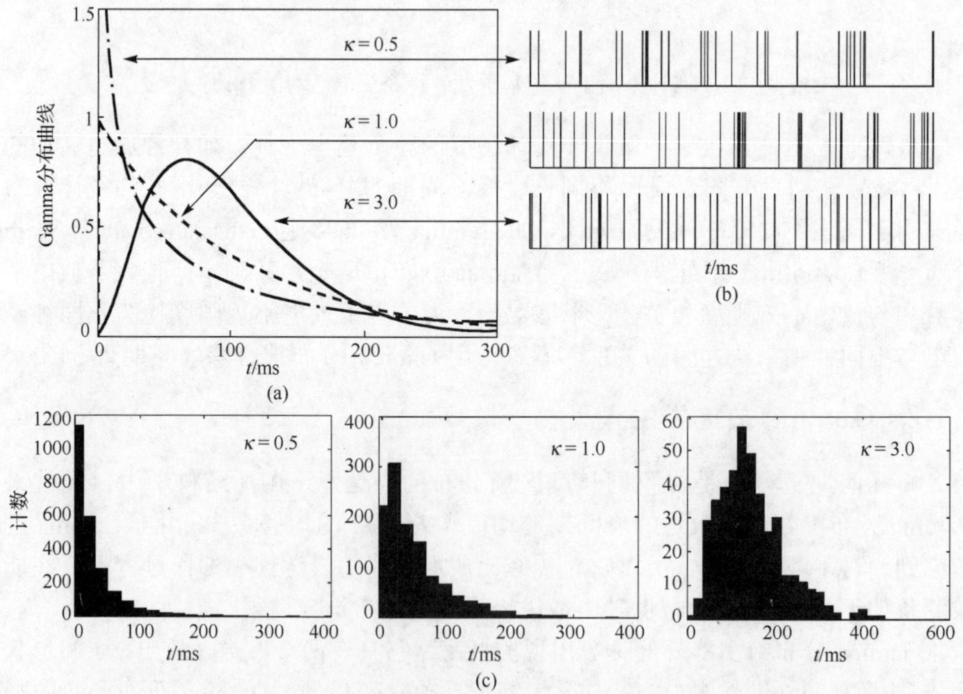

图 7.3 Gamma 分布图、相应的放电序列和 ISI 分布直方图

图 7.4 所示为四种针刺的峰峰间期直方图的 Gamma 分布拟合。Gamma 分布能够精确地拟合峰峰间期分布。不同类型针刺操作的 Gamma 分布具有差异性，表明刻画放电不规则度的形状参数能够用来区分针刺手法。因此，本章应用放电不规则度来研究不同针刺手法之间的差异。

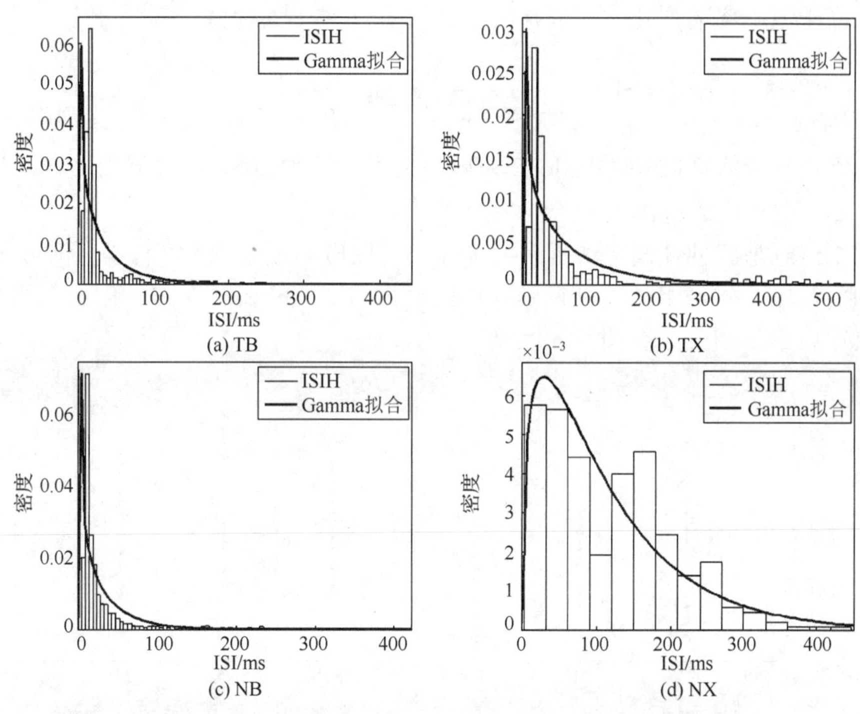

图 7.4　四种针刺手法 ISI 序列的 Gamma 分布拟合

7.2　针刺神经放电的局部不规则度

首先研究单个映射神经元模型中的振动共振现象。在高频和低频信号同时作用下，皮层神经元具有高度不规则峰峰间期序列[15]。研究表明不规则性的差异可能源于单神经元内在特征[16]、同步输入的差异性[17]或兴奋性和抑制性输入平衡性的差异[18]。另外，有文献证明在不同的皮层区域和不同的行为任务中不规则性是变化的。因此，不规则性表明神经放电序列具有时间编码特征[17]。

经典的放电不规则度 CV 是一个全局测度，定义为峰峰间期序列的散布，即 SD(ISI)/mean(ISI)[19]。然而，在放电率显著变化的情况下，放电不规则度被 CV 过度估计。因此，替代性不规则度被提出，它们是在时间上局部的，相对地独立于放电率的变化。

7.2.1　放电不规则度

在放电活动为 Gamma 分布的假设下，放电不规则度(spiking irregularity，SI)能够最优地估计放电序列的形状参数。放电不规则度 SI 是形状参数κ的估计值，相对地独立于放电率的变化。其表达式定义为

$$\mathrm{SI}=-\frac{1}{1-\log 2}\frac{1}{2N}\sum_{i=1}^{N}\log\left(\frac{4T_iT_{i+1}}{(T_i+T_{i+1})^2}\right) \tag{7-3}$$

其中，T_i是一个峰峰间期。$1-\log 2$为归一化因子，使得$\mathrm{SI}=1$为泊松过程，与经典的 CV 算法在相同的范围内。

图 7.5(a)是四种针刺手法诱发的神经活动放电不规则度 SI 值。为了便于不同组实验间的比较，将每组结果进行归一化处理。图 7.5(b)显示在归一化后不同的针刺手法的放电不规则度具有明显的区别。

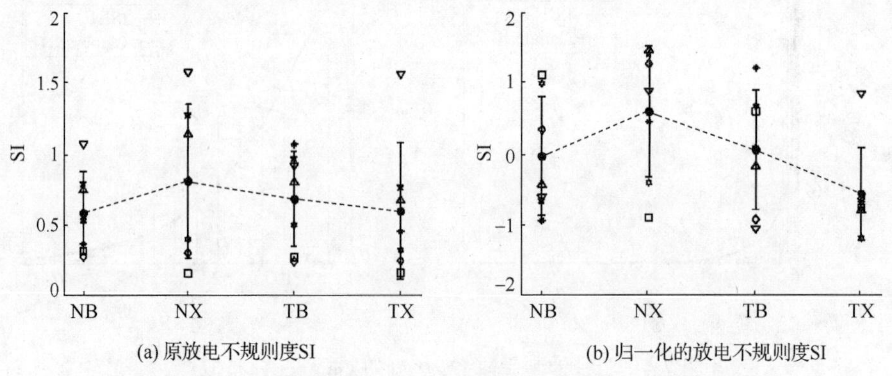

图 7.5　四种针刺手法的放电不规则度 SI 的统计分析

7.2.2　局部变异度

即使在放电率受到外部调节的情况下，局部变异度(local variation，LV)能够反映峰峰间期序列逐步的变化并有效地提取放电特征[20]。研究证实对于放电率调节的 Gamma 过程，放电率的涨落未导致 LV 值的大范围变化。LV 值主要由峰峰间期内在的分布形式确定，该分布形式通过 Gamma 分部的形状参数参数化获得。而当点过程的放电率涨落时，CV 经历较大的变化[20]。

LV 值与形状参数κ的关系为$\mathrm{LV}=3/(2\kappa+1)$，即$\kappa$能够通过应用 LV 进行估计。因此，当 Gamma 分布的形状参数κ已知时，产生峰峰间期序列，根据该序列分析得到 Gamma 过程的 LV 值。峰峰间期序列的局部变异系数 LV 定义为

$$\mathrm{LV}=\frac{1}{N}\sum_{i=1}^{N}3\frac{(T_i-T_{i+1})^2}{(T_i+T_{i+1})^2} \tag{7-4}$$

其中，T_i 是峰峰间期。当峰峰间期序列服从独立的指数分布时，LV 的值为 1。对于规则放电序列，即 T_i 为常数时，LV 的值为 0[20]。

事实上，在 SI 和 LV 测度之间存在紧的不等式。通过应用 Jensen 不等式，得

$$
\begin{aligned}
\mathrm{SI} &= -\frac{1}{2N}\sum_{i=1}^{N}\log\left(\frac{4T_iT_{i+1}}{(T_i+T_{i+1})^2}\right) \\
&\geqslant -\frac{1}{2}\log\left(\frac{1}{N}\sum_{i=1}^{N}\frac{4T_iT_{i+1}}{(T_i+T_{i+1})^2}\right) \\
&= -\frac{1}{2}\log\left(1-\frac{\mathrm{LV}}{3}\right)
\end{aligned}
\tag{7-5}
$$

因此，LV 给出了 SI 的下界。由于 LV 和 κ 是逆相关的，所以 LV 给出了 κ 的上界。注意，此关系对任意的放电序列成立，与它们的统计模型及序列长度无关。

图 7.6 是四种针刺手法诱发的神经活动放电不规则度 LV 值。NX 手法的不规则度高于 NB 手法，NX 手法和 TX 手法的不规则度都明显低于 NB 手法和 TB 手法。因此，NX 手法与 TX 手法有明显的区别。

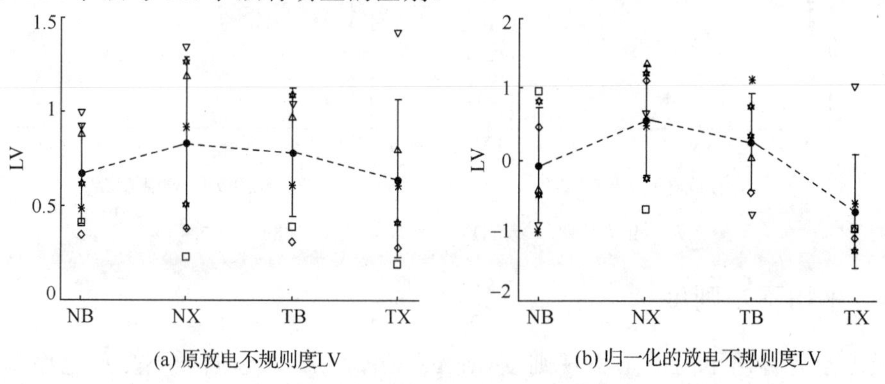

图 7.6 四种针刺手法的放电不规则度 LV 的统计分析

7.2.3 局部变异系数

研究表明通过计算服从 Gamma 分布的放电序列的测度统计值，局部变异系数 (CV_2) 是具有最低方差的测度，并且当各个窗口中峰峰间期的个数有限且放电率的变化陡峭时，CV_2 误差最小。基于以上原因，CV_2 最适合进行随时间变化的分析。CV_2 被应用到执行延迟运动任务的猴子运动皮层中记录的放电序列，提供了一个放电不规则度的行为多样性概览，即放电不规则度能否被任务调节，是否与放电率调节无关。其定义为

$$
\mathrm{CV}_2 = \frac{1}{N}\sum_{i=1}^{N} 2\frac{|T_i - T_{i+1}|}{T_i + T_{i+1}} \tag{7-6}
$$

其中，T_i是峰峰间期。LV 正比于单项$CV_2 = 2|T_i - T_{i+1}|/|T_i + T_{i+1}|$的平方。对于 Gamma 过程，$CV_2$的期望值为

$$CV_2(\kappa) = \frac{4^{-\alpha+1}}{\kappa} \frac{\Gamma(2\kappa)}{\Gamma(\kappa)^2} \tag{7-7}$$

其中，$\Gamma(\kappa)$是 Gamma 函数。当放电序列的局部变异较大时，CV_2的值较大，但是当放电序列的变异发生在时间尺度远大于典型的峰峰间期值时，CV_2较低。CV_2适于比较放电序列当时的峰峰间期的随机性。

图 7.7 是四种针刺手法诱发的神经活动放电不规则度 CV_2 值。NX 手法和 TB 手法之间的不规则度差异较小。NB 手法和 TX 手法的不规则度均值都是负值并且它们与 NX 手法和 TB 手法能明显的区分开。

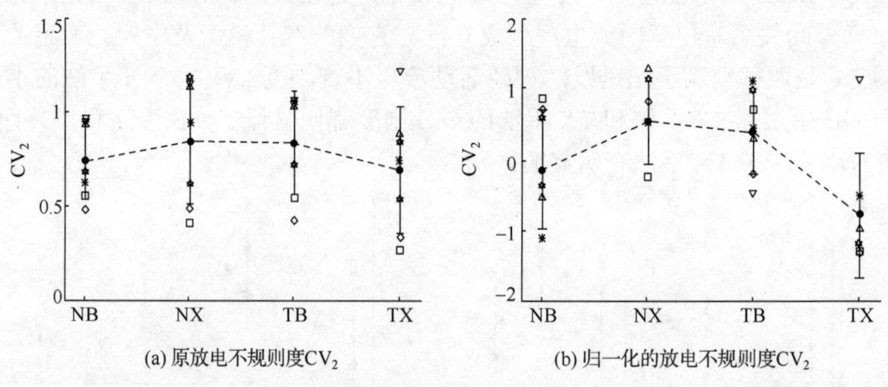

(a) 原放电不规则度CV_2　　(b) 归一化的放电不规则度CV_2

图 7.7　四种针刺手法的放电不规则度 CV_2 的统计分析

7.2.4　平均不规则度

最近学者提出了另一个不规则度(irregularity，IR)，它同样不受放电率调节的影响。研究表明，与 LV 相似，不规则度 IR 能够测量随着时间和动作环境变化的瞬时放电不规则性。IR 定义为

$$IR = \frac{1}{\ln 4} \frac{1}{N} \sum_{i=1}^{N} \left| \ln\left(\frac{T_i}{T_{i+1}}\right) \right| \tag{7-8}$$

其中，T_i为峰峰间期。$|\cdot|$代表绝对值，ln 是自然对数，$\ln 4$是归一化因子。对于无限长的纯泊松事件序列，IR=1；对于完全的周期序列，$IR = 0$ [21]。不规则度 IR 应用在两个相邻区间的整个时间间隔上；然而，为了方便计算，将中间放电的放电时刻看做一个事件点。虽然有关 IR 性质的数值仿真应用的是 Gamma 分布产生的峰峰间期序列，但是对于符合任意概率分布的峰峰间期序列，IR 都是独立于峰峰间期的放电率的。

图 7.8 是四种针刺手法诱发的神经活动放电不规则度 IR 值。NX 手法和 TX 手法能够明显地区分出来。虽然 NB 手法和 TB 手法的值都接近于零，但是 NB 手法的值为负值，TB 手法的值为正值。因此能够对 NB 手法和 TB 手法进行有效的区分。

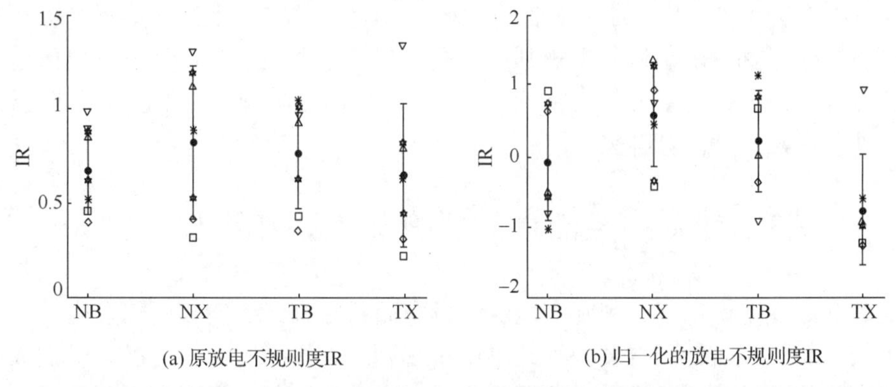

(a) 原放电不规则度IR　　(b) 归一化的放电不规则度IR

图 7.8　四种针刺手法的放电不规则度 IR 的统计分析

放电不规则度 SI、LV 和 CV_2 与 Gamma 分布的形状参数有关。另外，相比于全局测度 CV，局部测度 SI、LV、CV_2 和 IR 在放电率涨落过程中对放电不规则性的检测是不变的。因此应用这些测度研究不同针刺手法诱发的神经放电峰峰间期序列是恰当的。本章联合应用四种不规则度来区分不同针刺手法，以期使它们能够相互证明。

图 7.9 给出四种针刺手法的四种不规则度的直方图。图 7.9(a) 为原放电不规则度，图 7.9(b) 为归一化后的放电不规则度。由图中可以看出，对于各个针刺手法，每一个测度都具有大致相同统计直方图分布，即结果相互证明是一致的。因此可以得出，四种不规则度能够正确有效地提取各个针刺手法的电信号特征。

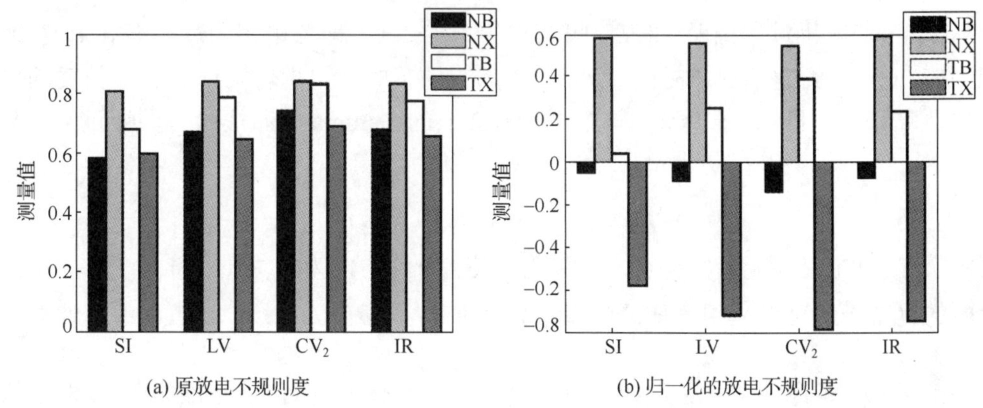

(a) 原放电不规则度　　(b) 归一化的放电不规则度

图 7.9　四种针刺手法的四种放电不规则度的统计分析

从图 7.9(b) 可以得出下面的统计分析结果。NB 手法诱发放电的四种不规则度分布于区间[−0.2,0]内；NX 手法诱发放电的四种不规则度都接近于 0.6，即它们有最好的一致性；TB 手法诱发放电的不规则四种度之间差异较大；TX 手法诱发放电的不规则度分布于区间[−0.8,−0.6]内。NX 手法和 TX 手法具有较大的不规则度绝对值，而 NB 手法和 TB 手法的则较小。另外，NB 手法和 TX 手法的不规则度都是负值，而 NX 手法和 TB 手法的不规则度都是正值。根据上述分析可以得出放电不规则度的差异取决于针刺手法的内在特征，不同针刺手法与不同的放电不规则度相关。因此，四种手法易被区分开来。

7.3　针刺神经活动的时变放电率和不规则度

实验观测发现，每下针刺刺激能够诱发脊髓背根神经元簇放电的发生，即放电率发生较大变化。而针刺诱发的神经放电不规则度是否随时间变化以及时变放电率与不规则度的关系有待研究。本节期望应用时变放电率与不规则度来刻画不同手法的针刺刺激。

最新的研究表明体内神经元放电不是精确的泊松随机现象。并且，单神经元具有特定的放电不规则性，即不规则度并不随着时间变化以及放电率的调节而变化[22]。相反的研究表明，放电不规则性不仅随时间变化，而且与神经活动背景有关。本书引入的 Shimokawa 和 Shinomoto 提出的贝叶斯估计框架能够同时捕捉时变的放电率与不规则度，并且已经证明单个神经元的放电不规则性具有确定的系统趋势，即不规则度随着放电率的变化而变化。因此，本节应用贝叶斯估计框架估计针刺神经放电序列的时变放电率与不规则度。

7.3.1　贝叶斯方法估计框架

Gamma 随机过程由两个依赖于时间的参数刻画，即放电率 $\lambda(t)$ 和不规则度(或规则度) $\kappa(t)$。给定单放电时间序列 $\{t_i\}_{i=0}^{n}$，应用贝叶斯定理将条件分布函数反演可以估计参数 $\lambda(t)$ 和 $\kappa(t)$。令 $\lambda(t)=1$，则 1.1.2 节的 Gamma 分布形状参数通过 κ 参数化为

$$f_\kappa(x)=\kappa(\kappa x)^{\kappa-1}\mathrm{e}^{-\kappa x}/\Gamma(\kappa) \tag{7-9}$$

其中，$f_\kappa(x)$ 定义为无量纲变量 x 的函数，使得 x 的均值为单位 1。需要注意的是，下面的框架一般可以应用到任意的参数化分布族，如逆 Gaussian 分布族或自然对数分布族。

接下来，考虑放电率 $\lambda(t)$ 和放电不规则度 $\kappa(t)$ 作为时间的显函数被独立调节的情况。对于具有给定依赖于时间的放电率 $\lambda(t)$ 的更新 Gamma 过程，可以通过改变时间尺度构建放电率波动的 Gamma 过程[23, 24]。已知前一放电的发生时刻 t_{i-1}，放电

发生在时刻 t_i 的条件概率由下式得到

$$h(t_i \mid t_{i-1};\{\lambda(t)\},\{\kappa(t)\}) = \lambda(t_i) f_{\kappa(t_{i-1})}(\Lambda(t_i) - \Lambda(t_{i-1})) \tag{7-10}$$

其中，$\Lambda(t) \equiv \int_0^t \lambda(u)\mathrm{d}u$。另外，假设不规则度参数 κ 在一个峰峰间期内不变。已知两个依赖于时间的参数 $\lambda(t)$ 和 $\kappa(t)$，在时刻 $\{t_i\}_{i=0}^n$ 发生放电的概率为条件概率的乘积定义为

$$p(\{t_i\}_{i=0}^n \mid \{\lambda(t)\},\{\kappa(t)\}) = \prod_{i=1}^n h(t_i \mid t_{i-1};\{\lambda(t)\},\{\kappa(t)\}) \tag{7-11}$$

已知放电序列 $\{t_i\}_{i=0}^n$，应用贝叶斯公式对式(7-11)中的条件分布求逆，从而估计依赖于时间的参数 $\lambda(t)$ 和 $\kappa(t)$

$$p(\{\lambda(t)\},\{\kappa(t)\} \mid \{t_i\}_{i=0}^n;\gamma_\lambda,\gamma_\kappa) = \frac{p(\{t_i\}_{i=0}^n \mid \{\lambda(t)\},\{\kappa(t)\}) p(\{\lambda(t)\};\gamma_\lambda) p(\{\kappa(t)\};\gamma_\kappa)}{p(\{t_i\}_{i=0}^n;\gamma_\lambda,\gamma_\kappa)} \tag{7-12}$$

为了独立调节参数 $\lambda(t)$ 和 $\kappa(t)$，下面引入其 Gaussian 过程先验分布及其大的惩罚梯度

$$p(\{\lambda(t)\};\gamma_\lambda) = \frac{1}{Z(\gamma_\lambda)} \exp\left[-\frac{1}{2\gamma_\lambda^2}\int_0^T \left(\frac{\mathrm{d}\lambda(t)}{\mathrm{d}t}\right)^2 \mathrm{d}t\right] \tag{7-13}$$

$$p(\{\kappa(t)\};\gamma_\kappa) = \frac{1}{Z(\gamma_\kappa)} \exp\left[-\frac{1}{2\gamma_\kappa^2}\int_0^T \left(\frac{\mathrm{d}\kappa(t)}{\mathrm{d}t}\right)^2 \mathrm{d}t\right] \tag{7-14}$$

其中，γ_λ 和 γ_κ 是超参数，分别代表放电率和不规则度的时间梯度[25, 26]。

已知一个放电序列 $\{t_i\}_{i=0}^n$，通过最大化(边缘)似然函数，能够确定超参数 γ_λ 和 γ_κ

$$\begin{aligned} p(\{t_i\}_{i=0}^n;\gamma_\lambda,\gamma_\kappa) = \iint & p(\{t_i\}_{i=0}^n \mid \{\lambda(t)\},\{\kappa(t)\}) p(\{\lambda(t)\};\gamma_\lambda) \\ & \times p(\{\kappa(t)\};\gamma_\kappa) d\{\lambda(t)\} d\{\kappa(t)\} \end{aligned} \tag{7-15}$$

当超参数确定后，可获得放电率 $\lambda(t)$ 和不规则度 $\kappa(t)$ 的最大后验估计，即最大化它们的后验分布

$$p(\{\lambda(t)\},\{\kappa(t)\} \mid \{t_i\}_{i=0}^n;\gamma_\lambda,\gamma_\kappa) \propto p(\{t_i\}_{i=0}^n \mid \{\lambda(t)\},\{\kappa(t)\}) p(\{\lambda(t)\};\gamma_\lambda) p(\{\kappa(t)\};\gamma_\kappa) \tag{7-16}$$

7.3.2　执行贝叶斯估计的数值方法

本节构建实现经验贝叶斯估计的算法。首先，应用 EM 方法最大化边缘似然函

数。通过 EM 方法确定超参数后，应用松弛方法获得依赖于时间的放电率和不规则度的估计。通过最大化边缘似然获得描述放电率和不规则度波动程度的超参数 $\gamma \equiv (\gamma_\lambda, \gamma_\kappa)$。假设 $\lambda(t)$ 和 $\kappa(t)$ 的分布满足 Gaussian 分布，则可以应用 EM 方法和卡尔曼滤波来执行选择超参数 γ 的算法。

假设代表放电率和不规则度的参数 $\boldsymbol{\theta} \equiv (\lambda, \kappa)^{\mathrm{T}}$ 在各个峰峰间期中无剧烈波动变化，通过离散化每一个事件发生的时间坐标，执行方程的边缘路径积分。因此，事件的发生可以作为状态-空间模型或隐含马尔可夫模型处理，在模型中 $\{\boldsymbol{\theta}_i \equiv \boldsymbol{\theta}(t_i)\}_{i=0}^{n-1}$ 为状态或隐含变量，$\{T_i \equiv t_{i+1} - t_i\}_{i=0}^{n-1}$ 为观测值。已知先验分布（式(7-13)和式(7-14)），状态转化可表达为

$$p(\lambda_{j+1} \mid \lambda_j; \gamma_\lambda) = \frac{1}{\sqrt{2\pi\gamma_\lambda^2 T_j}} \exp\left[-\frac{(\lambda_{j+1} - \lambda_j)}{2\gamma_\lambda^2 T_j}\right] \tag{7-17}$$

$$p(\kappa_{j+1} \mid \kappa_j; \gamma_\kappa) = \frac{1}{\sqrt{2\pi\gamma_\kappa^2 T_j}} \exp\left[-\frac{(\kappa_{j+1} - \kappa_j)}{2\gamma_\kappa^2 T_j}\right] \tag{7-18}$$

或者

$$p(\boldsymbol{\theta}_{j+1} \mid \boldsymbol{\theta}_j; \gamma) = \frac{1}{\sqrt{2\pi |\boldsymbol{Q}_j|}} \exp\left[-\frac{1}{2}(\boldsymbol{\theta}_{j+1} - \boldsymbol{\theta}_j)^{\mathrm{T}} \boldsymbol{Q}_j^{-1} (\boldsymbol{\theta}_{j+1} - \boldsymbol{\theta}_j)\right] \tag{7-19}$$

$$\boldsymbol{Q}_j = \begin{pmatrix} \gamma_\lambda^2 T_j & 0 \\ 0 & \gamma_\kappa^2 T_j \end{pmatrix} \tag{7-20}$$

相应的状态方程可以写为

$$\boldsymbol{\theta}_{j+1} = \boldsymbol{\theta}_j + w_j \tag{7-21}$$

其中，w_j 是均值为 0、方差-协方差矩阵为 $\boldsymbol{Q}_j$ 的 Gaussian 白噪声。在该框架下，式(7-10)相当于观测方程，其中各个区间 T_j 在状态 $\boldsymbol{\theta}_j = (\lambda_j, \kappa_j)^{\mathrm{T}}$ 下观测为

$$p(T_j \mid \boldsymbol{\theta}_j) = h(t_{j+1} | t_j; \lambda_j, \kappa_j) = \frac{\lambda_j^{\kappa_j} \kappa_j^{\kappa_j}}{\Gamma(\kappa_j)} T_j^{\kappa_j - 1} \exp(-\lambda_j \kappa_j T) \tag{7-22}$$

采用 EM 算法寻找模型中依赖于隐含变量的参数的最大似然估计。在模型中，当隐含变量为放电率和不规则度参数 $\{\boldsymbol{\theta}_i\}_{i=0}^{n-1}$ 时，观测变量为峰峰间期序列 $\{T_i\}_{i=0}^{n-1}$。在 EM 算法中，超参数 $\gamma \equiv (\gamma_\lambda, \gamma_\kappa)^{\mathrm{T}}$ 集合决定放电率和不规则度的平滑性，可以通过迭代的最大化对数似然的期望值确定，即 $\boldsymbol{Q}$ 函数

$$
\begin{aligned}
\boldsymbol{Q}(\gamma \mid \gamma^{(p)}) &= E\left[\log p(\{T_j\}_{j=0}^{n-1}, \{\boldsymbol{\theta}_j\}_{j=0}^{n-1}; \gamma) \mid \{T_i\}_{i=0}^{n-1}; \gamma^{(p)}\right] \\
&= E\left[\sum_{j=0}^{n-2} \log p(\boldsymbol{\theta}_{j+1} \mid \boldsymbol{\theta}_j; \gamma) + \sum_{j=0}^{n-1} \log p(T_i; \boldsymbol{\theta}_j) \mid \{T_i\}_{i=0}^{n-1}; \gamma^{(p)}\right]
\end{aligned} \tag{7-23}
$$

其中，$\gamma^{(p)} = (\gamma_\lambda^{(p)}, \gamma_\kappa^{(p)})^{\mathrm{T}}$ 为第 p 次迭代的超参数集合。通过最大化 Q 函数或者等价地使 $\boldsymbol{Q}$ 函数满足条件 $\mathrm{d}\boldsymbol{Q}/\mathrm{d}\gamma = 0$，获得第 $p+1$ 个 γ

$$
\gamma_\lambda^{(p+1)} = \frac{1}{n-1}\left\{\sum_{j=0}^{n-2} \frac{1}{T_j} E[(\lambda_{j+1} - \lambda_j)^2 \mid \{T_i\}_{i=0}^{n-1}; \gamma^{(p)}]\right\}^{-1} \tag{7-24}
$$

$$
\gamma_\kappa^{(p+1)} = \frac{1}{n-1}\left\{\sum_{j=0}^{n-2} \frac{1}{T_j} E[(\kappa_{j+1} - \kappa_j)^2 \mid \{T_i\}_{i=0}^{n-1}; \gamma^{(p)}]\right\}^{-1} \tag{7-25}
$$

假设 $\lambda(t)$ 和 $\kappa(t)$ 的分布为 Gaussian 分布，应用状态-空间模型以及卡尔曼滤波和平滑算法，可以获得式(7-24)和式(7-25)中的期望值。应用卡尔曼滤波确定超参数是可行的，因为它只要求计算数据个数的线性次序 $O(n)$。

卡尔曼滤波和平滑算法：为了应用 EM 算法(式(7-24)和式(7-25))，在给定事件间期 $\{T_i\}_{i=0}^{n-1}$ 和超参数 $\gamma^{(p)}$ 的条件下需要调节概率分布。在 Gaussian 假设下，可以将卡尔曼滤波和平滑算法用于分布的均值、方差和协方差获得条件分布，定义为

$$
\boldsymbol{\theta}_{j|l} \equiv E\left[\boldsymbol{\theta}_j \middle| \{T_i\}_{i=0}^{l}; \gamma^{(p)}\right] \tag{7-26}
$$

$$
\boldsymbol{V}_{j|l} \equiv E\left[\left\{\boldsymbol{\theta}_j - \boldsymbol{\theta}_{j|l}\right\}\left\{\boldsymbol{\theta}_j - \boldsymbol{\theta}_{j|l}\right\}^{\mathrm{T}} \middle| \{T_i\}_{i=0}^{l}; \gamma^{(p)}\right] \tag{7-27}
$$

$$
\boldsymbol{V}_{j,k|l} \equiv E\left[\left\{\boldsymbol{\theta}_j - \boldsymbol{\theta}_{j|l}\right\}\left\{\boldsymbol{\theta}_k - \boldsymbol{\theta}_{k|l}\right\}^{\mathrm{T}} \middle| \{T_i\}_{i=0}^{l}; \gamma^{(p)}\right] \tag{7-28}
$$

预测

$$
\boldsymbol{\theta}_{j|j-1} = \boldsymbol{\theta}_{j-1|j-1} \tag{7-29}
$$

$$
\boldsymbol{V}_{j|j-1} = \boldsymbol{V}_{j-1|j-1} + \boldsymbol{Q}_{j-1} \tag{7-30}
$$

滤波：算法递归地计算后验概率密度

$$
\begin{aligned}
p(\boldsymbol{\theta}_j \mid \{T_i\}_{i=0}^{j}) &= \frac{p(\boldsymbol{\theta}_j \mid \{T_i\}_{i=0}^{j-1}) p(T_j \mid \boldsymbol{\theta}_j, \{T_i\}_{i=0}^{j-1})}{p(T_j \mid \{T_i\}_{i=0}^{j-1})} \\
&\propto p(\boldsymbol{\theta}_j \mid \{T_i\}_{i=0}^{j-1}) p(T_j \mid \boldsymbol{\theta}_j)
\end{aligned} \tag{7-31}
$$

假设 $p(\boldsymbol{\theta}_j \mid \{T_i\}_{i=0}^{j-1})$ 是高斯的，后验概率密度对数可以表达为

$$\log p(\boldsymbol{\theta}_j \mid \{T_i\}_{i=0}^{j}) = \left[-\frac{1}{2}(\boldsymbol{\theta}_j - \boldsymbol{\theta}_{j|j-1})^{\mathrm{T}} V_{j|j-1}^{-1}(\boldsymbol{\theta}_j - \boldsymbol{\theta}_{j|j-1})\right] + \log p(T_j \mid \boldsymbol{\theta}_j) + \text{const} \tag{7-32}$$

通过进一步假设后验概率密度 $p(\boldsymbol{\theta}_j \mid \{T_i\}_{i=0}^{j})$ 是高斯的，均值 $\boldsymbol{\theta}_{j|j}$ 和方差 $\boldsymbol{V}_{j|j}$ 由后验概率密度对数的模和二阶导数的负逆给出如下

$$\frac{\mathrm{d}}{\mathrm{d}\boldsymbol{\theta}_j}\log p(\boldsymbol{\theta}_j \mid \{T_i\}_{i=0}^{j})\big|_{\boldsymbol{\theta}_j=\boldsymbol{\theta}_{j|j}} = 0 \tag{7-33}$$

$$\boldsymbol{V}_{j|j} = \left[\frac{\mathrm{d}^2}{\mathrm{d}\boldsymbol{\theta}_j^2}\log p(\boldsymbol{\theta}_j \mid \{T_i\}_{i=0}^{j})\big|_{\boldsymbol{\theta}_j=\boldsymbol{\theta}_{j|j}}\right]^{-1} \tag{7-34}$$

固定区间平滑算法[27]

$$\boldsymbol{\theta}_{i|n} = \boldsymbol{\theta}_{i|i} + \boldsymbol{A}_i(\boldsymbol{\theta}_{i+1|n} - \boldsymbol{\theta}_{i+1|i}) \tag{7-35}$$

$$\boldsymbol{V}_{i|n} = \boldsymbol{V}_{i|i} + \boldsymbol{A}_i(\boldsymbol{V}_{i+1|n} - \boldsymbol{V}_{i+1|i})\boldsymbol{A}_i^{\mathrm{T}} \tag{7-36}$$

其中

$$\boldsymbol{A}_i = \boldsymbol{V}_{i|i}\boldsymbol{V}_{i+1|i}^{-1} \tag{7-37}$$

协方差算法

$$\boldsymbol{V}_{i+1,i|n} = \boldsymbol{A}_i\boldsymbol{V}_{i+1|n} \tag{7-38}$$

根据上述这些方程可以得到式(7-24)和式(7-25)的方差

$$E[(\lambda_{j+1} - \lambda_j)^2 \mid \{T_i\}_{i=0}^{n-1}; \gamma^{(p)}] = \boldsymbol{V}_{j+1|n-1}^{(1,1)} - 2\boldsymbol{V}_{j+1,j|n-1}^{(1,1)} + \boldsymbol{V}_{j|n-1}^{(1,1)} - (\boldsymbol{\theta}_{j+1|n-1}^{(1)} - \boldsymbol{\theta}_{j|n-1}^{(1)})^2 \tag{7-39}$$

$$E[(\kappa_{j+1} - \kappa_j)^2 \mid \{T_i\}_{i=0}^{n-1}; \gamma^{(p)}] = \boldsymbol{V}_{j+1|n-1}^{(2,2)} - 2\boldsymbol{V}_{j+1,j|n-1}^{(2,2)} + \boldsymbol{V}_{j|n-1}^{(2,2)} - (\boldsymbol{\theta}_{j+1|n-1}^{(2)} - \boldsymbol{\theta}_{j|n-1}^{(2)})^2 \tag{7-40}$$

通过卡尔曼滤波和平滑算法确定超参数之后，可以通过松弛方法求解依赖于时间的放电率和不规则度的估计值[28, 29]。

为了最大化后验分布(式(7-16))，放电率和不规则度应该满足下面的微分方程

$$\frac{1}{\gamma_\lambda^2}\frac{\mathrm{d}^2\hat{\lambda}(t)}{\mathrm{d}t^2} = \sum_{i=1}^{n}\left\{\hat{\kappa}(t_{i-1}) - \frac{\hat{\kappa}(t_{i-1}) - 1}{\int_{t_{i-1}}^{t_i}\hat{\lambda}(u)\,\mathrm{d}u}\right\}I_{(t_{i-1},t_i]}(t) - \sum_{i=1}^{n}\frac{\delta(t-t_i)}{\hat{\lambda}(t_i)} \tag{7-41}$$

$$\frac{1}{\gamma_\kappa^2}\frac{\mathrm{d}^2\hat{\kappa}(t)}{\mathrm{d}t^2} = \sum_{i=1}^{n}\left\{1 - \int_{t_{i-1}}^{t_i}\hat{\lambda}(u)\,\mathrm{d}u + \log\int_{t_{i-1}}^{t_i}\hat{\lambda}(u)\,\mathrm{d}u + \log\hat{\kappa}(t_{i-1}) - \psi(\hat{\kappa}(t_{i-1}))\right\}\delta(t-t_i) \tag{7-42}$$

其中，$\psi(x)$ 为 Digamma 函数，并且

$$I_{(t_{i-1},t_i]}(t)=\begin{cases}1, & 如果 t\in(t_{i-1},t_i]\\ 0, & 其他\end{cases} \tag{7-43}$$

式(7-41)和式(7-42)能够在放电发生时被转化为状态变量的递归方程，并且整个计算的复杂性也是与数据量线性同级的。在松弛方法基础上构建的实际数值算法如下：放电率和不规则度的路径方程可以与下面定义在放电发生 $\boldsymbol{\Theta}_i\equiv(\lambda(t_i),\dot{\lambda}(t_i),\kappa(t_i),\dot{\kappa}(t_i))$ 情况下的状态变量的递归方程相连

$$\boldsymbol{\Theta}_{i+1}=F_i(\boldsymbol{\Theta}_i,\boldsymbol{\Theta}_{i+1}) \tag{7-44}$$

或者，更明确地

$$\lambda(t_{i+1})=\lambda(t_i)+\dot{\lambda}(t_i)T_i+\frac{1}{2}R(\boldsymbol{\Theta}_i,\boldsymbol{\Theta}_{i+1})T_i^2 \tag{7-45}$$

$$\dot{\lambda}(t_{i+1})=\dot{\lambda}(t_i)+R(\boldsymbol{\Theta}_i,\boldsymbol{\Theta}_{i+1})T_i-\frac{\gamma_\lambda^2}{\lambda(t_{i+1})} \tag{7-46}$$

$$\kappa(t_{i+1})=\kappa(t_i)+\dot{\kappa}(t_i)T_i \tag{7-47}$$

$$\dot{\kappa}(t_{i+1})=\dot{\kappa}(t_i)-U(\boldsymbol{\Theta}_i,\boldsymbol{\Theta}_{i+1}) \tag{7-48}$$

其中

$$R_i(\boldsymbol{\Theta}_i,\boldsymbol{\Theta}_{i+1})\equiv\gamma_\lambda^2\left\{\kappa(t_i)-\frac{\kappa(t_i)-1}{\Lambda(\boldsymbol{\Theta}_i,\boldsymbol{\Theta}_{i+1})}\right\} \tag{7-49}$$

$$\begin{aligned}U(\boldsymbol{\Theta}_i,\boldsymbol{\Theta}_{i+1})\equiv\gamma_\kappa^2\{&1-\Lambda(\boldsymbol{\Theta}_i,\boldsymbol{\Theta}_{i+1})\\&+\log\Lambda(\boldsymbol{\Theta}_i,\boldsymbol{\Theta}_{i+1})+\log\kappa(t_i)-\psi(\kappa(t_i))\}\end{aligned} \tag{7-50}$$

$$\Lambda(\boldsymbol{\Theta}_i,\boldsymbol{\Theta}_{i+1})\equiv\lambda(t_i)T_i+\frac{1}{6}\left\{\dot{\lambda}(t_{i+1})+2\dot{\lambda}(t_i)+\frac{\gamma_\lambda^2}{\lambda(t_{i+1})}\right\}T_i^2 \tag{7-51}$$

原则上，通过打靶法求解递归方程是可行的。然而，对于大量事件发生的序列，寻找不会导致发散的初始条件难度较大。应用下面的松弛方法求解递归方程[30]，其中初始值是将 Gaussian 近似下卡尔曼滤波和平滑算法获得的临时解。假设临时解 $\{\tilde{\boldsymbol{\Theta}}_i\}$ 与真实状态 $\{\tilde{\boldsymbol{\Theta}}_i\}$ 接近

$$\hat{\boldsymbol{\Theta}}_i=\tilde{\boldsymbol{\Theta}}_i+\Delta\boldsymbol{\Theta}_i \tag{7-52}$$

并且利用推演算法消除临时状态与真实解之间的偏差。偏差 $\Delta\boldsymbol{\Theta}_i$ 满足关系

$$\boldsymbol{\nabla}_i\boldsymbol{F}_i\Delta\boldsymbol{\Theta}_i+(\nabla_{i+1}F_i-1)\Delta\boldsymbol{\Theta}_{i+1}=\boldsymbol{E}_i \tag{7-53}$$

其中，$\boldsymbol{E}_i \equiv \tilde{\boldsymbol{\Theta}}_{i+1} - \boldsymbol{F}_i(\tilde{\boldsymbol{\Theta}}_i, \tilde{\boldsymbol{\Theta}}_{i+1})$ 和 $\boldsymbol{\nabla}_i \boldsymbol{F}_i \equiv \boldsymbol{\nabla}_{\Theta_j} \boldsymbol{F}_i(\boldsymbol{\Theta}_i, \boldsymbol{\Theta}_{i+1})|_{\boldsymbol{\Theta}_i=\tilde{\boldsymbol{\Theta}}_i, \boldsymbol{\Theta}_{i+1}=\tilde{\boldsymbol{\Theta}}_{i+1}}$。关系式(7-53)可以概括如下

$$\begin{bmatrix} \nabla_0 F_0 & \nabla_1 F_0 - 1 & 0 & \cdots & 0 \\ 0 & \nabla_1 F_1 & \nabla_2 F_1 - 1 & & 0 \\ \vdots & & \vdots & & \vdots \\ 0 & \cdots & 0 & \nabla_{n-1} F_{n-1} & \nabla_n F_{n-1} - 1 \end{bmatrix} \begin{bmatrix} \Delta\boldsymbol{\Theta}_0 \\ \Delta\boldsymbol{\Theta}_1 \\ \vdots \\ \Delta\boldsymbol{\Theta}_n \end{bmatrix} = \begin{bmatrix} E_0 \\ E_1 \\ \vdots \\ E_n \end{bmatrix} \tag{7-54}$$

当矩阵是分块对角矩阵时，方程集合能以 $O(n)$ 的计算复杂度得出。将从方程中获得的 $\Delta\boldsymbol{\Theta}_i$ 添加进去来修正临时解 $\tilde{\boldsymbol{\Theta}}_i$。通过以 $O(n)$ 计算复杂度重复该松弛算法可以获得递归方程的解。

如果得到了 $\{\hat{\boldsymbol{\Theta}}_i\}$，在各个区间 $t \in (t_i, t_{i+1}]$ 可以按下式获得

$$\hat{\lambda}(t) = \hat{\lambda}(t_i) + \hat{\dot{\lambda}}(t_i)(t - t_i) + \frac{1}{2} R(\hat{\boldsymbol{\Theta}}_i, \hat{\boldsymbol{\Theta}}_{i+1})(t - t_i)^2 \tag{7-55}$$

$$\hat{\kappa}(t) = \hat{\kappa}(t_i) + \hat{\dot{\kappa}}(t_i)(t - t_i) \tag{7-56}$$

7.4　针刺神经放电特征分析

通过计算不同针刺手法的四种局部放电不规则度，结果表明不同针刺手法具有特定的不规则度特征。本节进一步应用贝叶斯方法同步估计针刺诱发的单神经元放电序列的瞬时不规则度和瞬时放电率，显示不同针刺手法诱发神经放电序列的瞬时特征。文献[30]通过估计仿真数据参数以及对生物数据的分析表明上述贝叶斯方法具有良好的适用性。

为了获得不同针刺手法诱发神经放电的瞬时不规则度和瞬时放电率估计，本节应用贝叶斯方法分析不同手法针刺单次实验的各个放电序列。图 7.10 为不同针刺手法诱发神经活动的放电特征信息。当放电活动增加时，事件发生模式由不规则(低 κ 值)转变成规则(高 κ 值)。贝叶斯方法能够成功地捕捉放电模式的转换以及放电活动的变化。图中显示 NX 针刺手法的单个神经元的放电不规则度相比于另外三种针刺手法变化较窄。单神经元的放电不规则度与放电率具有微妙的相关性，当放电率增加时，放电趋向于更加规则的状态。

为了根据估计的瞬时放电率 $\hat{\lambda}$ 和瞬时不规则度 $\hat{\kappa}$ 两个特征刻画不同的针刺手法，将每一个放电上的放电不规则度和放电率映射为平面 $\{\lambda, \kappa\}$ 上的散点图(如图 7.11 所示)。可以明显看出不同针刺手法位于不同的分布区域。因此，不同针刺手法诱发神经放电的差异可以通过瞬时放电率和瞬时不规则度及其散点分布图刻画。

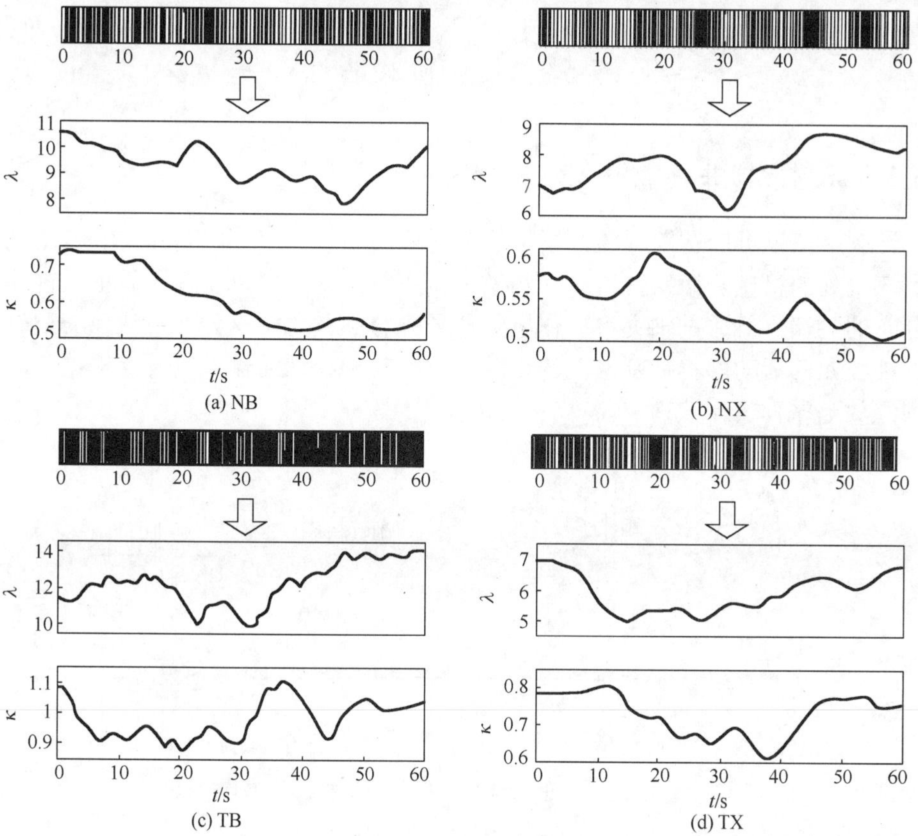

(a) NB　　(b) NX

(c) TB　　(d) TX

图 7.10　不同针刺手法诱发的单神经元放电序列的时变放电率与时变不规则度估计

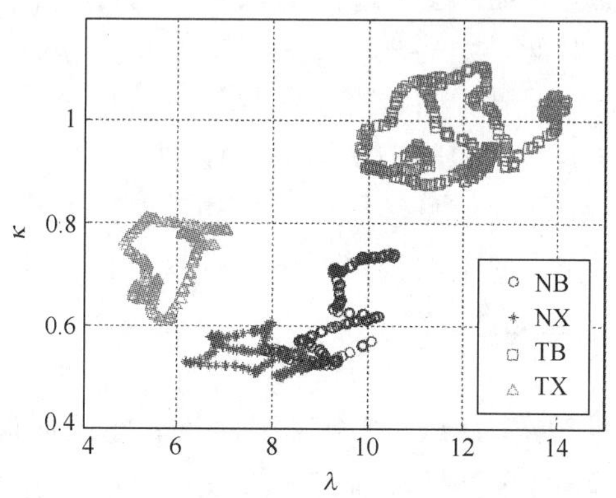

图 7.11　$\{\lambda,\kappa\}$ 平面中不同针刺手法的每一个放电时刻上估计的 $\hat{\lambda}$ 和 $\hat{\kappa}$ 的散点分布图

7.5　针刺输入估计

7.5.1　针刺虚拟非平稳输入估计

针刺足三里可以诱发脊髓背根神经节的电活动，产生动作电位。如图 7.12 所示，当足三里处的机械刺激感受器对针刺做出响应时，动作电位发端于假单极神经元外周分支的尖端，再通过轴突将动作电位传导到脊髓背角中枢分支，从而支配脊髓中二阶神经元的活动。将针刺诱发的启动电位作为神经元的输入电流，根据实验记录的神经放电序列估计该输入。

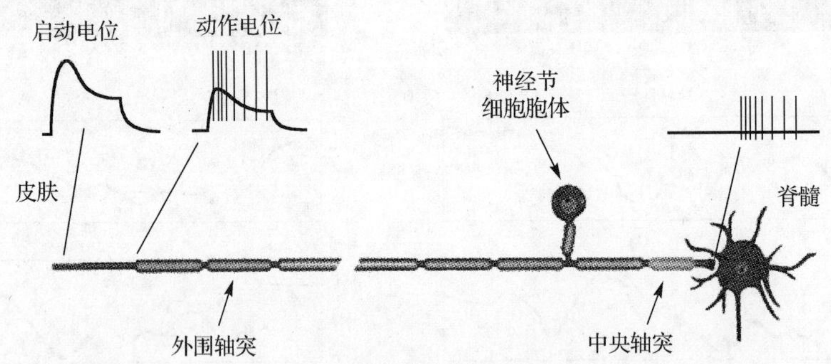

图 7.12　针刺足三里穴脊髓背根神经节神经放电响应过程

神经元实时整合输入信号，将其同步转化为输出放电。由于神经元的放电是非周期的，检查放电时间可以得到与输入信号相关的信息。一些数学方法虽然能够估计输入电流的均值和波动等输入参数，但是均以不实际的假设为基础，例如，假设突触前神经元的活动随时间是恒定的。文献[30]用两步分析法得到输入参数中的时间变化量。首先，用计算上可行的状态空间算法，从单个放电序列中估计非平稳的放电特性，其中包括放电频率和非泊松不规则度(取自上一节估计结果)。然后利用变换公式，把有关放电特征的信息转换成输入随着时间变化的输入参数，该公式的构建是将从输入电流到输出放电的神经元前向变换进行反演。

7.5.2　估计输入参数方法

假设神经元的输入参数为 $\boldsymbol{\Lambda}$，利用二维向量表示随时间变化的输入参数，则 $\boldsymbol{\Lambda}=\boldsymbol{\Lambda}(t)$ 通过非相关波动的均值和振幅定义为 $\boldsymbol{\Lambda}(t)=[\mu(t),\sigma(t)]$。此外，假设神经元在输入 $\boldsymbol{\Lambda}$ 作用下产生的放电时间序列为 $\{t_j\}_{j=0}^{n}=\{t_0,t_1,t_2,\cdots,t_n\}$。令 $s_j\equiv t_j-t_{j-1}$ 是第 j 个 ISI，且 $s=\{s_j\}_1^n$。$\boldsymbol{\Lambda}_j$ 表示输入参数在第 j 个尖峰放电时刻的值 $\boldsymbol{\Lambda}(t_j)$。本节引入从放电时间序列 $\{t_j\}_{j=0}^{n}$ 估计输入参数 $\boldsymbol{\Lambda}$ 的方法。

为了使估计方法适用于较大的数据集，设计了一个具有计算可行性的状态空间法，将估计的信息转换成输入电流的均值和波动。根据 7.3 节的分析，用如下的 Gamma 分布近似 ISI 分布 $P(s\mid\Lambda)$

$$g(s\mid\lambda,\kappa)\propto(\kappa\lambda s)^{\kappa-1}\exp(-\kappa\lambda s) \tag{7-57}$$

其中，λ 和 κ 是比例因子和形状因子，分别代表平均放电率和不规则度。应用状态空间方法估计这些放电特征，该方法不仅计算效率高而且能够处理较大的数据集。对于每个放电序列，可以得到放电率 $\hat{\lambda}(t)$ 和不规则度 $\hat{\kappa}(t)$ 的最大后验估计。

然后应用一组变换公式，把估计的放电特征信息转换成输入的均值 $\hat{\mu}(t)$ 和方差 $\hat{\sigma}(t)$

$$\mu=M(\lambda,\kappa),\qquad \sigma=S(\lambda,\kappa) \tag{7-58}$$

将输入信号到输出放电的神经元变换称为前向变化，即

$$\lambda=L(\mu,\sigma),\qquad \kappa=K(\mu,\sigma) \tag{7-59}$$

变换式(7-58)则是上述神经元前向变换式(7-59)的逆变换。前向变换通过将 Gamma 分布 $g(s\mid\lambda,\kappa)$ 拟合到放电神经元模型的 ISI 分布 $P(s\mid\mu,\sigma)$ 而获得，拟合过程中要求满足使 KL(Kullback-Leibler)偏差最小。通过求解以下关系式，可以获得分布拟合，从而构建出神经元前向变换

$$\int_0^{\infty}\mathrm{d}s\,sP(s\mid\mu,\sigma)=1/\lambda \tag{7-60}$$

$$\int_0^{\infty}\mathrm{d}s(\log s)P(s\mid\mu,\sigma)-\log\left(\int_0^{\infty}\mathrm{d}s\,sP(s\mid\mu,\sigma)\right)=\psi(\kappa)-\log(\kappa) \tag{7-61}$$

其中，$\psi(\kappa)$ 是 Digamma 函数。

下面将对特定的 Gamma 分布族推导式(7-60)和式(7-61)，即基于 KL 偏差最小原则，推导一个将两参数指数分布族 $f(s\mid\theta^1,\theta^2)$ 拟合到放电神经元模型 $P(s\mid\Lambda)$ 的 ISI 分布的一般方法。

两参数指数族表达式如下

$$\begin{aligned}f(s\mid\theta^1,\theta^2)=\exp\Big[&\eta^1(\theta^1,\theta^2)A^1(s)\\&+\eta^2(\theta^1,\theta^2)A^2(s)-B(\theta^1,\theta^2)+C(s)\Big]\end{aligned} \tag{7-62}$$

其中，η^1 和 η^2 称为自然参数，$A^1(s)$ 和 $A^2(s)$ 是充分统计量。通过将 $P(s\mid\Lambda)$ 到 $f(s\mid\theta^1,\theta^2)$ 之间 KL 偏差最小化，自然参数 (η^1,η^2) 能够与输入参数 Λ 连接。在参数坐标系 θ^1 和 θ^2 中取极值相当于在自然参数 η^1 和 η^2 的坐标系中取极值

$$\frac{\partial}{\partial\eta^k}\int P(s\mid\Lambda)\log\frac{P(s\mid\Lambda)}{f(s\mid\theta^1,\theta^2)}\mathrm{d}s=0 \tag{7-63}$$

其中，$k=1,2$。

将式(7-62)代入式(7-63)，获得

$$\int_0^\infty \mathrm{d}sA^k(s)P(s\,|\,\boldsymbol{\Lambda}) = \int_0^\infty \mathrm{d}sA^k(s)f(s\,|\,\theta^1,\theta^2) \tag{7-64}$$

其中，$k=1,2$。这意味着两个分布函数之间的充分统计应该是一致的。当考虑 Gamma 分布函数时，有

$$g(s\,|\,\lambda,\kappa) = \exp[-\lambda\kappa s + (\kappa-1)\log s + \kappa\log(\lambda\kappa) - \log\Gamma(\kappa)] \tag{7-65}$$

它的两个自然统计是 s 和 $\log(s)$，关系式(7-64)即为式(7-60)和式(7-61)。当用 Gamma 分布代替正态分布时，即

$$\begin{aligned} n(s\,|\,\lambda,\nu) = \exp\Big[&(\lambda/\nu^2)s - (\lambda^2/2\nu^2)s^2 \\ &+ \log(\lambda/\nu) - 1/2\nu^2 - (1/2)\log(2\pi)\Big] \end{aligned} \tag{7-66}$$

可得到另一个自然统计量集合 s 和 s^2。在此情况下，得到如下极值

$$\int_0^\infty \mathrm{d}ssP(s\,|\,\boldsymbol{\Lambda}) = 1/\lambda \tag{7-67}$$

$$\int_0^\infty \mathrm{d}ss^2P(s\,|\,\boldsymbol{\Lambda}) \Big/ \left(\int_0^\infty \mathrm{d}ssP(s\,|\,\boldsymbol{\Lambda})\right)^2 - 1 = \nu^2 \tag{7-68}$$

由于 λ 和 ν 分别代表平均放电率和变异系数，所以拟合 Gaussian 分布与 Inoue 等提出的方法是等效的。

7.5.3　放电特征到输入参数变换数值方法

实际上，变换公式由两步得到，第一步，通过 OU(Ornstein-Uhlenbeck)过程仿真获得经验 ISI 分布函数 $P(s\,|\,\mu,\sigma)$，用大量的可能输入参数 μ 和 σ 来估计放电特征；第二步，将式(7-59)逆变换获得式(7-58)。

为了从单个诱发放电序列中估计输入，需要一个神经元放电模型，模拟从输入到输出放电时间的转化。采用基本的 LIF 模型[31]，即

$$\tau_m \frac{\mathrm{d}V(t)}{\mathrm{d}t} = V_L - V(t) + RI(t) \tag{7-69}$$

$$\text{如果 } V(t) > V_{\mathrm{TH}}\text{，那么 } V(t) \to V_R \tag{7-70}$$

其中，τ_m、V_L、V_{TH}、V_R、R 和 $I(t)$ 分别代表膜时间常数、静息电位、阈值电位、复位电位、膜电阻和输入电流。设置模型参数的标准值：$\tau_m = 20\mathrm{ms}$ [32]、$V_L = -75\mathrm{mV}$ [33]、$V_{\mathrm{TH}} = -55\mathrm{mV}$ [34]、$V_R = V_{\mathrm{TH}} - 6 = -61\mathrm{mV}$ [35, 36]和 $R = 40\mathrm{M\Omega}$。

采用 Stein 模型来代表 LIF 神经元的输入，输入电流可被近似为一个扩散过程，由一个平均流和时间上不相关的(白噪声)波动 $\sigma\xi(t)$ [37, 38]组成，即

$$I(t) = \mu + \sigma\xi(t) \tag{7-71}$$

其中，$\xi(t)$ 是白噪声，满足统计特性 $\langle\xi(t)\rangle = 0$ 和 $\langle\xi(t)\xi'(t)\rangle = \delta(t-t')$。因此，当 LIF 模型的输入为不相关的波动电流时，ISI 分布相当于 OU 过程的首次超越时间分布。

由于任意的 OU 过程可以被线性转换为另一个过程，所以研究一个标准的 OU 过程包含了所有 OU 过程模型，即

$$\frac{\mathrm{d}U(x)}{\mathrm{d}x} = -U(x) + \mu + \sigma\xi(x) \tag{7-72}$$

$$\text{如果} U(x) > 1\text{，那么} U(x) \to 0 \tag{7-73}$$

因此，获得从输入均值和波动到输出放电率和不规则度的标准 OU 过程的前向变换式(7-59)，接着将该关系反转得到后向变换式(7-58)。

考虑具有不相关输入的 LIF 模型，可得到另一个 OU 过程，即

$$\tau_m \frac{\mathrm{d}V(t)}{\mathrm{d}t} = V_L - V(t) + RI(t) \tag{7-74}$$

$$\text{如果} V(t) > V_{\mathrm{TH}}\text{，那么} V(t) \to V_R \tag{7-75}$$

当建立标准 OU 过程的标准后向变换式(7-59)后，可以将其转换为如下形式从而适用于 LIF 模型这个特定的 OU 过程

$$\mu = M(\lambda\tau_m, \kappa)\frac{V_{\mathrm{TH}} - V_R}{R} + \frac{V_R - V_L}{R} \tag{7-76}$$

$$\sigma = S(\lambda\tau_m, \kappa)\sqrt{\tau_m}\frac{V_{\mathrm{TH}} - V_R}{R} \tag{7-77}$$

1. 从输入到输出的前向变换

通过从 ISIs 的分布 $P(s\,|\,\mu,\sigma)$ 中求解式(7-60)可以构建输入参数到输出放电特征的前向变换式(7-59)。对于 OU 过程，可以应用首次穿越时间分布的一阶矩公式计算放电率[39, 40]

$$\lambda^{-1} = \phi(\sqrt{2/\sigma^2}(1-\mu)) - \phi(-\sqrt{2/\sigma^2}\,\mu) \tag{7-78}$$

其中

$$\phi(z) = \begin{cases} \displaystyle\sum_{k=1}^{100} \frac{1}{2}\frac{(\sqrt{2}z)^k}{k!}\Gamma\left(\frac{k}{2}\right), & z > -5.7 \\ -\left(K_B + \log|z| + \displaystyle\sum_{k=1}^{10}\frac{b_k}{z^{2k}}\right), & z \leqslant -5.7 \end{cases} \tag{7-79}$$

$$K_B = 0.63518142\text{，}\quad b_k = \frac{(-1)^{k+1}(2k-1)!}{k!2^{k+1}} \tag{7-80}$$

此外，可以用分析方式获得放电不规则度κ。因此应该执行标准 OU 过程的数值仿真来获得大量的 ISIs $\{s_1, s_2, \cdots, s_N\}$，并且以数值方式解式(7-60)

$$\psi(\kappa) - \log(\kappa) = \sum_{i=1}^{N} \frac{\log(s_i)}{N} - \log\left(\sum_{i=1}^{N} \frac{s_i}{N}\right) \tag{7-81}$$

由于$\psi(\kappa) - \log(\kappa)$是单调增函数，能够用二分法获得式(7-81)的根。对于各个输入参数(μ, σ)，应用快速精确的仿真算法产生$N_s = 10^5$个 ISIs。

2. 从输出到输入的后向变换

后向变换式(7-58)可以通过将前向变换式(7-59)取逆变换获得。首先通过不同的输入参数(μ, σ)执行大量数值仿真获得放电特征(λ, κ)。为了近似数值仿真产生的大量采样点$\{\lambda_i, \kappa_i, \mu_i, \sigma_i\}$，选择$N_s = 100$个采样点构建简便的多重调和样条曲线[41]

$$M(\lambda, \kappa) = \sum_{i}^{N_s} \omega_i^{\mu} \varphi(r_i) + \upsilon_1^{\mu} + \upsilon_2^{\mu} \log\lambda + \upsilon_3^{\mu} \log\kappa \tag{7-82}$$

$$\log[S(\lambda, \kappa)] = \sum_{i=1}^{N_s} \omega_i^{\sigma} \varphi(r_i) + \upsilon_1^{\sigma} + \upsilon_2^{\sigma} \log\lambda + \upsilon_3^{\sigma} \log\kappa \tag{7-83}$$

其中，$r_i = \sqrt{(\log\lambda - \log\lambda_i)^2 + (\log\kappa - \log\kappa_i)^2}$，$\varphi(r) = r^3$是基函数，$\omega_i^{\mu}$和$\omega_i^{\sigma}$是基函数的$N_s$个权重，$\upsilon_i^{\mu}$和$\upsilon_i^{\sigma}$分别是输入参数$\mu$和$\sigma$多项式的三个权重。权重$\boldsymbol{\omega^{\mu}} = (\omega_1^{\mu}, \omega_2^{\mu}, \cdots, \omega_{N_s}^{\mu})^{\mathrm{T}}$和$\boldsymbol{\upsilon^{\mu}} = (\upsilon_1^{\mu}, \upsilon_2^{\mu}, \upsilon_3^{\mu})^{\mathrm{T}}$通过解方程的对称线性系统决定，即

$$\begin{pmatrix} \boldsymbol{A} & \boldsymbol{V}^{\mathrm{T}} \\ \boldsymbol{V} & \boldsymbol{0} \end{pmatrix} \begin{pmatrix} \boldsymbol{\omega^{\mu}} \\ \boldsymbol{\upsilon^{\mu}} \end{pmatrix} = \begin{pmatrix} \boldsymbol{y} \\ \boldsymbol{0} \end{pmatrix} \tag{7-84}$$

其中

$$\boldsymbol{y} = (\mu_1, \mu_2, \cdots, \mu_{N_s})^{\mathrm{T}} \tag{7-85}$$

$$\boldsymbol{V} = \begin{pmatrix} 1 & 1 & \cdots & 1 \\ \log\lambda_1 & \log\lambda_2 & \cdots & \log\lambda_3 \\ \log\kappa_1 & \log\kappa_2 & \cdots & \log\kappa_3 \end{pmatrix} \tag{7-86}$$

$$A_{ij} = \varphi(\sqrt{(\log\lambda_i - \log\lambda_j)^2 + (\log\kappa_i - \log\kappa_j)^2}) \tag{7-87}$$

令$\boldsymbol{y} = (\log\sigma_1, \log\sigma_2, \cdots, \log\sigma_{N_s})^{\mathrm{T}}$，权重$\boldsymbol{\omega^{\sigma}} = (\omega_1^{\sigma}, \omega_2^{\sigma}, \cdots, \omega_{N_s}^{\sigma})^{\mathrm{T}}$和$\boldsymbol{\upsilon^{\sigma}} = (\upsilon_1^{\sigma}, \upsilon_2^{\sigma}, \upsilon_3^{\sigma})^{\mathrm{T}}$也是从式(7-84)中计算得出。

7.6　针刺实验输入估计

在 7.3 节中已成功应用状态空间模型估计得到瞬时放电特征，包含放电序列的放电率和非泊松不规则度。该研究目的不是简单刻画输出信号特征，而是推断最有可能诱发放电序列的输入参数。因此，本节应用一个非线性变换公式，将输入信号到输出放电时刻的前向神经元变换过程反向变换，从时变的放电特征中近似估计出随时间变化的输入参数(图 7.13)。通过仿真数据与生物实验数据已经证明了变换方法估计输入参数的精度以及计算效率。本节排除了平均放电率小于每秒 10 个放电的序列，因为这些数据不足以用来分析。

对于不同针刺手法诱发的单神经元放电序列，估计的输入参数 μ 和 σ 如图 7.13 所示。根据输入参数 μ 和 σ，可以获得不同针刺手法在脊髓背根神经节尖端诱发的输入电流 I。图 7.14 所示为四种针刺手法诱发的单神经元放电序列及其对应的输入估计 I。

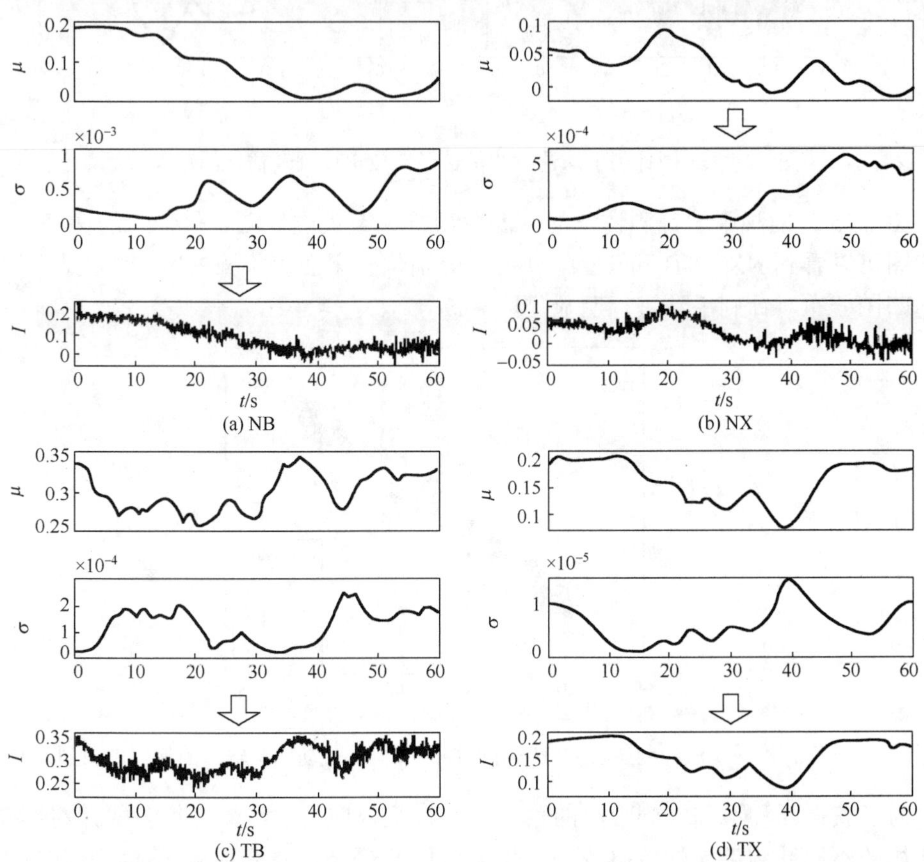

图 7.13　不同针刺手法诱发的单神经元放电序列的输入参数 μ 和 σ 的估计以及输入 I

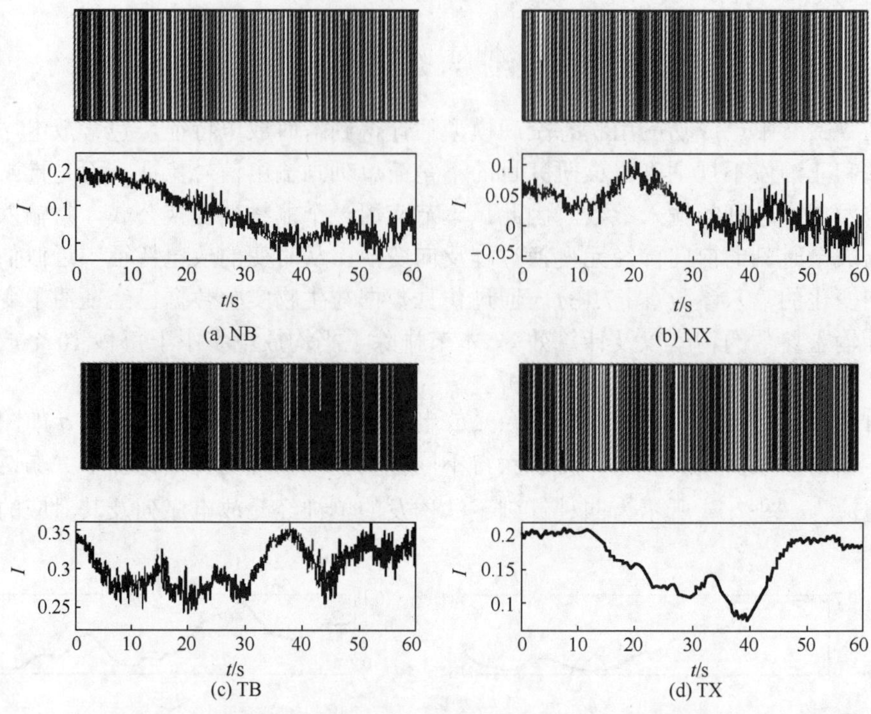

图 7.14　不同针刺手法诱发的单神经元放电序列及估计的输入 I

图 7.15 为四种手法针刺诱发的脊髓背根神经节尖端启动电位输入的递归图。从递归图可以看到 NX、TB 和 TX 三种手法分别位于平面上不同的区域，因此可以通过递归图分布对针刺手法进行明显的区分。

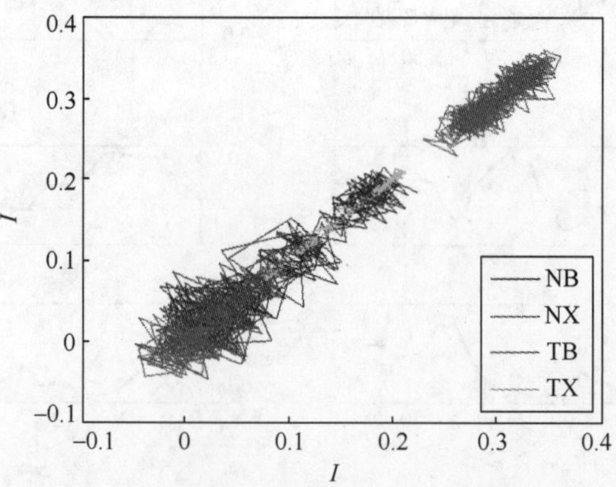

图 7.15　四种不同手法针刺诱发的脊髓背根神经节尖端启动电位输入的递归图(见彩图)

为了获得四种不同针刺手法的输入参数特征，应用非线性变换公式，将图 7.11 中获得的不同针刺手法的放电特征转化为可能的输入轨迹 $\hat{\mu}(t)$ 和 $\hat{\sigma}(t)$，并在参数平

面 $\{\mu,\sigma\}$ 绘制散点图。图 7.16 总结了推断的不同针刺手法的输入参数，得到不同手法针刺输入的细节信息。通过与图 7.11 对比发现，特定输入条件下，即不同针刺手法作用下，神经元产生的放电输出具有特定的放电特征（放电率和放电不规则度）。

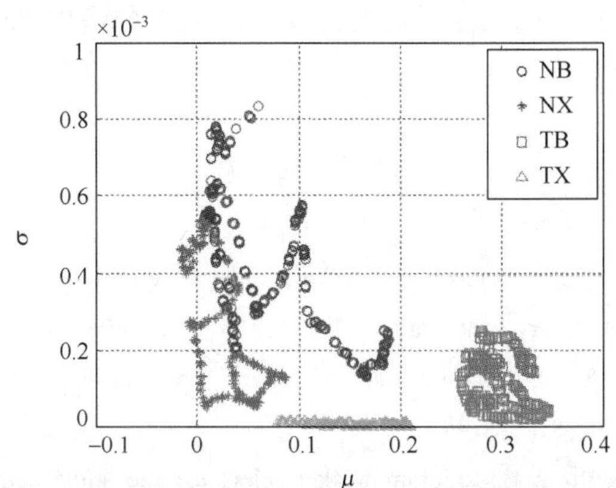

图 7.16　$\{\mu,\sigma\}$ 平面中不同针刺手法的每一个放电时刻上估计的 $\hat{\mu}(t)$ 和 $\hat{\sigma}(t)$ 的散点分布图

7.7　本 章 小 结

本章建立了针刺诱发神经放电发生的 Gamma 模型，通过将放电序列转化为 ISI 序列，可以用 Gamma 分布拟合 ISI 序列分布直方图。Gamma 分布由放电率和放电不规则度两个参数决定。首先，通过计算针刺诱发神经放电序列的多种局部放电不规则度发现不同的针刺手法与特定的不规则度相关[42]。其次，应用贝叶斯分析方法同步估计了不同针刺手法诱发放电序列的瞬时放电率和放电不规则度，揭示了针刺诱发放电特征的动态变化[43,44]。通过散点图分析发现四种针刺手法分别位于平面图上的不同区域，能够相互区分。最后，引入了一个从神经元放电特征估计输入参数的方法。针刺作为机械刺激被感觉感受器编码，在脊髓背根神经节尖端会产生启动电位，该电位的进一步传导会产生神经放电过程，因此可以将启动电位作为待估计的输入。通过分析针刺诱发神经放电序列数据发现，神经元输入参数对各个针刺手法存在差异，输入参数分布散点图与输入递归图都揭示了输入条件对于针刺手法是特定的。

本章引入的贝叶斯分析方法是一个可以应用到任何类型点过程的一般框架，包括地震和经济事件。事件发生的瞬时不规则性的分析揭示了事件发生的隐含机制，如活性断层的转迁导致地震或者代理人的变化导致经济事件。相似的，神经元放电特征的变化(如果能够通过分析观测到)，将意味着神经元环境状态中剧烈变化的发生。状态空间模型在放电特征变化太快时无法正确运行，因此需要加以改善以提高鲁棒性。

另外，估计输入的一个关键点是模型允许通过应用状态空间模型方法捕捉时变的放电特征来实时地跟踪变化的输入参数。通过调整尺度和形状因子将 Gamma 分别函数拟合到 ISI 序列，从而应用放电率和不规则度来刻画神经放电。本章的方法除了放电时刻，不需要其他任何特定的信息，因此十分适用于分析针刺诱发神经放电活动。

参 考 文 献

[1] MacLeod K, Backer A, Laurent G. Who reads temporal information contained across synchronized and oscillatory spike trains? Nature, 1998, 395: 693-698.

[2] Omi T, Shinomoto S. Optimizing time histograms for non-Poissonian spike trains. Neural Computation, 2011, 23: 3125-3144.

[3] Gerstein G L, Mandelbrot B. Random walk models for the spike activity of a single neuron. Biophysical Journal, 1964, 4: 41-68.

[4] Baker S N, Lemon R N. Precise spatiotemporal repeating patterns in monkey primary and supplementary motor areas occur at chance levels. Journal of Neurophysiology, 2000, 84: 1770-1780.

[5] Tuckwell H C. Introduction to Theoretical Neurobiology. Cambridge: Cambridge University Press, 1988.

[6] Burns B, Webb A. The spontaneous activity of neurons in the cat's cerebral cortex. Proceedings of the Royal Society of London, 1976, 194: 211-223.

[7] Miura K, Okada M, Amari S. Estimating spiking irregularities under changing environments. Neural Computation, 2006, 18: 2359-2386.

[8] Bhumbra G S, Dyball R E. Measuring spike coding in the rat supraoptic nucleus. The Journal of Physiology, 2004, 555: 281-296.

[9] Stein R B. A theoretical analysis of neuronal variability. Biophysical Journal, 1965, 5: 173-194.

[10] Teich M C, Heneghan C, Lowen S B, et al. Fractal character of the neural spike train in the visual system of the cat. Journal of the Optical Society of America A, Optics, Image Science, and Vision, 1997, 14: 529-546.

[11] Kuffler S W, Fitzhugh R, Barlow H B. Maintained activity in the cat's retina in light and darkness. The Journal of General Physiology, 1957, 40: 683-702.

[12] Berger T, Levy W B. Information transfer by energy-efficient neurons. IEEE International Symposium on Information Theory, 2009: 1584-1588.

[13] Badoual M, Rudolph M, Piwkowska Z, et al. High discharge variability in neurons driven by current noise. Neurocomputing, 2005, 65/66: 493-498.

[14] Troy J B, Robson J G. Steady discharges of X and Y retinal ganglion cells of cat under photopic illuminance. Visual Neuroscience, 1992, 9: 535-553.

[15] Softky W R, Koch C. The highly irregular firing of cortical cells is inconsistent with temporal integration of random EPSPs. Journal of Neuroscience, 1993, 13: 334-350.

[16] Christodoulou C, Bugmann G. Coefficient of variation vs. mean interspike interval curves: What do they tell us about the brain? Neurocomputing, 2001, 38/40: 1141-1149.

[17] Stevens C F, Zador A M. Input synchrony and the irregular firing of cortical neurons. Nature Neuroscience, 1998, 1: 210-217.

[18] Nawrot M P, Boucsein C, Rodriguez M V, et al. Measurement of variability dynamics in cortical spike trains. Journal of Neuroscience Methods, 2008, 169: 374-390.

[19] Ponce-Alvarez A, Kilavik B E, Riehle A. Comparison of local measures of spike time irregularity and relating variability to firing rate in motor cortical neurons. Journal of Computational Neuroscience, 2010, 29: 351-365.

[20] Shinomoto S, Miura K, Koyama S. A measure of local variation of inter-spike intervals. Bio Systems, 2005, 79: 67-72.

[21] Fujiwara K, Aihara K. Time-varying irregularities in multiple trial spike data. The European Physical Journal B, 2009, 68: 283-289.

[22] Shinomoto S, Miyazaki Y, Tamura H, et al. Regional and laminar differences in in vivo firing patterns of primate cortical neurons. Journal of Neurophysiology, 2005, 94: 567-575.

[23] Berman M. Inhomogeneous and modulated gamma processes. Biometrika, 1981, 68: 143-152.

[24] Reich D S, Victor J D, Knight B W. The power ratio and the interval map: Spiking models and extracellular recordings. The Journal of Neuroscience: The Official Journal of the Society for Neuroscience, 1998, 18: 10090-10104.

[25] Cunningham J P, Yu B M, Shenoy K V, et al. Inferring Neural Firing Rates from Spike Trains Using Gaussian Processes. Cambridge: MIT Press, 2008: 329-336.

[26] Rasmussen C, Williams C. Gaussian Processes for Machine Learning. Cambridge: MIT Press, 2006.

[27] Ansley C F, Kohn R. A geometrical derivation of the fixed interval smoothing algorithm. Biometrika, 1982, 69: 486-487.

[28] de Jong P, Mackinnon M J. Covariances for smoothed estimates in state space models. Biometrika, 1988, 75: 601-602.

[29] Nemenman I, Bialek W. Occam factors and model independent Bayesian learning of continuous distributions. Physical Review E, Statistical, Nonlinear, and Soft Matter Physics, 2002, 65: 026137.

[30] Press W H, Teukolsky S A, Vetterling W T, et al. Numerical Recipes in C: The Art of Scientific

Computing. Cambridge: Cambridge University Press, 1992.

[31] Lapicque L. Recherches quantitatives sur l'excitation électrique des nerfs traitée comme une polarisation. J Physiol Pathol Gen, 1907, 9: 620-635.

[32] McCormick D A, Connors B W, Lighthall J W, et al. Comparative electrophysiology of pyramidal and sparsely spiny stellate neurons of the neocortex. Journal of Neurophysiology, 1985, 54: 782-806.

[33] Mason A, Nicoll A, Stratford K. Synaptic transmission between individual pyramidal neurons of the rat visual cortex in vitro. The Journal of Neuroscience: The Official Journal of the Society for Neuroscience, 1991, 11: 72-84.

[34] Connors B W, Gutnick M J, Prince D A. Electrophysiological properties of neocortical neurons in vitro. Journal of Neurophysiology, 1982, 48: 1302-1320.

[35] Bugmann G, Christodoulou C, Taylor J G. Role of temporal integration and fluctuation detection in the highly irregular firing of a leaky integrator neuron model with partial reset. Neural Computation, 1997, 9: 985-1000.

[36] Troyer T W, Miller K D. Physiological gain leads to high ISI variability in a simple model of a cortical regular spiking cell. Neural Computation, 1997, 9: 971-983.

[37] Lansky P, Lanska V. Diffusion approximation of the neuronal model with synaptic reversal potentials. Biological Cybernetics, 1987, 56: 19-26.

[38] Walsh J B. Well-time diffusion approximation. Advances in Applied Probability, 1981, 13: 352-368.

[39] Keilson J, Ross H F. Passage time distributions for Gaussian Markov (Ornstein-Uhlenbeck) statistical processes. Selected Tables in Mathematical Statistics, 1975, 3: 233-243.

[40] Ricciardi L M, Sato S. First-passage-time density and moments of the Ornstein-Uhlenbeck process. Journal of Applied Probability, 1988, 25: 43-57.

[41] Beatson R K, Light W A, Billings S. Fast solution of the radial basis function interpolation equations: Domain decomposition methods. SIAM Journal on Scientific Computing, 2000, 22: 1717-1740.

[42] Xue M, Wang J, Deng B, et al. Characterizing neural activities evoked by manual acupuncture through spiking irregularity measures. Chinese Physics B, 2013, 22(9):098703.

[43] Wei X L, Shi D T, Yu H T, et al. Input-output mapping reconstruction of spike trains at dorsal horn evoked by manual acupuncture. International Journal of Modern Physics B, 2016, 30(2):1550258.

[44] Qin Q, Wang J, Yu H T, et al. Reconstruction of neuronal input through modeling single-neuron dynamics and computations. Chaos, 2016, 26(6):063121.

第 8 章　针刺 EEG 信号的复杂度分析

脑电波主要是由大脑皮层的浅层胞体与树突的局部突触后电位综合作用产生的，若为抑制性突触后电位皮层表面将出现向下的正波，若为兴奋性突触后电位皮层表面将出现向上的负波，单神经元的突触后电位不会导致皮层表面的电位变化，仅在大量神经元都产生突触后电位并综合成强大电场的情况下，才能引起皮层表面出现显著的电位变化[1]。EEG 包含丰富的生理信息，具有强烈的非平稳性及非线性，因此相比于传统方法采用非线性动力学方法更能深度刻画脑电的特性；此外，大量研究实验表明从 EEG 中提取的复杂度参数能够很好地反映大脑的功能状态，故本章主要采用关联维数及排序递归图等非线性分析方法对针刺实验结果进行剖析，提取 EEG 的复杂度特征参数，从复杂度角度研究针刺对 EEG 的影响。总体来说，非线性分析大体分为两个部分：① 用已知的数据序列去重构系统的动态空间；② 对重构后的动态空间进行刻画与特性分析[2]。

大量研究表明大脑皮层存在着自发的节律过程，该过程的动态特性取决于脑的状态[3]。一些研究结果证明 EEG 的不同频段在不同功能状态下可呈现出显著不同的特征，也就是说不同节律的产生可能揭示不同状态间本质的内部联系，因此，EEG 的节律特性研究有着非同寻常的意义，本节将从 EEG 的不同节律来考察针刺对大脑的作用规律。首先利用小波的多尺度特征将 EEG 按不同频率分解开，提取不同的节律，在此基础上，采取排序递归量对针刺实验结果进行剖析，研究针刺对不同状态下 EEG 的影响。

8.1　EEG 采集实验设计

很多学者都通过分析 EEG 信号来研究针刺时脑部的变化情况，但结果各不相同。Rosted 等分析了针刺前、中、后各时段的脑电数据，认为针刺对脑部的频谱无影响[4]。Starr 等分析了 5 位在甲状腺摘除手术时采取针刺方法镇痛的患者的脑电数据，并没有在脑电中发现针刺的镇痛效果[5]。而 Kim 和 Nam 在针刺狗的百汇穴(Gv-20)和印堂穴(M-HN-3)时，发现其具有很好的镇定作用[6]。Dos 等对由药物引起癫痫发作的大白鼠的 M-HN-3 和 Gv-20 施以电针刺激，发现电针刺激能够提高发病状态的大白鼠的认知能力[7]。Paraskeva 等通过脑电双频指数(bispectral index，BIS)值来研究针刺的作用效果，发现针刺时的 BIS 值显著降低[8]。Chen 等研究了针刺作用于合谷穴(Li-4)的 12 位男性受试者的脑电信号，发现针刺 Li-4 对脑电有影响[9]。

上述研究尚未得到统一结论，可能原因如下：① 一些实验采用电针，实际中，针刺时的手法是随时变化的，电针无法模仿此特点。Li 等通过实验发现，与电针刺激相比，捻转手法是由提拉和推挤两种作用构成的，能够使足三里穴区神经束的放电现象更加显著[10]。② 实验中所选的穴位多为 M-HN-3 和 Gv-20，M-HN-3 位于额头两眉头的中间，Gv-20 位于人体头顶正中心。脑电电极放置于这两个穴位附近，针刺时的各种动作极易影响脑电信号的记录，带来不必要的肌电扰动信号。③ 实验对象是没有针刺经历的动物和人，可能对针刺有恐惧心理，而恐惧、不适和焦虑等心理都能引起脑电记录的变化[4]。

足三里(ST-36)是足阳明胃经上的重要穴位，主治胃肠道疾病并具有镇定、安神、治疗头昏失眠等作用，该穴位的疗效显著，被广泛应用于中医针刺实验中[11-14]。为了研究针刺对脑部的影响，考虑到上述三种因素的影响，设计了采用人工针刺方式刺激受试者的右腿膝部 ST-36 穴位获取 EEG 数据的实验。

8.1.1　实验对象

实验对象为 9 名身体健康的受试者，年龄在 23～27 岁之间，6 位男性，3 位女性。所有的实验对象在实验前都被明确告知此次实验的目的和意义，并遵循自愿原则参与实验。受试者是来自某大学针灸系的学生，具有针灸的经验，对针灸无恐惧感，并且在此之前不曾服用任何会影响 EEG 信号记录的药物，无精神疾病史。

8.1.2　实验方法

EEG 信号由放置在头皮上的 22 个表面无创电极记录，它们分别为 FP1、FP2、F7、F3、FZ、F4、F8、A1、T3、C3、CZ、C4、T4、A2、T5、P3、PZ、P4、T6、OZ、O1 和 O2，参考电极放置在 A1 和 A2 电极之间，耳垂作为电极的参考地，电极的摆放位置如图 8.1 所示。实验设备的采样频率为 256Hz，硬件滤波器的通频带为 0.5～100Hz。实验过程中，受试者在清醒、安静、闭目、无明显肌电扰动的配合状态下由针灸医师施针。

8.1.3　实验过程及 EEG 预处理

整个实验约为 90min。受试者先放松 30min；随后在受试者右腿足三里穴位处施针 2min；然后停止针刺，受试者放松 10min，如此重复 3 次。在实验过程中，每次针刺的手法均为捻转补泻。随着时间的延续，在针刺过程中不断增加针的动作频率，由最初的约 50 次/min 增加到最后的 200 次/min 左右。

本章首先从每位受试者的针刺数据中各选出 5 段数据，这些数据段分别为针刺前 5min、针刺 50 次/min、针刺 150 次/min、针刺 200 次/min 以及针刺后 5min；然后从每段数据中各选出 100s 的数据段作为分析数据，共提取 45 组数据。对实验数据使用带宽为 47Hz 的低通滤波器进行滤波，并去除由于肌肉运动引起的伪迹。

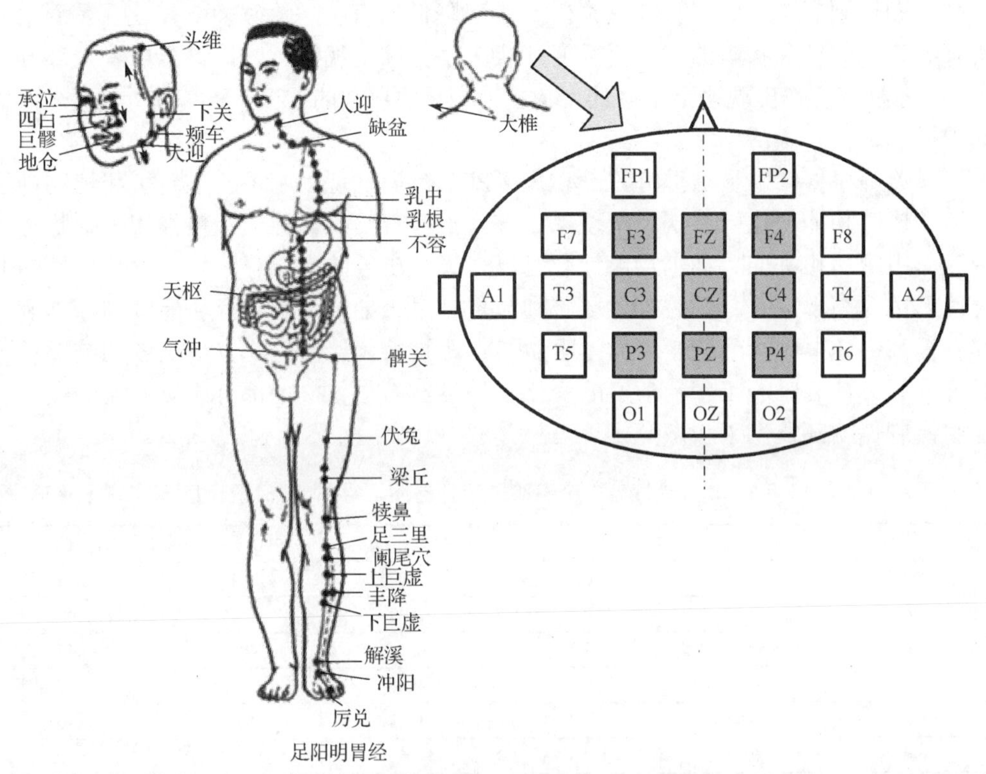

图 8.1　足阳明胃经与脑部电极摆放位置

脑电是不同节律的自发脑电和事件相关脑电的综合反映，是大脑皮层大量神经元突触后电位的总和。在脑电图中，脑波频率一般在 0.5～40Hz，因此对原始 EEG 进行了 0.5～48Hz 的带通滤波，提取有效 EEG，同时通过阈值法消除混杂于 EEG 中的各种非脑电位干扰，如眼电等。

8.2　LZ 复杂度分析

EEG 信号是一种具有高度非线性的混沌信号，极难找到其中的规律，脑电活动是个复杂的现象[15]。许多学者从分析 EEG 信号的复杂性角度研究 EEG 信号，本节采用 LZ 复杂度算法进行了初步分析。

为了得到一个稳定的 LZ 复杂度，需要保证数据足够长。对于脑电数据，其长度不应小于 6000 点。由此，首先将长度为 25600(100s) 的数据分为长度为 6144(24s)、重叠长度为 512(2s) 的小段，然后再将每段计算结果的平均值作为该数据 LZ 复杂度。

表 8.1 给出了 9 位受试者在各个实验阶段顶区附近导联的 LZ 复杂度计算结果。表中 9 位受试者在针刺各阶段顶区附近导联的 LZ 复杂度平均值无统一规律，但在针刺中和针刺后 LZ 复杂度提高的有 5 人，降低的有 4 人。图 8.2 给出了受试者 1 所有导联不同针刺状态的 LZ 复杂度柱状图。可以发现针刺时，该志愿者大部分导联的 LZ 复杂度都出现明显下降的现象；针刺后，导联的 LZ 复杂度有所提高，但仍低于针刺前。

尹玲等根据针刺足三里时的 fMRI 和 PET 数据发现针刺足三里会引起植物神经中枢和颞叶功能变化，并认为此现象与该穴治疗胃肠疾病并改善精神和睡眠状态的治疗作用密切相关[16]；孙玉发现针刺可以使大脑皮层的大部分区域产生显著性的非线性参数提高现象[17]；张秀等发现磁刺激足三里会导致大脑各个功能区的样本熵值都有提高，其中颞叶区的变化最为明显[18]。经过实验，发现 9 位受试者的脑部顶区附近导联在针刺时的 LZ 复杂度的变化趋势虽然不一致，但都有比较明显的变化，说明针刺使脑部发生了状态变化。

表 8.1　9 位受试者各个实验阶段顶区附近导联的 LZ 复杂度

受试者序号	针刺前	50 次/min	150 次/min	200 次/min	针刺后
No.1	0.48	0.40	0.47	0.40	0.43
No.2	0.36	0.47	0.41	0.41	0.45
No.3	0.47	0.51	0.46	0.38	0.45
No.4	0.57	0.52	0.48	0.47	0.47
No.5	0.42	0.42	0.47	0.43	0.40
No.6	0.44	0.47	0.53	0.47	0.39
No.7	0.39	0.38	0.36	0.37	0.43
No.8	0.46	0.55	0.57	0.57	0.52
No.9	0.28	0.35	0.37	0.32	0.32

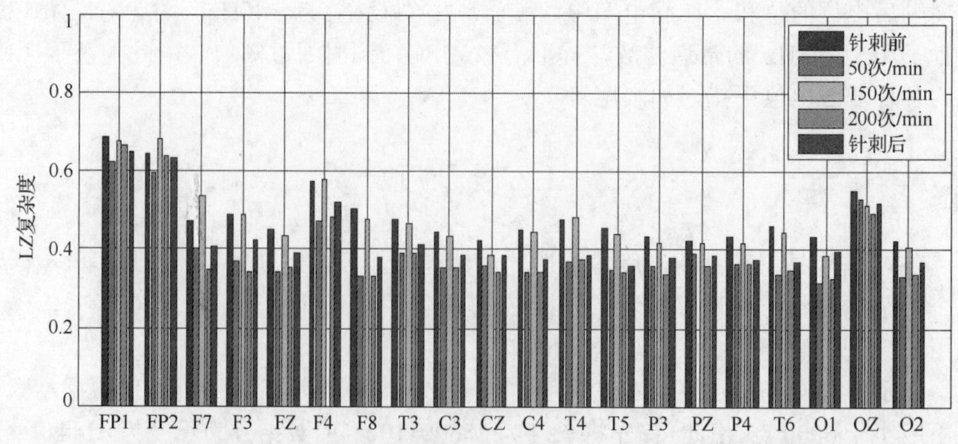

图 8.2　受试者 1 所有导联不同针刺状态的 LZ 复杂度柱状图(见彩图)

8.3　关联维数分析

大脑作为一个异常复杂的混沌系统，其皮层脑电同样具有强烈的非线性特性，因此针对放电时间序列的分析方法同样适用于脑电信号的分析，如关联维数 D_2 等。

8.3.1　模拟数据的关联维数分析

对大脑的神经系统进行建模有助于了解不同病理和生理状态下 EEG 的动力学特征，其中，通过对特定细胞组成的神经元集群的整体特性建模得到的集总参数模型(lumped parameter model)可以在宏观的水平上仿真相互作用较大的神经元集群[19]，该模型最初由 Lopes 等[20]提出并经过 Jansen 和 Wendling 进一步改进发展而成，可用于仿真生成癫痫 EEG[21, 22]。利用此模型产生不同类型的 EEG 来测试关联维数对大脑不同状态的区分性能。

集总参数模型结构如图 8.3 所示，该模型主要分为两部分：一是中间神经元集群，它又分为兴奋性和抑制性中间神经元，$h_e(t)$ 和 $h_i(t)$ 分别表示兴奋性突触后电位和抑制性突触后电位；二是相互连接的锥体细胞集群，其接收中间神经元集群反馈的 $h_e(t)$ 和 $h_i(t)$，而中间神经元集群仅接收输入 $p(t)$，$p(t)$ 表示临近或远距离的神经细胞集群以及皮下组织细胞对该神经细胞集群的影响，输入的是传入动作电位的平均强度。通过调节平均兴奋性突触增益 A 及平均抑制性突触增益 B 便可以模拟生成不同类型的 EEG。

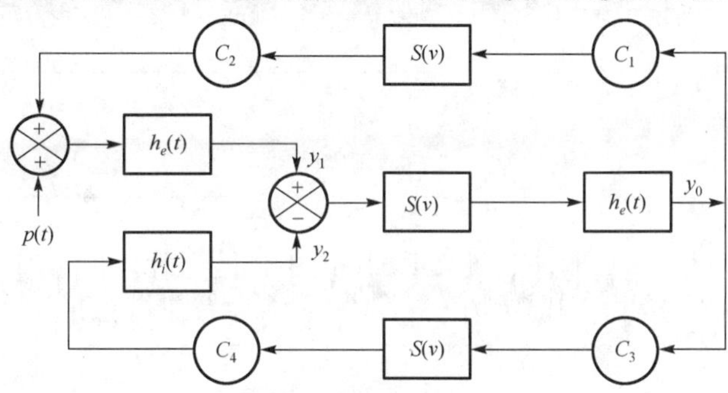

图 8.3　集总参数模型结构

以下六个微分方程可以描述集总参数模型的动力学特性

$$\begin{cases}\dot{y}_0(t)=y_3(t)\\ \dot{y}_3(t)=AaS[y_1(t)-y_2(t)]-2ay_3(t)-a^2y_0(t)\\ \dot{y}_1(t)=y_4(t)\\ \dot{y}_4(t)=Aa\{p(t)+C_2S[C_1y_0(t)]\}-2ay_4(t)-a^2y_1(t)\\ \dot{y}_2(t)=y_5(t)\\ \dot{y}_5(t)=Bb\{C_4S[C_3y_0(t)]\}-2by_5(t)-b^2y_2(t)\end{cases} \tag{8-1}$$

其中，$S(v)=2e_0\big/(1+\mathrm{e}^{r(v_0-v)})$，模型中所有参数的生理学意义和标准值如表 8.2 所示。增益 A 与 B 分别用来调节兴奋性与抑制性突触的敏感度，兴奋性和抑制性突触后电位相加为集总参数模型的输出信号，调节 A 与 B 可破坏兴奋及抑制突触增益的平衡状态，从而产生出不同的输出信号，模拟正常 EEG 和类似癫痫发作的棘波信号[19]。

表 8.2　集总参数模型的参数标准值及生理学意义

参数	生理学意义	标准值
A	平均兴奋性突触增益	3.25mV
B	平均抑制性突触增益	22mV
a	膜平均时间常数	$a=100\mathrm{s}^{-1}$
b	树突平均时间常数	$b=50\mathrm{s}^{-1}$
C_1、C_2	兴奋回馈环上平均突触连接数	$C_1=135$，$C_2=0.85\times C_1$
C_3、C_4	抑制回馈环上平均突触连接数	$C_3=C_4=0.25\times C_1$
e_0、v_0、r	非线性 S 函数参数	$e_0=2.5\mathrm{s}^{-1}$，$v_0=6\mathrm{mV}$，$r=0.56\mathrm{mV}^{-1}$

利用此模型分别产生正常(A=12)、癫痫发作前(A =16)、癫痫发作时(A =20)三种类型的模拟 EEG，仿真初始条件设为 0，数据长度均为 100s，步长为 5ms，即 20000 个点，同时舍掉前 200 个暂态点，其波形如图 8.4 所示。

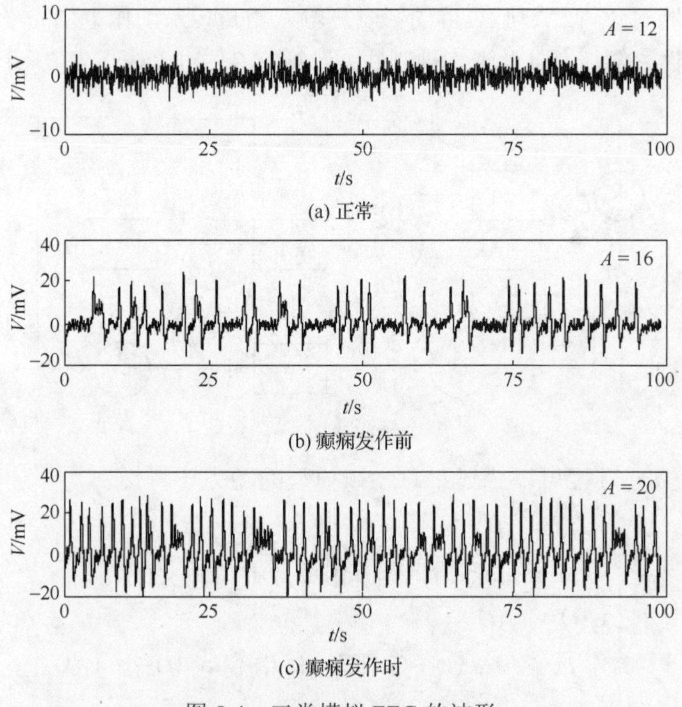

(a) 正常

(b) 癫痫发作前

(c) 癫痫发作时

图 8.4　三类模拟 EEG 的波形

对这三类模拟 EEG 分别进行相空间重构，选择嵌入参数 $m=5$，$\tau=1$，然后利用窗长为 4s、重叠长度为 3s 的滑动窗计算每个窗口内数据的 D_2 值，其中，$l_{\min}$ 为 2。为了便于观察在 A 改变时 D_2 随时间的变化关系，分别将三段信号求得的 D_2 值连成一段数据，画其曲线图，如图 8.5 所示，其中点线为每类 EEG 的平均 D_2 值。很明显，正常 EEG(A =12)的 D_2 值高于病态 EEG(A =16 和 A =20)的 D_2 值，但是癫痫发作前 EEG 的 D_2 值与癫痫发作时的 D_2 值变化不明显，体现了关联维数在区分不同状态下的 EEG 方面的性能。

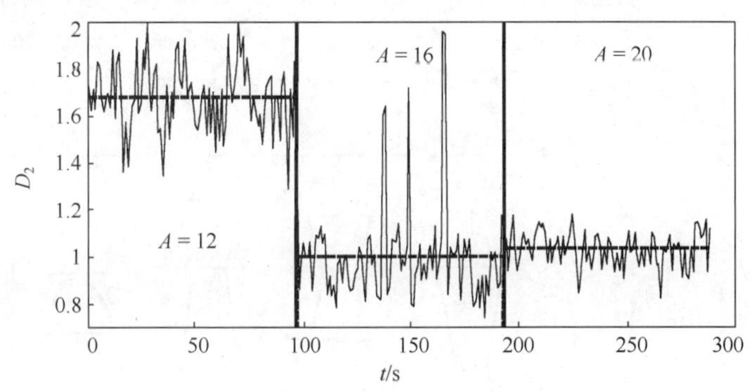

图 8.5　D_2 变化的曲线

8.3.2　实验数据的关联维数分析

本节从 28 位受试者中随机抽取 8 位并以其在针刺前、针刺中(50 次/min、100 次/min、150 次/min、200 次/min)共 5 种状态下的 EEG 作为研究对象。首先，利用延迟时间法对每个受试者的 20 导 EEG 进行相空间重构，并基于 Takens 嵌入定理分别确定了嵌入维数 m 和延迟时间 τ 的值，即 $m=12$，$\tau=5$。然后使用滑动窗口技术将每导 EEG 分割成长度为 4s 的窗口，窗口移动距离为 1s，计算每个窗口内数据的 D_2 值，再对该导的所有滑动窗结果取均值得到每种状态下每导 EEG 关于 D_2 的估计。此外，为比较不同受试者的结果，对所有计算结果做归一化处理。

对归一化后的 8 位受试者结果取平均，得到所有受试者在 5 种状态下各导的平均 D_2 统计变化趋势，其脑地形图如图 8.6 所示，其中，红色代表最大值 1，蓝色代表最小值 0。从全脑域看，针刺中的 D_2 明显高于针刺前，可见针刺能够明显提高大脑的复杂度，而且以针刺频率为 100 次/min 的影响最为明显，同时可以看出针刺对大脑不同功能区的影响程度也具有一定的差异性。

接下来，对每个受试者求 20 导 EEG 的平均 D_2 值来观测针刺对整个脑域复杂度的平均影响程度。如图 8.7 所示，通过单因素方差分析法分别统计了 8 名受试者 5

种状态下的平均 D_2，图中所标数字为针刺时各个状态的 D_2 相对于针刺前的 p 值，可以看出针刺时的各个状态的 D_2 值均高于针刺前，以频率为 100 次/min 的针刺影响最为明显。

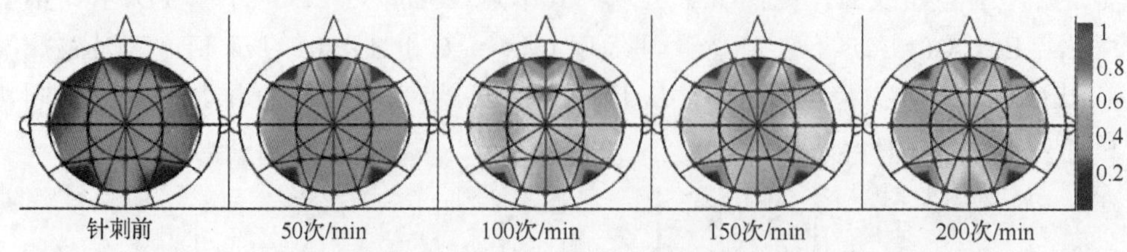

图 8.6　受试者平均 D_2 的脑地形图(见彩图)

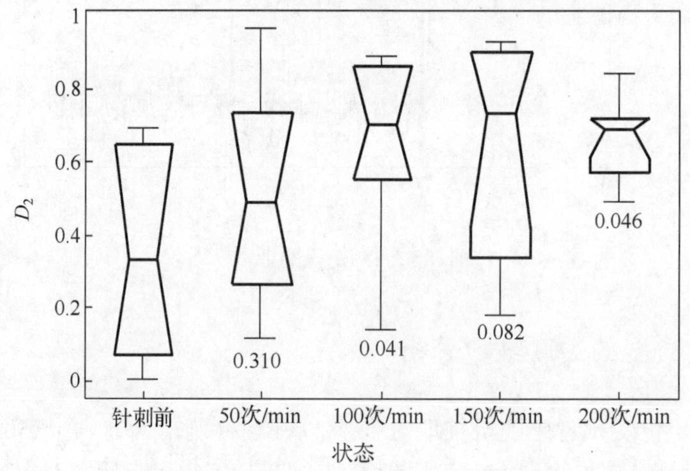

图 8.7　受试者全脑域平均 D_2 统计($p < 0.05$ 表示有差别)

为了研究针刺对每导 EEG 的作用规律，利用单因素方差分析法统计了 8 名受试者针刺时每导的 D_2 相对于针刺前的 p 值，如表 8.3 所示，*表示在 0.05 水平上有差异，**表示在 0.01 水平上有显著性差异，很明显，每导 EEG 受到针刺的影响程度差别很大，其在额区及颞区的影响最为明显。选择额颞区内的 FP2、F7、T3 导的 EEG 作为研究对象，以三个导联为坐标，画出其 D_2 随滑动窗口移动的曲线图，由于篇幅有限，在此仅以其中一名受试者为例，如图 8.8 所示。其中每个数据点代表三个导联在每个窗口内的 D_2 值，每幅子图代表针刺各个状态与针刺前的比较，可以看出每幅子图中两种状态均未明显地区分开，对于所有受试者均有此现象，故通过提取 FP2、F7、T3 导脑电的 D_2 值并不能作为区分出针刺状态与针刺前状态的一种特征参数。

表 8.3　单因素方差分析的显著性指标 p 值统计

电极	50 次/min VS 针刺前	100 次/min VS 针刺前	150 次/min VS 针刺前	200 次/min VS 针刺前
FP1	0.0511	0.3695	0.0681	0.0628
FP2	0.0187*	0.1179	0.0091**	0.0350*
F7	0.1380	0.0038**	0.0018**	0.0309*
F3	0.3254	0.0283*	0.1450	0.0712
FZ	0.9901	0.0470*	0.7028	0.2847
F4	0.9565	0.3378	0.5829	0.2681
F8	0.0906	0.1440	0.1550	0.1199
T3	0.0553	0.0178*	0.0374*	0.0285*
C3	0.5725	0.0227*	0.1305	0.1926
CZ	0.7183	0.3415	0.8759	0.5575
C4	0.9815	0.1310	0.1068	0.1876
T4	0.4606	0.0536	0.0778	0.0411*
T5	0.6300	0.0521	0.1579	0.0856
P3	0.7109	0.0581	0.1674	0.1849
PZ	0.6210	0.5909	0.4201	0.2389
P4	0.7182	0.2249	0.2285	0.2557
T6	0.3179	0.0716	0.0803	0.0615
O1	0.0835	0.0356*	0.0630	0.0186*
OZ	0.5604	0.6496	0.4787	0.6816
O2	0.0804	0.0162*	0.0478*	0.2846

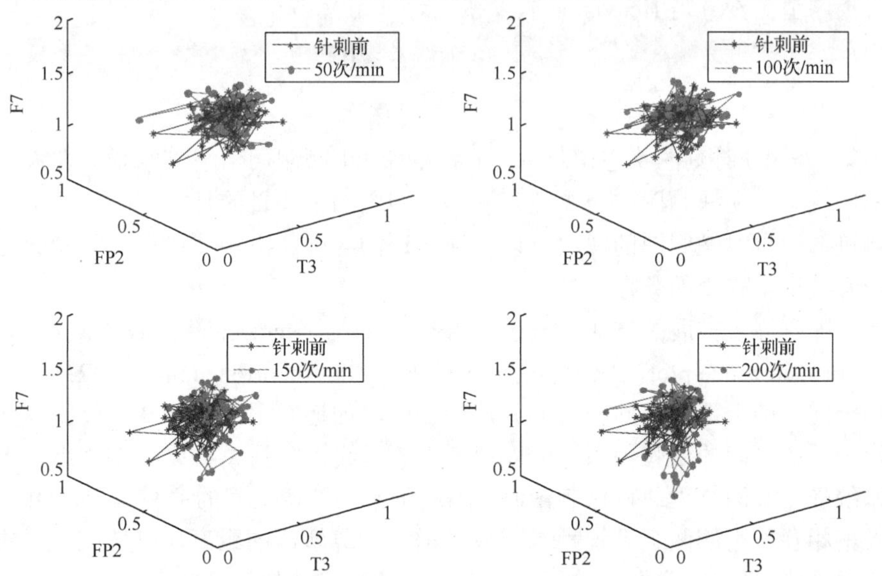

图 8.8　FP2、F7、T3 导的 D_2 值随滑动窗口移动的曲线图

8.4 排序递归图

8.4.1 排序递归图原理

自然界中的每一个过程可以产生各自独特的递归行为，即包括日/夜的周而复始、季节的交替及钟摆往复运动等周期性行为，当然也包括一些不规则的周期行为。由确定性混沌动力系统的耗散理论得出，经过一段时间的演化初始状态点一定会趋向于相空间中一个 Lebesgue 测度为零的区域，此区域便是一个耗散的混沌吸引子，吸引子内部大量非稳定轨道不规则逼近而又瞬间远离，而轨道的运动不会离开有界吸引子区域，故出现了递归还原的现象，递归现象不但是确定动力系统的最典型特性也是非线性及混沌系统的显著特点[23]。

Eckmann 等在 1987 年提出一种能够可视化相空间中递归状态的工具，即将相空间中的递归状态画在二维平面上研究任意维数的相空间系统[24]。用二维方阵中的白点或黑点来描述吸引子的内轨道在第 i 时刻的状态有关于第 j 时刻的递归现象，白点意味着此坐标的纵轴与横轴所对应的状态之间无递归现象，而黑点表示产生了递归现象，由此便绘制出一幅递归图(recurrence plot，RP)，其数学表达式可表示为

$$R_{i,j}=\Theta(\varepsilon-|\boldsymbol{X}_i-\boldsymbol{X}_j|),\quad i,j=1,\cdots,N \tag{8-2}$$

其中，$|\cdot|$ 可以是最大范数或欧氏范数，N 表示相空间状态矢量的数目，ε 是预先给定的距离阈值，$\Theta(\cdot)$ 是 Heaviside 阶跃函数，其定义为

$$\Theta(x)=\begin{cases}0, & x\leqslant 0\\ 1, & x>0\end{cases} \tag{8-3}$$

当第 i 与第 j 时刻的状态向量 $\boldsymbol{X}_i$ 和 $\boldsymbol{X}_j$ 的空间距离小于给定的 ε 时，即 $R_{i,j}=1$ 时称为递归状态，在递归图中用黑点表示，递归图的主要目的是观察高维相空间中的状态轨迹，通过对递归图的观察可以发现轨迹的运行状态，其优点在于能够处理不平稳或者数据量较少的数据[19]。

递归图有许多扩展的方法，如互递归图[25](cross recurrence plot，CRP)、联合递归图(joint recurrence plot，JRP)及排序递归图(order recurrence plot，ORP)等。CRP 表示相空间中两个系统在同一时刻到达同一区域的递归图[26]，CRP 通过比较其状态分析两个系统之间的依赖关系，可以理解为广义线性互相关函数。CRP 更适用于考察当系统受到不同物理或机械刺激时，系统中不同部位之间的关系[27]，而 JRP 更适合于考察相互作用的两个系统[28]，二者都需要计算轨线的距离，但是在不同的系统中这是很难确定的。研究多元数据一个普遍的难题就是测量环境会随时间发生变化，

这就导致不同通路中偏移及幅值的范围不同，根据相空间中状态变量的排序模式确定向量间递归状态的 ORP 能够克服以上问题，ORP 的主要优点是抗噪能力强，且计算简单，同时时间序列幅值的线性变换不会改变时间序列的 ORP。

给定一个由一维时间序列 $\{x(t)\}_t$ 描述的动力学系统，相空间重构后向量为

$$\boldsymbol{X}_k(t)=(x(t),x(t+\tau),\cdots,x(t+(m-1)\tau)) \tag{8-4}$$

以二维状态空间为例，忽略 $x(kt)$ 和 $x(kt+\tau)$ 相等的情况，定义二者之间的关系为排序模式 π，即

$$\pi_k(t)=\begin{cases}0, & x(t)<x(t+\tau)\\ 1, & x(t)>x(t+\tau)\end{cases} \tag{8-5}$$

可知维数 $m=2$ 时有上升和下降两种排序模式，轨线的这种编码会将相空间平均分解到两个区域，对于 $m=3$ 时有 $m!=6$ 种排序模式，同样忽略相等的情况，则 $x(t)$、$x(t+\tau)$ 和 $x(t+2\tau)$ 的关系如图 8.9 所示。

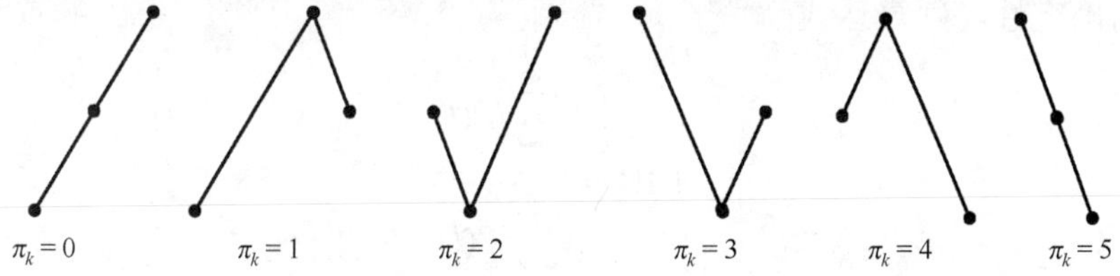

图 8.9　嵌入维数为 3 时的排序模式示意图

如果第 i 时刻和第 j 时刻状态向量的排序模式相同即 $\pi_i=\pi_j$，则称为排序递归状态，定义为

$$R_{i,j}=\begin{cases}0, & \pi_i\neq\pi_j\\ 1, & \pi_i=\pi_j\end{cases},\quad i,j=1,2,\cdots,N \tag{8-6}$$

类似于递归图，通过 2 维方阵中黑点与白点描述第 i 与第 j 时刻的递归状态最后构成一幅排序递归图，通过排序分类以后，m 维相空间则被等分为 $m!$ 个区域，也就是说，若相空间中不同时刻的状态向量被划分到同一个排序区域内，这些状态向量就被定义为排序递归状态。

一幅排序递归图表现出大尺度和小尺度模式，均由一些典型的动力学行为引起，如对角线(不同部分的轨线的局部相似演化)、水平或者垂直的黑线(同一时间状态没有变化)等。为了进一步挖掘 ORP 中视觉之外的信息，一些学者提出关于量化 ORP 中小尺度结构的复杂度方法[29, 30]，被命名为排序递归量化分析，主要基于 ORP 中递归点的密度、对角线及垂直线等，其中最简单的 ORP 量化指标就是递归率(recurrent rate，RR)，定义为

$$\mathrm{RR}(\varepsilon)=\frac{1}{N^2}\sum_{i,j=1}^{N}R_{i,j}(\varepsilon) \tag{8-7}$$

是 ORP 中递归点密度的一种测度，通常主对角线不考虑在内。

对角线长度 l 是指系统状态由轨线上某一位置转移至同一轨线的另一个位置所经历的时间，因此 ORP 中的线可以反映轨线的发散程度，则 ORP 中对角线长度的分布概率定义为

$$P(\varepsilon,l)=\sum_{i,j=1}^{N}(1-R_{i-1,j-1}(\varepsilon))(1-R_{i+l,j+l}(\varepsilon))\prod_{k=0}^{l-1}R_{i+k,j+k}(\varepsilon) \tag{8-8}$$

为了简单，通常忽略 ε，即写为 $P(l)$。

对于非相关、弱连接的随机或混沌行为，ORP 中将不会产生很短的对角线，而对于具有确定性的过程，ORP 中的孤立回归点相对较少，产生对角线长度较长，因此可以通过计算构成长度大于 $l_{\min}$ 的对角线的递归点数目占所有递归点的比率来测度系统的确定性，其表达式为

$$\mathrm{DET}=\frac{\sum_{l=l_{\min}}^{N}lP(l)}{\sum_{l=1}^{N}lP(l)} \tag{8-9}$$

其中，$l_{\min}$ 为对角线长度的阈值，一般选为不小于 2 的整数，$l_{\min}$ 过大，则 $P(l)$ 可能过于稀疏，DET 的可靠性会变低，DET 能够区分 ORP 中形成连续对角线方向线段的递归点和孤立的递归点，若系统的 ORP 中沿主对角线的线条纹理越发育，说明其确定性越强。

本章主要采用的递归量化指标为 DET，首先利用 8.3 节中介绍的集总参数模型产生不同类型的 EEG 来测试 DET 对大脑不同状态的区分效果，再对实际测得的 EEG 进行分析。调节模型参数 A 分别产生正常(A=12)、癫痫发作前(A=16)、癫痫发作时(A=20)长度为 100s 的模拟 EEG，步长为 5ms，即 20000 个点，同时舍掉前 200 个暂态点，并对其进行相空间重构，选取 $m=5$，$\tau=1$，通过计算得到排序递归图，如图 8.10 所示。可以看出集总参数模型在 A 改变时，其输出信号的动力学特性发生明显改变，递归点从杂乱转化为规则分布。

利用滑动窗方法计算每个窗口内 EEG 的 DET 值，其中窗长为 4s，重叠长度为 3s，$l_{\min}$ 为 2。在 A 改变时，为了便于比较 DET 随时间的变化关系，分别将三段信号的 DET 值连接起来构成一幅图，如图 8.11 所示，其中点线为每类 EEG 的平均 DET 值。很明显，正常 EEG(A=12)的 DET 值低于病态 EEG(A=16 和 A=20)的 DET 值，并且癫痫发作前 EEG 的 DET 值低于癫痫发作时的 DET 值，充分验证了该方法

的区分性能，故采用 DET 方法来分析不同状态下的 EEG 具有可行性。同时结合图 8.6 比较分析可以看出，采用 DET 对不同状态下的 EEG 区分效果比 D_2 更好。

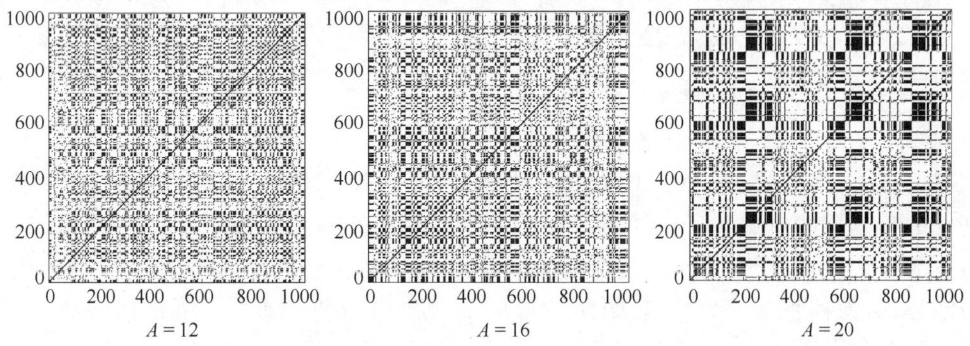

图 8.10　三类模拟 EEG 的排序递归图

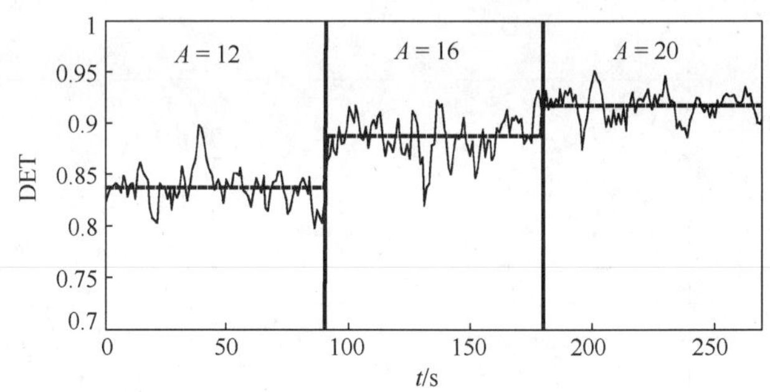

图 8.11　DET 变化曲线图

8.4.2　排序递归图分析结果

本节同样从 28 位受试者中随机抽取 8 位的脑电数据作为研究对象。首先，利用嵌入参数 $m=12$、$\tau=5$ 对其在针刺前及针刺中共 5 种状态下 20 导 EEG 进行相空间重构，再利用滑动窗口方法将每导 EEG 分割成长度为 4s 的窗口，窗口移动距离为 1s，计算每个滑动窗口内 EEG 的 DET 值，然后对该导的所有滑动窗结果取均值，即为每种状态下每导脑电关于 DET 值的估计，同时，为了比较不同受试者的结果，对计算结果进行归一化处理。

对归一化后的 8 名受试者结果取平均得到所有受试者在 5 种状态下各导的平均 DET 值统计变化趋势，其脑地形图如图 8.12 所示。从全脑域看针刺中的 DET 值明显低于针刺前，可见针刺能够明显降低大脑的确定性，即针刺促使大脑活动的随机成分增加，复杂度提高，其中，以捻转频率为 100 次/min 的针刺影响最为明显。同时，可见针刺对大脑不同功能区的影响程度具有一定的差异性。结论均与用 D_2 分析得到的结论相一致。

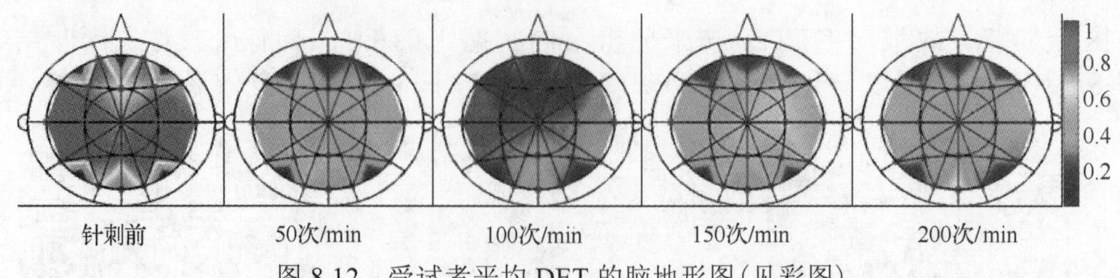

图 8.12　受试者平均 DET 的脑地形图(见彩图)

接下来，对于每个受试者求 20 导脑电 DET 的平均值来观测针刺对整个脑域复杂性的平均影响程度。图 8.13 通过单因素方差分析法分别统计了 8 名受试者 5 种状态下的平均 DET，图上所标数字为针刺时各个状态的 DET 相对于针刺前的 p 值。很明显，针刺时的各个状态的 DET 值均低于针刺前(p 值均小于 0.05)，以频率为 100 次/min 的针刺影响最为明显。同时结合图 8.7，可以看出 DET 对于不同状态下的 EEG 区分效果比 D_2 更加显著，这与集总参数模型验证时得到的区分效果 DET 强于 D_2 的结论相符合。

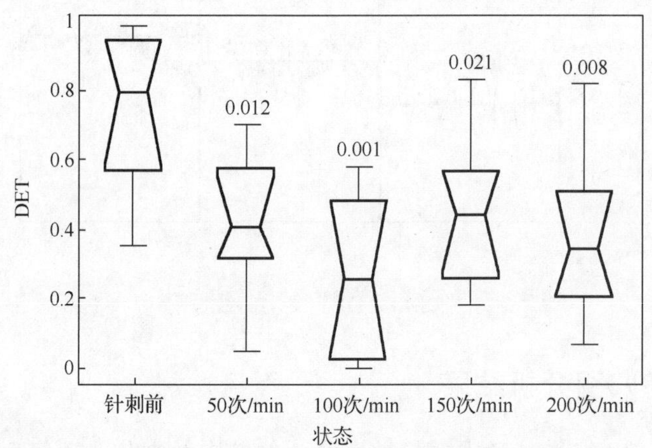

图 8.13　受试者全脑域平均 DET 的统计($p < 0.05$ 表示有差别， $p < 0.001$ 表示有显著差别)

本节利用 DET 来探究针刺对各导 EEG 的作用规律，采用单因素方差分析法统计了 8 名受试者针刺时每导的 DET 相对于针刺前的 p 值，如表 8.4 所示。可以看出，每导受到针刺的影响程度差别很大，在额区及颞区影响最为明显，该结论与关联维数法研究结论相一致。同样，选择额颞区内的 FP2、F7、T3 导联的脑电数据作为研究对象，以三个导联为坐标，画出其随滑动窗口移动的曲线图，以其中一名受试者为例，如图 8.14 所示。其中每个数据点代表三个导联在每个窗口内的 DET 值，每幅子图代表针刺各个状态与针刺前的比较。很明显，针刺中各个状态与针刺前的 DET 值分布在不同的区域，对于所有受试者均有此现象。因此，通过提取 FP2、F7、T3 导联的 DET 值可以作为区分出针刺状态与针刺前状态的一种特征参数，再一次证明了 DET 在提取针刺 EEG 特征方面比 D_2 性能更好。

表 8.4　单因素方差分析的显著性指标 p 值统计

电极	50 次/min VS 针刺前	100 次/min VS 针刺前	150 次/min VS 针刺前	200 次/min VS 针刺前
FP1	0.0057	0.0076	0.0006	0.0007
FP2	0.0055	0.0054	0.0012	0.0029
F7	0.0415	0.0032	0.0235	0.0645
F3	0.0512	0.0012	0.0093	0.3555
FZ	0.1369	0.0107	0.4267	0.2274
F4	0.0329	0.0005	0.3363	0.1104
F8	0.0424	0.0186	0.2001	0.0727
T3	0.0115	0.0015	0.0145	0.0026
C3	0.0233	0.0007	0.0354	0.0069
CZ	0.0443	0.0065	0.2397	0.1100
C4	0.0221	0.0002	0.0166	0.0003
T4	0.0805	0.0150	0.0364	0.0202
T5	0.0376	0.0030	0.0452	0.0127
P3	0.0774	0.0029	0.0306	0.0092
PZ	0.1272	0.0384	0.1156	0.0654
P4	0.0206	0.0056	0.0491	0.0149
T6	0.0956	0.0164	0.1099	0.0022
O1	0.4915	0.1025	0.5091	0.2508
OZ	0.5201	0.4186	0.7080	0.0718
O2	0.2494	0.0490	0.3831	0.0339

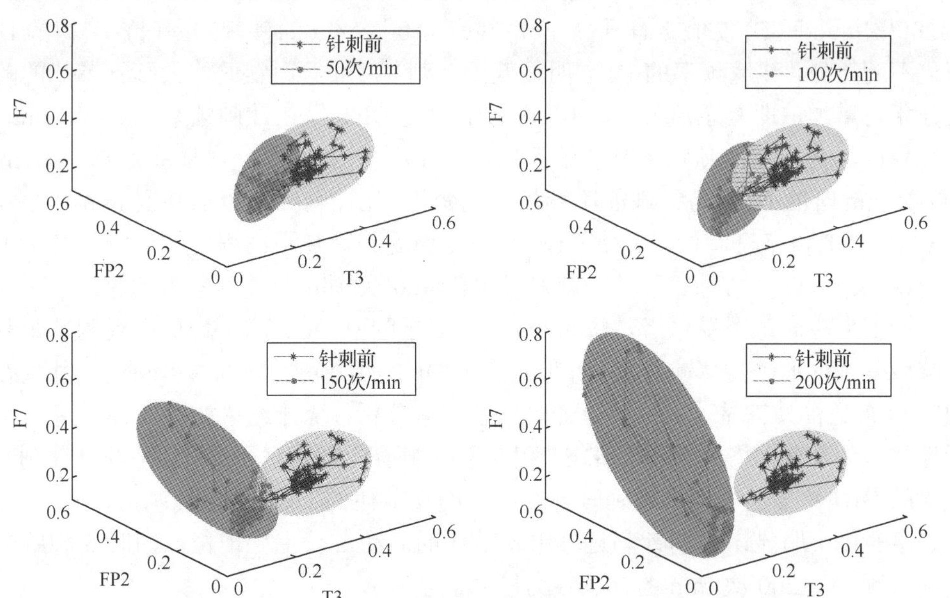

图 8.14　FP2、F7、T3 导的 DET 随滑动窗口移动的曲线图

8.5 多尺度排序递归图

本节利用小波变换与排序递归图相结合的方法提取针刺 EEG 的复杂度参数，研究针刺作用对 EEG 的 5 种基本节律（δ、θ、α、β、γ）的影响，并进一步研究针刺的不同频率与 EEG 复杂度的相关性。小波变换划分信号频带，随后基于排序递归图分析不同频带下信号的复杂度。

随机选择 8 名受试者作为研究对象，利用小波变换的多分辨特性将其在针刺前及针刺中共 5 种状态的 EEG 进行 5 层分解后，得到以下波段：65～128Hz（$j=-1$）、33～64Hz（$j=-2$，γ 频段）、17～32Hz（$j=-3$，β 频段）、9～16Hz（$j=-4$，α 频段）、5～8Hz（$j=-5$，θ 频段）以及 0.5～4Hz（$r=-5$，δ 频段）。同样，利用上一章中确定的嵌入维数 $m=12$ 及延迟时间 $\tau=5$，对上述提取出的 5 种 EEG 节律进行相空间重构；然后，使用滑动窗将每种节律的各导 EEG 分割成长度为 4s 的窗口，窗口移动距离为 1s，计算每个窗口数据的 DET 值，并对该导的所有滑动窗结果取均值，同时对计算结果进行归一化处理。

对归一化后 8 名受试者的结果取平均，得到所有状态下每种节律的平均 DET 统计变化趋势，其脑地形图如图 8.15 所示。从全脑域看，(a) 中针刺后 δ 节律的 DET 高于针刺前，针刺频率为 200 次/min 的变化最明显；(b) 中 θ 节律在针刺频率为 50 次/min 及 100 次/min 时的 DET 与针刺前比较基本无变化，在针刺频率为 150 次/min 及 200 次/min 时 DET 值略有升高；(c) 中除在 50 次/min 的针刺频率时 α 节律的 DET 变化不明显外，其他频率的 DET 明显低于针刺前，可见针刺促使大脑 α 节律的随机成分相对增加，即复杂度提高；(d) 中 β 节律的 DET 仅在针刺频率为 200 次/min 时略有降低，在其他针刺频率时基本无变化；(e) 中 γ 节律在针刺频率为 50 次/min 及 100 次/min 时的 DET 与针刺前比较基本无变化，在针刺频率为 150 次/min 及 200 次/min 时 DET 值略有降低。5 种节律的 EEG 均受到针刺不同程度的影响，其中主要影响 δ、α 节律，同时 5 种节律都对频率为 200 次/min 的针刺最为敏感。

接下来，对每个受试者，求每种节律 20 导脑电 DET 的平均值来观测针刺对整个脑域复杂性的平均影响程度。每种状态下 DET 的统计学分析用以确定 5 种状态的 DET 分布是否具有显著差异，通过单因素方差分析，统计结果如图 8.16 所示，图上所标数字为针刺时各个状态的 DET 相对于针刺前的概率水平。可以看出，针刺时 δ 节律的 DET 高于针刺前，针刺时各个状态的 α 节律的 DET 低于针刺前，而 θ、β 及 γ 节律变化不明显，说明针刺过程中 α 节律的活动占有主导地位；同时 5 种脑电节律都对频率为 200 次/min 的针刺较为敏感。

针刺前　50次/min　100次/min　150次/min　200次/min

(a) δ节律

针刺前　50次/min　100次/min　150次/min　200次/min

(b) θ节律

针刺前　50次/min　100次/min　150次/min　200次/min

(c) α节律

针刺前　50次/min　100次/min　150次/min　200次/min

(d) β节律

针刺前　50次/min　100次/min　150次/min　200次/min

(e) γ节律

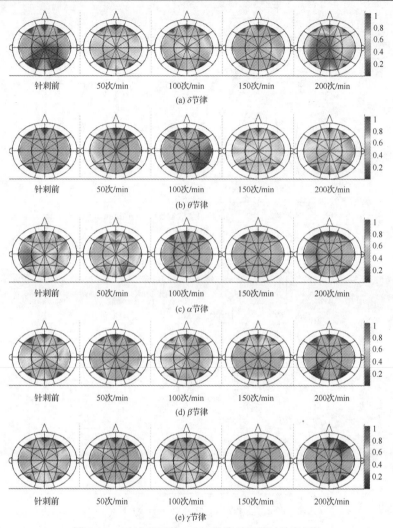

图 8.15　受试者平均 DET 的脑地形图(见彩图)

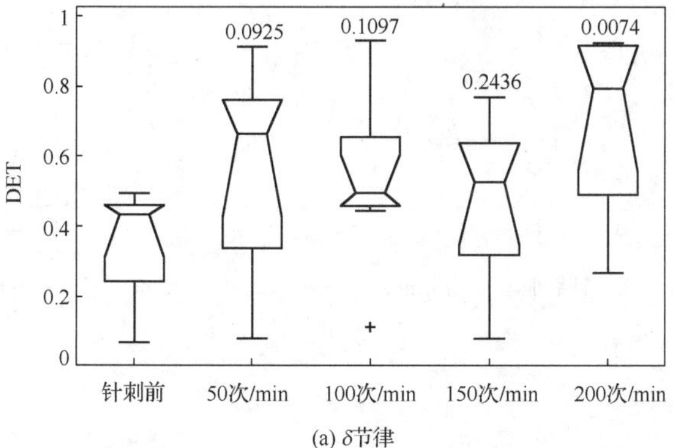

(a) δ节律

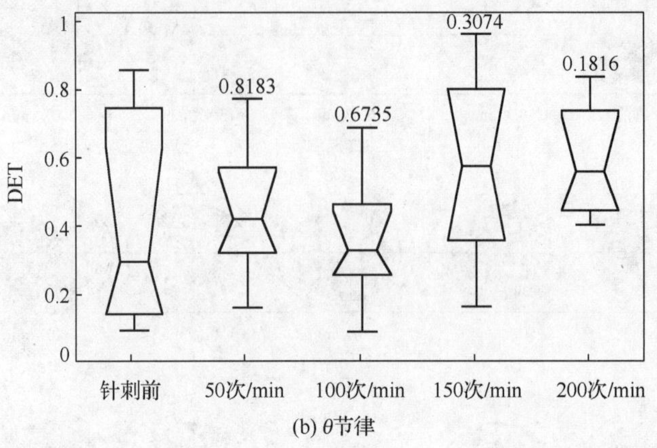

(b) θ节律

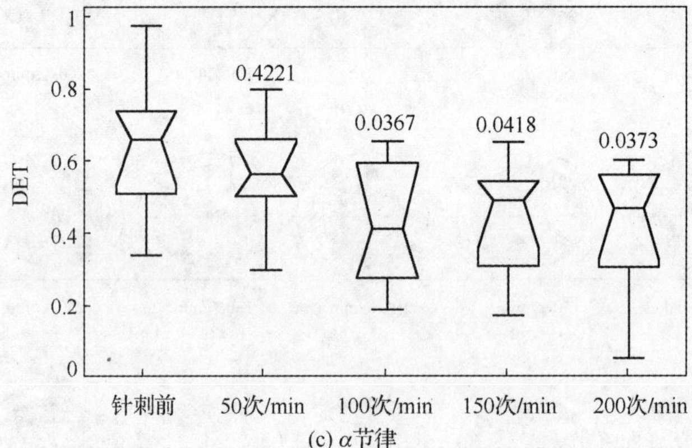

(c) α节律

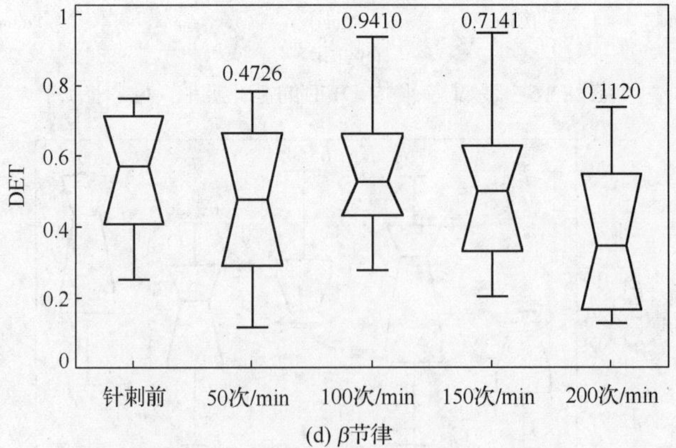

(d) β节律

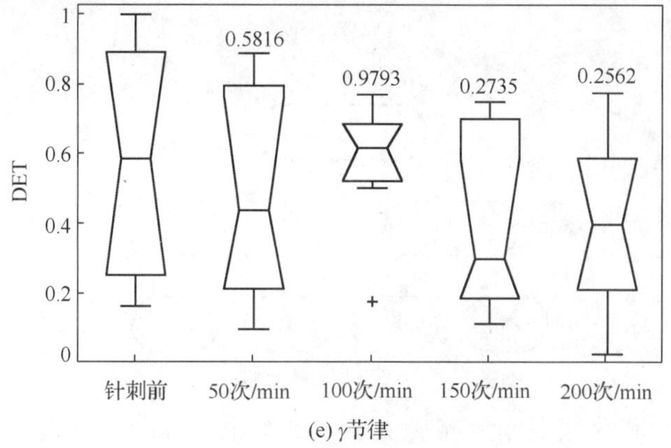

(e) γ节律

图 8.16　受试者全脑域平均 DET 的统计

8.6　小 波 包 熵

在小波分解中，随着分解层数的增加小波逐渐聚焦低频方向，而小波包分解是对小波变换的一种改进，既能分解低频信号又能分解高频段信号，即在所有的频率范围内聚焦，比小波变换更精细，相当于用一对带宽相等的高通滤波器和低通滤波器对原始信号进行滤波。信号通过第一层高通和低通滤波器后得到一个逼近系数向量 $\boldsymbol{A}_1^1$ 与细节系数向量 $\boldsymbol{A}_2^1$，下一步是用相同的方法将逼近系数向量 $\boldsymbol{A}_1^1$ 分裂成两部分，即 $\boldsymbol{A}_1^2$ 和 $\boldsymbol{A}_2^2$，将细节系数向量 $\boldsymbol{A}_2^1$ 分裂成两部分，即 $\boldsymbol{A}_3^2$ 和 $\boldsymbol{A}_4^2$，以此类推。分解到第 j 分解层后便得到 2^j 个等带宽的子信号，系数分别为 $\boldsymbol{A}_i^j,\ i=1,2,\cdots,2^j$，可通过以上系数重构，小波包分解原理如图 8.17 所示。

熵是用来表征复杂度的一个典型物理量，本节主要应用小波包变换的频率划分特性提取 EEG 的不同节律，在此基础上利用小波包熵分析不同大脑功能状态下的 EEG 复杂程度。小波包熵是从小波包分解后的信号序列中计算出的一种熵值，每一个子信号 i 的能量 E_i 就是细节信号和逼近信号的能量之和

$$E_i=\sum_i\left|A_i^j(k)\right|^2,\quad k=1,2,\cdots,M \tag{8-10}$$

其中，M 是采样点的数量，则该信号的总能量 E 即为每个子信号的能量值和

$$E=\sum_i^{2^j}E_i \tag{8-11}$$

在此基础上定义相对小波包能量 $p_i=E_i/E$，每个子信号的相对小波包能量描述了信号在该子空间的能量分布的概率，那么相对小波包能量集 $\{p_1,p_2,p_3,\cdots\}$ 覆盖信号的整个频率带，很明显

$$\sum_i p_i = 1 \tag{8-12}$$

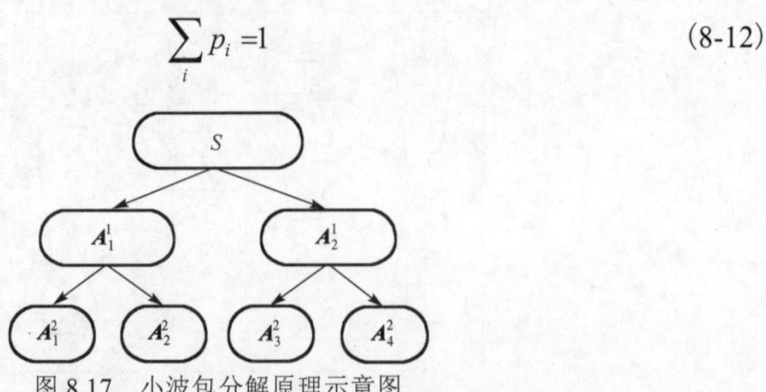

图 8.17　小波包分解原理示意图

香农熵为分析和比较概率分布提供了一个有用的标准，并由此定义每一频率带 i 的小波包能量熵及整个信号小波包能量熵(wavelet packet energy entropy，WPEE)

$$\begin{aligned} \text{WPEE}_i &= -p_i \ln p_i \\ \text{WPEE} &= \sum_i \text{WPEE}_i \end{aligned} \tag{8-13}$$

小波包能量熵是信号有序和无序程度的一种测量，因此，其能提供和信号有关的潜在动力学过程的有用信息，对于一个非常有序的信号如单一频率的周期信号，其只在唯一的小波包分解层，信号在该分解层内相对小波包能量为 1，在其他分解层内则为 0，此时信号的小波包熵为 0；而对于完全随机过程产生的一个信号即无序信号，其将贡献于所有的小波包分解层，若假定其是一个能量分布较均匀的信号，那么在所有频率范围内相对小波包能量将近似相等，此时信号的小波包熵为一个很大的值。

本节随机抽取 8 名受试者为研究对象，利用小波多分解特性将已记录的 5 种状态(针刺前及针刺频率分别为 50 次/min、150 次/min、200 次/min 及针刺后)的 EEG 分解到不同尺度上，选择分解层数 $m=5$，5 层分解后将得到 32 个子频带，相应的频带分别为[0, 4]，[4, 8]，…，[124, 128]Hz。计算 32 个子频带的小波包能量熵，并画出其柱状图，如图 8.18 所示，很明显，每一层的小波包能量不等，即 EEG 在不同的频段内能量分布是不均匀的，这说明 EEG 不是周期信号或者有序信号。同时可以看出，能量主要分布在低频段，在同一频段内 5 种状态的相对小波包能量分布也不同，因此，接下来探究不同针刺频率对不同节律 EEG 的作用规律。

通过小波包分解后得到的频率波段与从临床上 EEG 信号分析衍生出来传统的频率具有相似的波段：δ 节律(0～4Hz，$i=1$)、θ 节律(4～8Hz，$i=2$)、α 节律(9～12Hz，$i=3$)、β 节律(12～32Hz，$i=4\sim8$)、γ 节律(>32Hz，$i>8$)。计算 8 位受试者在以上 5 种节律的平均小波包能量熵，如图 8.19 所示，其中由于 δ、θ 节律规律性不明显，故没有列出其图形。从图 8.19 可以看出，α 节律与 β 节律在针刺中和针刺后的小波能量熵低于针刺前($p<0.05$)，说明针刺可以降低 α 节律与 β 节律的 EEG 信号的无序程度，由于 EEG 信号的中频段(α 节律与 β 节律)是体现脑部的关

键特征，故认为针刺使脑部变得更加有序。而γ节律在针刺中和针刺后的小波能量熵显著高于针刺前（$p<0.05$），有关研究认为γ节律在神经元的远距离通信中起着重要作用，针刺使此节律的熵值提高说明针刺可促进脑部的信息交流。

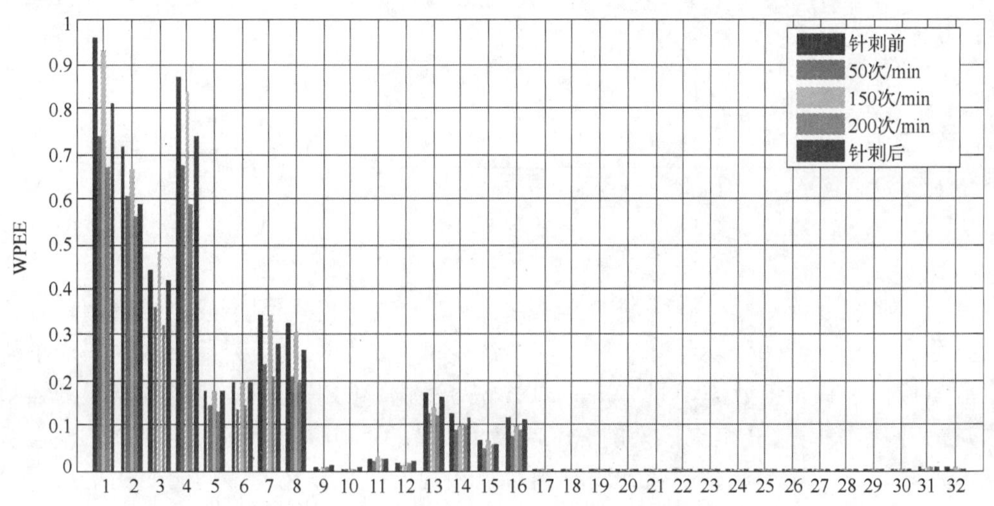

图 8.18　子频带的小波包能量熵(见彩图)

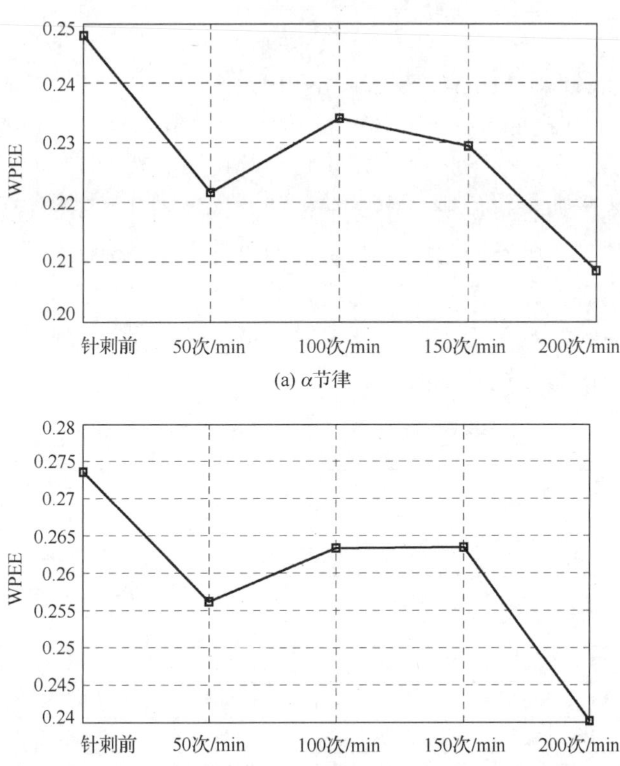

(a) α节律

(b) β节律

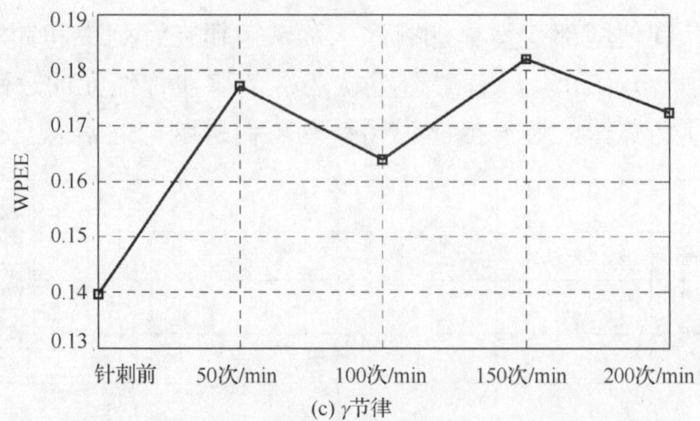

(c) γ节律

图 8.19　受试者不同节律 EEG 的小波包能量熵

为了研究针灸对整个脑区域的影响，计算整个脑电信号的小波包能量熵，统计结果如表 8.5 所示，可以看出，其中有 7 组受试者针刺时及针刺后状态的平均小波包能量熵低于针刺前状态，只有 1 组即第 6 号受试者的平均小波包能量熵受到针刺影响后升高。计算 20 个电极处的 EEG 在针刺前、针刺时、针刺后的 WPEE，为了便于比较，分别计算针刺后及针刺时相对于针刺前的小波包能量熵的变化率

$$p = \frac{\left|\mathrm{WPEE}_{\mathrm{pre}} - \mathrm{WPEE}_x\right|}{\mathrm{WPEE}_{\mathrm{pre}}} \tag{8-14}$$

其中，$\mathrm{WPEE}_{\mathrm{pre}}$ 代表针刺前的 WPEE 值，WPEE_x 代表针刺时的状态（$x=1, 2, 3, 4$ 分别代表针刺频率为 50 次/min、150 次/min、200 次/min 及针刺后状态）。

认为 $p>0.1$ 即为有明显变化，计算针刺时及针刺后相对于针刺前的 p 值有明显变化的通道数，统计如表 8.6 所示，每个受试者均受到针刺不同程度的影响。为了更直观地观察针刺对大脑不同通道的影响，做出每个受试者针刺各阶段相对于针刺前的小波能量熵相对变化率图像，以受试者 1 为例，如图 8.20 所示，从图中可以看出相对变化率较高的区域集中在颞区及中央区域，其他受试者脑部小波包能量熵相对变化率的变化规律与受试者 1 类似。

表 8.5　8 名受试者在 5 种状态下 20 导 EEG 的平均小波包能量熵

受试者序号	针刺前	50 次/min	150 次/min	200 次/min	针刺后
No.1	1.3746	1.0310	1.1217	1.3400	0.9805
No.2	1.5100	1.5052	1.4579	0.4953	0.4947
No.3	1.1133	1.0859	0.9413	0.6676	1.0181
No.4	1.3946	1.3784	1.2217	1.3139	0.9859
No.5	1.4486	1.2339	1.2949	1.3105	1.2798
No.6	1.3073	1.3818	1.3964	1.4733	1.4422
No.7	1.3486	1.3379	1.3761	1.3759	1.0460
No.8	0.5282	0.5108	0.4614	0.6316	0.5160

表 8.6　8 名受试者针刺时及针刺后相对于针刺前 WPEE 变化率大于 0.1 的导联数

受试者序号	50 次/min VS 针刺前	150 次/min VS 针刺前	200 次/min VS 针刺前	针刺后 VS 针刺前
No.1	16	3	17	17
No.2	18	18	18	15
No.3	4	19	8	9
No.4	4	5	18	1
No.5	13	5	7	13
No.6	10	16	14	3
No.7	1	3	14	18
No.8	5	20	3	16

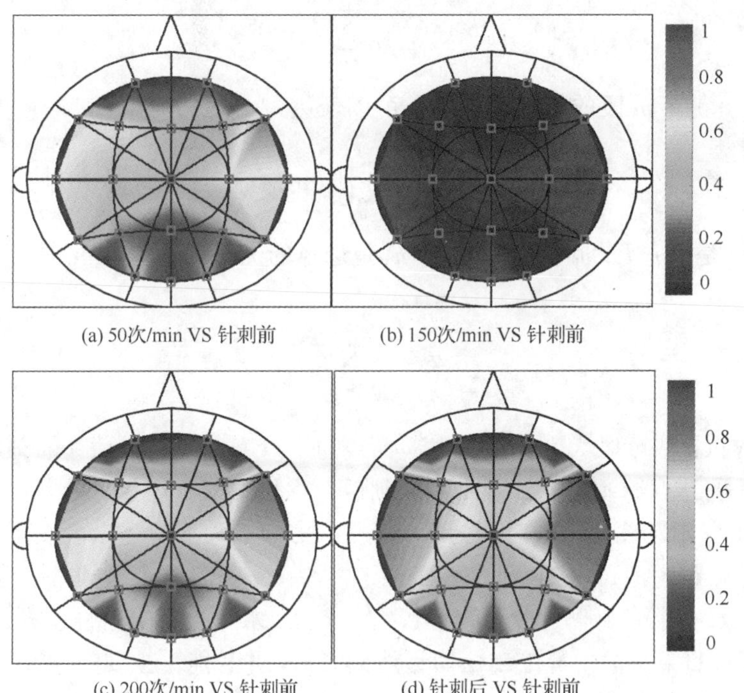

(a) 50次/min VS 针刺前　(b) 150次/min VS 针刺前

(c) 200次/min VS 针刺前　(d) 针刺后 VS 针刺前

图 8.20　受试者 1 针刺时及针刺后相对于针刺前的小波包能量熵相对变化率(见彩图)

8.7　功率谱分析

功率谱分析是一种常用的频域分析法，主要是分析脑电信号或其子频带信号的功率密度随频率变化的规律。功率谱在信号分析领域中是一种重要的分析手段。常用的计算功率谱方法有自相关法、周期图法和 Welch 法等。在现代信号处理中，计算功率谱的方法可以分为经典功率谱估计和现代功率谱估计，周期图法和自相关法都属于经典功率谱估计。虽然周期图法的计算速度快、应用范围广，但是使用该方法计算的功率谱分辨率低，无法满足对密集数据功率谱的准确估计。

Welch 法是基于周期图法的一种改进算法。Welch 法中，在计算周期图前先选取合适的窗函数，使得计算出的功率谱非负。另外，在窗函数滑动到下一段数据时，两段数据之间有重叠，这样会减小方差，估计更准确。因此在数据分析中采用 Welch 法估计癫痫和针刺脑电数据的功率谱。对于一个有 N 个点的时间序列信号 $x(n)$，将其平均分成 P 段，每段长度为 M。于是 Welch 功率谱的计算公式为

$$\hat{B}_x(\omega)=\frac{1}{P}\sum_{m=1}^{P}J_m(\omega) \tag{8-15}$$

其中，$J_m(\omega)$ 是第 m 段的修正周期图，可以表达为

$$J_m(\omega)=\frac{1}{MU(\omega)}\sum_{n=0}^{M-1}\left|x_m(n)w(n)\mathrm{e}^{-\mathrm{j}\omega n}\right|^2 \tag{8-16}$$

其中，$x_m(n)$ 是第 m 段的时间序列，$w(n)$ 是选择的加窗函数，$U(\omega)$ 是具有以下形式的参数

$$U(\omega)=\frac{1}{M}\sum_{n=0}^{M-1}w^2(n) \tag{8-17}$$

使用 Welch 法可以大大提高功率谱曲线的平滑度，改善谱估计的分辨率。首先利用 Welch 法计算针刺前、针刺中和针刺后三种状态下脑电信号的功率谱密度。设置了长度为 1s 滑动窗，重叠时间为 0.75s。图 8.21(a) 为所有受试者在全频带范围下的平均能量分布图，图 8.21(b) 是能量在 δ、θ、α 和 β 四个子频带的分布图，*表示在 $p<0.05$ 水平上有显著性差异，**表示在 $p<0.01$ 水平上有显著性差异。从图 8.21(a) 中可以发现在针刺前，能量在 2Hz 附近达到峰值，并且能量主要集中在低频段(δ 频带)。在针刺状态下，能量峰值出现在 1.8Hz 和 11Hz 附近，并且第一个峰值远大于第二个峰值。通过图 8.21(b) 可以观察到与针刺前的状态相比，在 δ 和 α 频带中能量有显著的增加($p<0.01$)。而在针刺后，能量的分布模式与针刺中类似，仍然显示出两个峰值。但是，δ 频带的能量降低到针灸前的水平。在 α 频带的能量相比于针刺时略有降低，但是仍然显著高于针灸前的能量。结果表明，在足三里穴的针刺可以极大地改变脑电能量，并且在不同频带的影响效果不同。特别是在 δ 频带中，能量在针刺中增加，但在针刺后下降；而在 α 频带，针刺中和针刺后的能量都会增加。以上实验结果表明针刺的影响主要作用在 δ 和 α 频带。

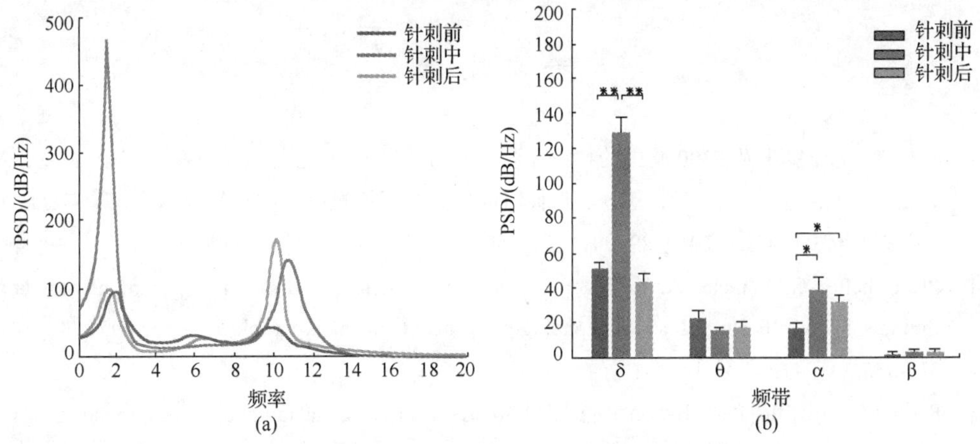

图 8.21　受试者 19 导联脑电信号平均功率谱分析(见彩图)

8.8　本 章 小 结

本章设计了采用人工针刺方式刺激受试者的右腿膝部 ST-36 穴位获取 EEG 数据的实验。由于 EEG 信号是一种高度非线性的混沌信号，极难找到其中的规律。因此，分别采用 LZ 复杂度、关联维数和排序递归图方法从复杂性角度研究针刺作用对全频带 EEG 信号的影响，发现针刺能够明显降低大脑的确定性，促使大脑活动的随机成分相对增加，即复杂度提高，其中，以捻转频率为 100 次/min 的针刺影响最为明显。同时，可见针刺对大脑不同功能区的影响程度也具有一定的差异性。

EEG 可看作为发生在不同时间尺度上不同结构重叠的结果，因此，本章利用小波的多尺度特征将 EEG 按不同频率分解开，提取出与临床上定义相符合的 5 种节律，然后，采取排序递归量及小波包熵等特征量对 5 种节律在不同针刺状态下进行剖析，研究针刺作用对不同状态下 EEG 的影响。采用排序递归分析方法从多尺度角度研究了针刺作用下不同 EEG 节律的动力学特征以及不同针刺频率与不同节律复杂度的相关性，发现针刺时 δ 节律的复杂度低于针刺前；α 节律的复杂度高于针刺前；θ、β、γ 节律的复杂度变化不明显；针刺对 5 种节律的影响以频率为 200 次/min 的针刺最为明显；从 δ、α、γ 节律中提取的确定性指标(DET)可作为区分频率为 200 次/min 的针刺状态与针刺前状态的一种特征参数。利用小波包能量熵方法研究发现 α 节律与 β 节律在针刺时和针刺后的小波能量熵低于针刺前，而 γ 节律在针刺时和针刺后的小波能量熵显著高于针刺前，同时发现针刺对大脑的颞区及中央区域影响最为明显。利用功率谱分析发现针刺的影响主要作用于 δ 和 α 频带。

参 考 文 献

[1] 黄日辉, 思维脑电及P300脑电的特征提取与识别. 江门: 五邑大学, 2008.

[2] 许伦辉, 唐德华, 邹娜, 等, 基于非线性时间序列分析的短时交通流特性分析. 重庆交通大学学报(自然科学版), 2010, 29(001): 110-113.

[3] Pfurtscheller G, Stancak A, Edlinger G. On the existence of different types of central beta rhythms below 30 Hz. Electroencephalography and Clinical Neurophysiology, 1997, 102(4): 316-325.

[4] Rosted P, Griffiths P A, Bacon P, et al. Is there an effect of acupuncture on the resting EEG? Complementary Therapies in Medicine, 2001, 9(2):77-81.

[5] Starr A, Abraham G, Zhu Y, et al. Electrophysiological measures during acupuncture induced surgical analgesia. Archives of Neurology, 1989, 46:1010-1012.

[6] Kim M S, Nam T C. Electroencephalography (EEG) spectral edge frequency for assessing the sedative effect of acupuncture in dogs. Journal of Veterinary Medical Science, 2006, 68(4): 409-411.

[7] Dos S, Tabosa A, do Monte F H, et al. Electroacupuncture prevents cognitive deficits in pilocarpine-epileptic rats. Neuroscience Letters, 2005, 26: 234-238.

[8] Paraskeva A, Melemeni A, Petropoulos G, et al. Needling of the extra 1 point decreases BIS values and preoperative anxiety. American Journal of Chinese Medicine, 2004, 32:789-794.

[9] Chen A C N, Liu F J, Wang L, et al. Mode and site of acupuncture modulation in the human brain: 3D (124-ch) EEG power spectrum mapping and source imaging. Neuroimage, 2006, 29(4): 1080-1091.

[10] Li W, Chen Y, Wang X. Characteristics of peripheral afferent nerve discharges evoked by manual acupuncture and electroacupuncture of "Zusanli"(ST 36) in rats. Acupuncture Research, 2008, 33(1): 65-70.

[11] Fang J Q, Shao X M, Ma G Z. Effect of electroacupuncture at "Zusanli" (ST 36) and "Sanyinjiao" (SP 6) on collagen-induced arthritis and secretory function of knee-joint synoviocytes in rats. Zhen Ci Yan Jiu, 2009,34(2): 93-96.

[12] Liu J M, Liang F X, Li J, et al. Influence of electroacupuncture of Guanyuan (GV 4) and Zusanli (ST 36) on the immune function of T cells in aging rats. Zhen Ci Yan Jiu, 2009, 34(4):242-247.

[13] Hui K K S, Liu J, Marina O, et al. The integrated response of the human cerebro-cerebellar and limbic systems to acupuncture stimulation at ST 36 as evidenced by fMRI. Neuroimage, 2005, 27(3):479-496.

[14] Ma S X, Ma J, Moise G, Li X Y. Responses of neuronal nitric oxide synthase expression in the

brainstem to electroacupuncture Zusanli (ST-36) in rats. Brain Research, 2005, 1037(1/2): 70-77.

[15] 吴祥宝, 徐京华. 复杂性与脑功能. 生物物理学报, 1991, 7(1):103-106.

[16] 尹玲, 金香兰, 石现, 等. 针刺足三里穴 PET 和 fMRI 脑功能成像的初步探讨. 中国康复理论与实践, 2002, 8(9):523-525.

[17] 孙玉. 基于脑电非线性动力学分析的中医针刺疗法和经皮穴位电刺激疗法研究. 杭州: 浙江大学, 2007.

[18] 张秀, 徐桂芝, 杨硕. 磁刺激足三里脑电复杂度研究. 中国生物医学工程学报, 2009, 28(4):620-623.

[19] 欧阳高翔. 癫痫脑电信号的非线性特征识别与分析. 秦皇岛: 燕山大学, 2010.

[20] Lopes da Silva F, Hoeks A, Smits H, et al. Model of brain rhythmic activity. Biological Cybernetics, 1974, 15(1): 27-37.

[21] Jansen B H, Zouridakis G, Brandt M E. A neurophysiologically-based mathematical model of flash visual evoked potentials. Biological Cybernetics, 1993, 68(3): 275-283.

[22] Wendling F, Bellanger J, Bartolomei F, et al. Relevance of nonlinear lumped-parameter models in the analysis of depth-EEG epileptic signals. Biological Cybernetics, 2000, 83(4): 367-378.

[23] 闫润强. 语音信号动力学特性递归分析. 上海: 上海交通大学，2006.

[24] Eckmann J P, Kamphorst S O, Ruelle D. Recurrence plots of dynamical systems. Europhysics Letters, 1987, 4(9): 973-977.

[25] Zbilut J P, Giuliani A, Webber C L. Detecting deterministic signals in exceptionally noisy environments using cross-recurrence quantification. Physics Letters A, 1998, 246(1/2): 122-128.

[26] Marwan N, Kurths J. Nonlinear analysis of bivariate data with cross recurrence plots. Physics Letters A, 2002, 302(5/6): 299-307.

[27] Groth A. Visualization of coupling in time series by order recurrence plots. Physical Review E, 2005, 72(4): 046220.

[28] Sosnovtseva O, Balanov A, Vadivasova T, et al. Loss of lag synchronization in coupled chaotic systems. Physical Review E, 1999, 60(6): 6560-6565.

[29] Webber Jr C L, Zbilut J. Dynamical assessment of physiological systems and states using recurrence plot strategies. Journal of Applied Physiology, 1994, 76(2): 965-973.

[30] Zbilut J, Webber Jr C L. Embeddings and delays as derived from quantification of recurrence plots. Physics Letters A, 1992, 171(3/4): 199-203.

第 9 章　针刺 EEG 信号的同步性分析

上一章的分析均以单通道 EEG 为研究对象，但是，大脑被认为是一个耦合和相互作用的子系统组成的复杂网络，多通道间信号的联系方式也是一个值得关注的问题。高级脑功能尤其是认知功能，依赖于这个复杂网络中信息的有效处理和综合，那么，大脑不同区域的相互作用是如何进行的，在不同类型的病理中这种相互作用是如何改变的，这些问题在神经科学的研究中引起了人们的强烈关注。

EEG 起源于单个神经元，但是单个神经元的电位变化不能导致头皮表面电位的变化，大量神经元的突触后电位同时变化并综合成强大的电场才能引起皮层表面出现明显的电位变化，另外从皮层的神经元组成来看，排列整齐且体积较大的锥体细胞的同步化电活动是产生 EEG 的主要原因。在感知和识别物体时，相关的脑部区域会发生同步化的神经放电活动，相应的 EEG 会发生不同的表现，脑部不同区域间的同步性不但能够反映脑的不同区域间的相关性，而且能够表征不同区域间的信息交流。本章利用多种同步性方法研究针刺对不同通道 EEG 间同步性的影响，探索大脑各区域间脑电活动的信息传递以及相互关系。

9.1　线性相关分析

9.1.1　相干估计法

相干估计法是将两个信号的互谱进行归一化，可以对两个信号的频域进行线性估计，用来描述两个信号频域的同步性。序列 x 和 y 相干估计的互谱如下

$$C_{xy}(\omega) = F_x(\omega) \times F_y^*(\omega) \tag{9-1}$$

其中，F_x 和 F_y 分别为 x 和 y 的傅里叶变换，ω 代表频率，其取值范围为 0～Nyquist 采样频率。

假设序列 x、y 的长度为 N，将每个时间序列分为 M 长的 K 段。对每小段数据采用哈明窗作平滑处理，以减小谱泄漏效应，接着计算每小段数据的互谱，最后计算归一化的相干幅值

$$\Gamma_{xy}(\omega) = \frac{\left|\langle C_{xy}(\omega)\rangle\right|}{\sqrt{\langle C_{xx}(\omega)\rangle} \times \sqrt{\langle C_{yy}(\omega)\rangle}} \tag{9-2}$$

其中，$\langle\cdot\rangle$ 表示 K 段的平均值。$\Gamma_{xy}(\omega)$ 的取值范围是 0～1，较高的 $\Gamma_{xy}(\omega)$ 值代表在频率 ω 处两个信号具有较好的同步性。

9.1.2　针刺 EEG 信号相关性分析

采用相干估计法对沿前额-中央-后颞方向的导联对(F7-F8、F7-FZ、F8-FZ、T3-T4、T3-CZ、T4-CZ、T5-T6、T5-PZ 以及 T6-PZ)和沿左-中-右脑方向的导联对(F7-T5、F7-T3、T5-T3、FZ-PZ、FZ-CZ、PZ-CZ、F8-T6、F8-T4 以及 T6-T4)的同步性进行分析。经过计算得到各针刺动作阶段与针刺前的平均相干幅值谱。由于针刺动作为 50 次/min、150 次/min 以及 200 次/min 的平均相干幅值谱相似，为了说明问题，仅给出针刺前状态与针刺 50 次/min 条件下的平均相干幅值谱。图 9.1 和图 9.2 分别为沿前额-中央-后颞方向导联对和沿左-中-右脑方向导联对的平均相干幅值谱。

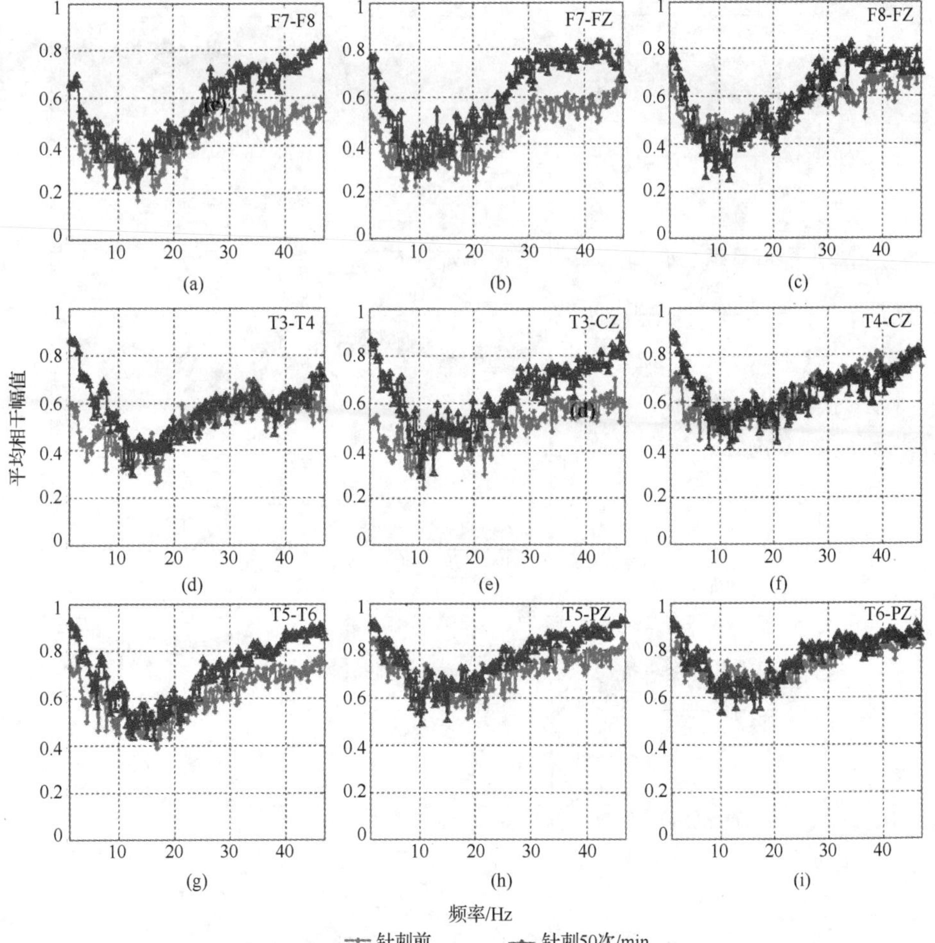

图 9.1　针刺前与针刺 50 次/min 条件下沿前额-中央-后颞方向的导联对的平均相干幅值谱(见彩图)

从图 9.1 中可以发现在低频活动(δ 频段)和高频活动(γ 频段)的相干幅值普遍高于 α 和 β 频段；后颞部分的相干幅值明显高于前额和中央区域；中线与左右两侧的侧额区，颞区和后颞区的相干幅值谱不完全对称。针刺前与针刺中的相干幅值谱明显不同：在 δ 频段，针刺中的相干幅值高于针刺前的相干幅值($p < 0.01$)；在 θ、α 和 β 频段，针刺中的相干幅值提高不明显；在 γ 频段，针刺时，中线与左脑的侧额区、颞区以及后颞区导联对的相干幅值再次显著提高，而中线与右脑的导联对无显著变化。

在图 9.2 中可以发现相干幅值在各个频段都较高，并普遍高于图 9.1 中的各频段的相干幅值；左脑导联对与右脑相应导联对的相干幅值谱基本对称。针刺前与针刺中的相干幅值谱存在如下区别：在 δ 频段，左右两脑区和中线的导联对在针刺时相干幅值明显提高，而在 θ、α 和 β 频段提高不明显；在 γ 频段，左脑和中线的导联对在针刺时相干幅值有少量提高，而右脑的变化不明显。

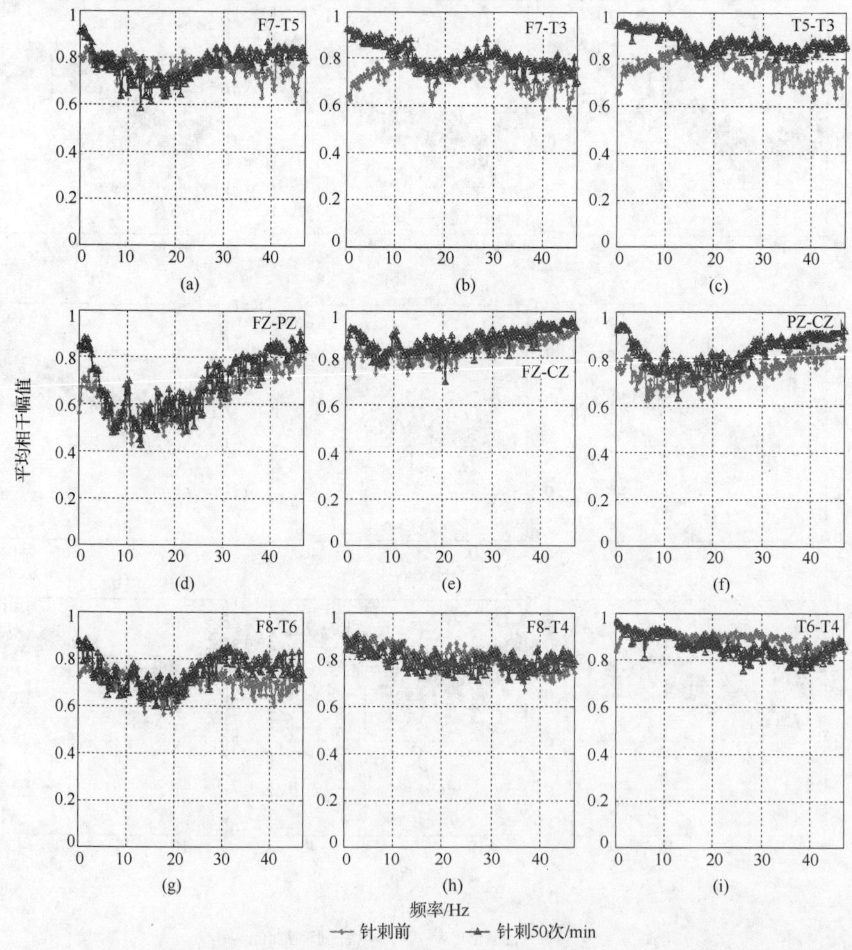

图 9.2　针刺前与针刺 50 次/min 条件下左-中-右脑的平均相干幅值谱(见彩图)

为了进一步研究针刺时脑部同步性的变化情况，对全脑 20 个导联(不包括参考导联 A1、A2)在 δ 频段内任意两导联之间的相干幅值进行分析。计算中，为了定量衡量 δ 频段脑电同步性的变化程度，采用该频段的相干幅值的均值作为脑电同步指标，结果如图 9.3 所示(由于该图是根据各导联间的同步性绘制的，本书中统称为同步性矩阵图)。

图 9.3 中展示了受试者 1 在针刺前、针刺动作为 50 次/min、150 次/min、200 次/min 及针刺后的 δ 频段各导联之间同步指标的曲面图。图中，OZ 导联与其他导联的同步指标都较低，可能是由于受试者在平躺时对位于枕部的 OZ 导联有一定压力，致使其与头部的接触与其他导联不同，降低了 OZ 导联与其他导联的同步性；FP1 和 FP2 导联位于前额，易受到眼部肌肉运动的影响，所以这两个导联与其他导联的同步性也较差；其余各导联与其周围导联同步性较好。

总体上，顶区导联(P3、P4、PZ)、中央区导联(C3、C4、CZ)以及颞区导联(T3、T4)与其他区域的同步性较强。图 9.3 针刺前曲面图中的暖色值明显要低于针刺中和针刺后的暖色值，说明针刺时会增强脑部 δ 频段不同区域脑电活动的同步性；针刺后脑部该频段的同步性会有少许降低，但仍高于针刺前。这种现象也普遍存在于其他受试者针刺时的脑电活动中。表 9.1 列出了 δ 频段，针刺中和针刺后的各导联同步性较针刺前增强的数量(去除 A1 和 A2 导联，实验中记录了 20 个导联的 EEG 数据，计算任意两个导联的同步性，可以产生 190 组结果)。

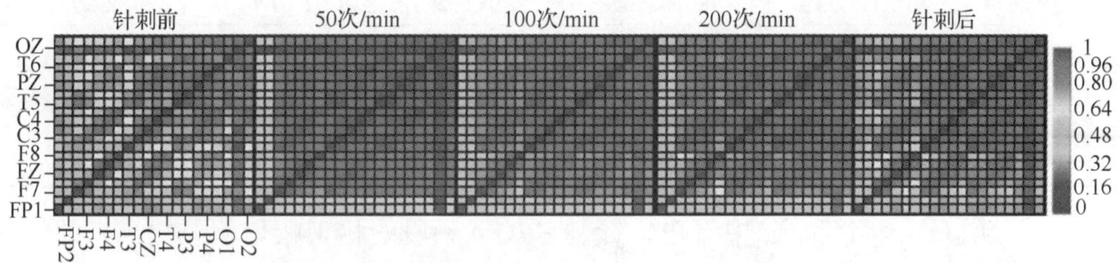

图 9.3　受试者 1 在不同针刺状态下脑部各导联间同步性曲面图(见彩图)

表 9.2 给出了 δ 频段内，9 位受试者在不同针刺阶段任意两导联间(除去 A1、A2 导联)同步性的均值。发现针刺前脑部不同区域间的同步性整体低于针刺中和针刺后($p<0.05$)。脑部不同区域间的同步性不但能反映脑的不同区域间的相关性，而且能表现不同区域间的通信关系。癫痫病等一些神经疾病，其本质都是神经元的过度同步或欠同步放电[1,2]，研究者在研究癫痫病的脑电信号时，发现不同区域间脑电信号的同步性异常提高。认为针刺 ST-36 时，在 δ 频段内脑部不同区域间同步性显著提高的现象是针刺协调各脑部区域间电活动的一种具体体现。

表 9.1　δ 频段，针刺中和针刺后的各导联同步性较针刺前增加的数量统计

受试者序号	50 次/min VS 针刺前	150 次/min VS 针刺前	200 次/min VS 针刺前	针刺后 VS 针刺前
No.1	100.00%	76.84%	100.00%	98.95%
No.2	83.68%	95.26%	100.00%	94.74%
No.3	60.53%	65.79%	62.63%	54.74%
No.4	90.00%	98.95%	82.63%	34.74%
No.5	91.05%	84.74%	90.53%	86.32%
No.6	81.58%	58.95%	68.95%	80.53%
No.7	83.16%	52.63%	60.47%	81.58%
No.8	25.79%	25.79%	82.63%	16.84%
No.9	92.63%	72.63%	66.32%	57.89%
均值±(标准差)	78.71±(22.67) %	70.18±(22.76) %	80.35±(14.34) %	67.37±(28.17) %

表 9.2　δ 频段，9 位受试者在不同针刺阶段任意两导联间同步性的均值

受试者序号	针刺前	50 次/min	150 次/min	200 次/min	针刺后
No.1	0.6357	0.7990	0.6693	0.8127	0.7808
No.2	0.6580	0.7313	0.7819	0.7457	0.7036
No.3	0.5723	0.6388	0.7519	0.9165	0.7082
No.4	0.6470	0.8021	0.8740	0.6847	0.6204
No.5	0.6018	0.7472	0.7204	0.7683	0.6591
No.6	0.6493	0.7257	0.6652	0.6796	0.6892
No.7	0.5992	0.7134	0.6101	0.6560	0.7114
No.8	0.8197	0.8141	0.8149	0.8391	0.8024
No.9	0.5818	0.7909	0.6483	0.6523	0.6093
均值±(标准差)	0.6406±(0.0740)	0.7514±(0.0565)	0.7262±(0.0866)	0.7394±(0.0735)	0.6983±(0.0648)

从图 9.1(a)、(d)和(g)中看出，针刺 EEG δ 频段的相干幅值明显提高，即针刺使左右脑间的同步性加强。研究发现 δ 频段脑电活动可能发源于皮质的下层结构[3]，所以认为针刺足三里协调了这部分结构的电活动，加强了不同脑区间的同步化程度。针刺可以协调各个脑区的电活动，这也许是针刺作用于脑部的机理之一。

观察图 9.1 与图 9.2，发现在 δ 频段，针刺对左脑的同步加强程度高于右脑(主要体现在图 9.1(b)、(e)、(h)与图 9.1(c)、(f)、(i)和图 9.2(b)、(c)与图 9.2(h)、(i))。这表明针刺右腿足三里对左脑的影响大于右脑，可能与针刺的部位是右腿足三里或受试者都是右手利的人有关，具体原因还需要进一步的实验研究。由表 9.1 和表 9.2 可知，针刺能提高大脑全局的同步程度，但不同频率针刺对大脑同步性的影响有所差异。

除了 δ 频段的脑部不同区域间的同步性在针刺时有显著增强，γ 频段的脑部不同区域间的同步性也普遍增强，这种现象与认知研究中的实验结果完全相反：赵仑

在研究连续心算时，脑部的 γ 频段的脑电同步性出现明显的降低[4]。γ 频段的快速皮层振荡活动不仅联系着人的各种认知过程，而且可能在精神病治疗和神经功能紊乱调节方面起着重要作用[5, 6]。目前的研究表明大量神经元的协调活动一定会产生 γ 频段的脑电活动，而其功能目前尚不明确。本章发现针刺会加强不同脑区间 γ 频段的同步活动(如图 9.1(a)、(d)、(g)和图 9.2(a)、(d)、(g))，表明针刺在协调远端脑区间的电活动。此结论与多数研究者认为的 γ 频段的同步活动反映了神经元的远距离通信的观点一致[7,8]。

9.2　同步似然度分析

9.2.1　同步似然度计算方法

目前衡量脑电同步性指标的方法较多，常用的有互相关方法和相干估计方法等。互相关方法虽然计算简单，但不能表现信号的频域特性[9]；相干估计法用来衡量两个信号间某个频段的相互关系，是不同频率脑电活动空间同步程度的一种度量[10]，但这种方法不能发现信号间的非线性特性。本节将采用同步似然度(synchronization likelihood，SL)方法衡量不同脑部区域间的同步性指标。SL 方法是基于 Rulkov 提出的广义同步性概念演化而来的[11]，相对于相干估计方法，SL 方法不但具有良好的抗噪能力，而且能够找到数据间复杂的非线性耦合关系。

将 EEG 信号第 a 导联的数据进行相空间重构，得到新的时间序列 $\boldsymbol{X}_{a,i}=(x_i,x_{i+L},x_{i+2L},\cdots,x_{i+(m-1)\times L}),i\in[1,N-(m\times L)]$，其中，$L$ 为延迟时间，m 为嵌入维数。如果该导联的数据长度为 N，那么有 $N-(m\times L)$ 个向量被重构出来，向量 $\boldsymbol{X}_{a,i}$ 表示 EEG 数据的第 a 导联在时间跨度 $N-(m\times L)$ 内的系统状态，为了便于描述，简称为第 a 导联在 i 时段的系统状态。采用同样的方式可以得到第 b 导联第 i 时段的系统状态 $\boldsymbol{X}_{b,i}$，然后计算导联 a 与导联 b 在第 i 时刻同步似然度 S_i

$$S_i=\frac{1}{2\times(W_2-W_1)+1}\sum_{|i-j|=W_1}^{W_2}\theta(\varepsilon_a-|\boldsymbol{X}_{a,i}-\boldsymbol{X}_{a,j}|)\times\theta(\varepsilon_b-|\boldsymbol{X}_{b,i}-\boldsymbol{X}_{b,j}|) \tag{9-3}$$

其中，θ 是 Heaviside 函数，当其参数小于 0 时，返回 0；当其参数大于等于 0 时，返回 1；ε_a 和 ε_b 是定义的两个门限阈值，用来衡量两个系统状态的相似程度。将两个导联间所有计算得到的 S_i 的平均值作为这两个导联的同步性指标，以构建脑同步性矩阵。为了保证第 a 导联 i 时段与 j 时段的系统状态距离合适，通常采用长度为 W_1 和 W_2 的时间窗限定 i 与 j 之间的距离，使其满足 $W_1\leqslant|i-j|\leqslant W_2$ [12, 13]。采用式(9-4)、式(9-5)和式(9-6)确定 L、m、W_1[14]，并且默认 $W_2-W_1=400$，表 9-3 显示了 L、m、

W_1和W_2的基本参数，其结果与文献[13]中的参数基本相同。

$$L = \frac{F_s}{3 \times \text{HF}} \tag{9-4}$$

$$m = \frac{3 \times \text{HF}}{\text{LF}} + 1 \tag{9-5}$$

$$W_1 = 2 \times L \times (m-1) \tag{9-6}$$

其中，F_s表示采样频率，HF 表示带通滤波器的高频转折频率，LF 表示带通滤波器的低频转折频率。

表 9.3　SL 方法的计算参数表(频带按照脑电波频带标准划分[15])

频带名称	LF/Hz	HF/Hz	L	m	W_1	W_2
δ	1	4	21	13	252	652
θ	4	8	11	17	66	466
α_1	8	10	9	5	36	436
α_2	10	13	7	5	28	428
β_1	13	20	4	6	20	420
β_2	20	30	3	6	15	415
γ	30	47	2	6	10	410

9.2.2　针刺 EEG 信号同步似然度分析

图 9.4 给出了受试者 1 在不同针刺状态下脑部各导联间同步性曲面图，从图中可以观察到针刺中和针刺后脑部各区域间的 SL 同步性都有加强(注意，该图与图 9.3 的颜色坐标不同，暖色表示其所对应的导联间的 SL 同步性较强，冷色表示其所对应的导联间的 SL 同步性较弱，这是由于 SL 方法计算出的同步性都较低，一般低于 0.05，而 SL 算法的最高同步性仍然为 1。为了能够表现出不同针刺阶段的同步性变化，默认每个导联与其自身的同步性为最大值，而不是 1，所以此图仅表示一种趋势)。从图中可以看出针刺后脑部各区域间的同步性有所提高。

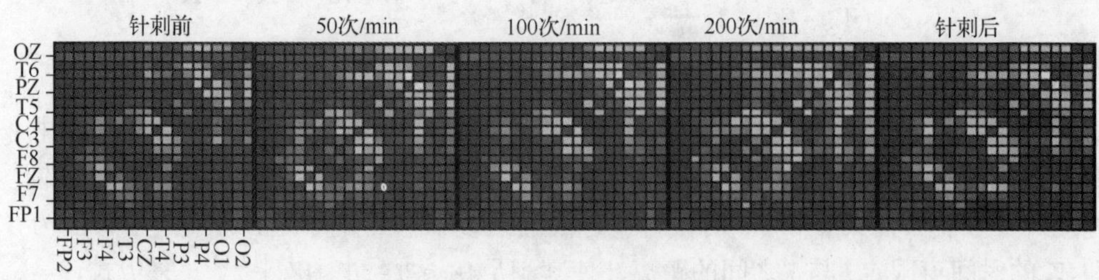

图 9.4　受试者 1 在不同针刺状态下脑部各导联间同步性曲面图(见彩图)

图 9.4 中表现的针刺中和针刺后，脑部不同区域间同步性提高的现象普遍存在于 9 位受试者中。经过分析，发现在 θ、α 和 β 频段中，9 位受试者在不同针刺阶段任意两导联间(除去 A1、A2 导联)同步性的均值变化无固定趋势，不再赘述；在 δ 和 γ 频段内，发现脑部不同区域间的同步性有增加的趋势，以 δ 频段为例进行说明。表 9.4 给出了针刺中和针刺后的各导联同步性较针刺前增强的数目。可以发现表 9.4 中数值普遍高于 50%，这充分说明针刺后，脑部不同区域间的同步性有所提高。

表 9.5 给出了 δ 频段内，9 位受试者在不同针刺阶段任意两导联间同步性的均值。从该表中也可以看出在针刺中和针刺后的各阶段，9 位受试者的脑部不同区域间的 SL 同步性显著提高，表明针刺能协调各脑部区域间的电活动。

表 9.4　δ 频段，针刺中和针刺后的各导联同步性较针刺前增加的数量统计

受试者序号	50 次/min VS 针刺前	150 次/min VS 针刺前	200 次/min VS 针刺前	针刺后 VS 针刺前
No.1	81.58%	63.16%	78.95%	90.53%
No.2	46.84%	56.84%	62.11%	46.84%
No.3	46.84%	91.58%	93.68%	80.53%
No.4	64.21%	73.68%	58.42%	56.84%
No.5	55.79%	56.84%	83.16%	55.26%
No.6	80.53%	77.37%	78.42%	76.84%
No.7	56.32%	56.32%	61.58%	53.68%
No.8	4.74%	42.11%	45.26%	10.47%
No.9	80.53%	77.89%	76.32%	83.16%
均值±(标准差)	57.49±(24.24) %	66.20±(15.10) %	70.88±(14.99) %	61.46±(24.88) %

表 9.5　δ 频段，9 位受试者在不同针刺阶段任意两导联间同步性的均值

受试者序号	针刺前	50 次/min	150 次/min	200 次/min	针刺后
No.1	0.0179	0.0205	0.0190	0.0222	0.0201
No.2	0.0199	0.0195	0.0215	0.0218	0.0198
No.3	0.0170	0.0175	0.0174	0.0191	0.0173
No.4	0.0194	0.022	0.0210	0.0202	0.0215
No.5	0.0153	0.0155	0.0176	0.0191	0.0169
No.6	0.0172	0.0187	0.0186	0.0192	0.0182
No.7	0.0171	0.0192	0.0202	0.0174	0.0172
No.8	0.0269	0.0242	0.0264	0.0249	0.0228
No.9	0.0139	0.0154	0.0164	0.0158	0.0148
均值±(标准差)	0.0183±(0.0037)	0.0192±(0.0029)	0.0198±(0.0030)	0.020±(0.0027)	0.0187±(0.0025)

9.3 互 信 息

两个随机变量的互信息是衡量一个变量携带另一个变量的测度，其值越大，说明两个信号越相关，反之则相关性越小。从信息论的角度看，互信息本质上就是一种信息熵。假设某一离散随机变量 X 有 N 个不同的随机状态，将这些值划分到 M 个区域，计算每个区域中的分布密度即可得到变量 X 在各个区域的概率，即事件 $\{X = x_i\}$ 的概率为 p_i（$i = 1,2,\cdots,M$），且 $p_i \geqslant 0$，$\sum p_i = 1$，则可定义离散序列 X 的信息熵

$$H_X = -\sum_{i=1}^{M} p_i \log p_i \tag{9-7}$$

相似地可定义离散随机变量 X 和 Y 的位于 $N \times N$ 个区域中的概率，即事件 $\{X = x_i, Y = y_i\}$ 的概率为 p_{ij}，两个变量的联合熵为

$$H_{XY} = -\sum_{i,j}^{M} p_{ij} \log p_{ij} \tag{9-8}$$

则 X 和 Y 的互信息定义为

$$I_{XY} = H_X + H_Y - H_{XY} \tag{9-9}$$

该式表达了已知 X 的情况下传给 Y 的信息量，应用到 EEG 分析上，X 和 Y 代表任意两个电极的 EEG，则该式可以测度一个电极的信息得到另一个电极的信息量，若两个电极的 EEG 相互独立，则互信息为 0，否则大于 0。

9.3.1 排序互信息

互信息计算时对数据长度的要求较高，若数据过短，从信号中估计出其状态变量的概率分布函数不够准确，而实际中的 EEG 长度是有限的。为了克服这个限制，Bandt 和 Pompe 提出了基于排序模式时间序列分析的新方法，不再采用直方图等传统分割方法，而是将 m 维相空间平分为 $m!$ 个排序区域，并统计时间序列状态变量的分布，从而直接估计出信息量[16]。设 X 和 Y 是给定的两导 EEG 信号，分别嵌入到 m 维空间中，得到

$$\begin{aligned} \boldsymbol{X}_i &= (x_i, x_{i+\tau}, \cdots, x_{i+(m-1)\tau}) \\ \boldsymbol{Y}_i &= (y_i, y_{i+\tau}, \cdots, y_{i+(m-1)\tau}) \end{aligned} \tag{9-10}$$

其中，m 为嵌入维数，τ 为延迟时间，然后采用 8.4 节介绍的方法得到 X 和 Y 的排序模式，对于单导脑电 X 的排序模式，把所有排序模式相同的向量归位一组，统计

出每一种排序模式出现的次数 $C_1, C_2, \cdots, C_{m!}$，可得到每一种排序模式出现的概率：$p(X=\pi_1), p(X=\pi_2), \cdots, p(X=\pi_{m!})$，则 X 的排序模式概率分布定义为

$$p_x = p(X=\pi_i) = C_i / L-(m-1)\tau \tag{9-11}$$

对于双通脑电 X 和 Y，在同一时刻向量 $\boldsymbol{X}_k$ 和 $\boldsymbol{Y}_k$ 的排序模式为 π_i 和 π_j，共有 $m!\times m!$ 种联合排序模式，统计出每一种联合排序模式出现的次数 C_{ij}，可得到每一种联合排序模式出现的概率

$$p_{xy} = p(X=\pi_i, Y=\pi_i) = C_{ij} / L-(m-1)\tau \tag{9-12}$$

基于信息理论，分别计算双通道脑电 X 和 Y 的排序熵及排序联合熵

$$H_X = -\sum_{i=1}^{m!} p_x \log p_x \tag{9-13}$$

$$H_Y = -\sum_{i=1}^{m!} p_y \log p_y \tag{9-14}$$

$$H_{XY} = -\sum_{i=1}^{m!}\sum_{j=1}^{m!} p_{xy} \log p_{xy} \tag{9-15}$$

熵 H_X 和 H_Y 反映脑电信号 X 和 Y 各自包含的信息量，联合熵 H_{XY} 反映 X 和 Y 联合概率分布的分布状态，从而得到 X 和 Y 的基于排序模式的互信息，即排序互信息 (pointwise mutual information，PMI) 定义为

$$\mathrm{PMI}_{XY} = H_X + H_Y - H_{XY} \tag{9-16}$$

其中，PMI 值为 0 时表明通道 X 和 Y 相互独立，相反，PMI 值越大表明通道 X 和 X 的相互作用越强，越易同步。

利用排序互信息方法分析每名受试者在针刺前及针刺中共 5 种状态下的 20 导 EEG 间的相互作用关系。图 9.5 分别为受试者 3 及受试者 7 在针刺前及针刺中各种状态下 20 导 EEG 之间的排序互信息，可以看出，尽管每名受试者受到针刺的影响程度不同，但整体上针刺时各导 EEG 之间的 PMI 值高于针刺前，即针刺能增强大脑的信息交流活动，其他受试者均具有此现象，随机列出两名受试者的分析结果。

求所有受试者的平均 PMI 值，将其作为阈值，两通道间的 PMI 值大于此阈值时视为信息交流活跃，分别统计每名受试者左脑区域内、右脑区域内以及左右脑之间脑电的 PMI 大于此阈值的通道数，统计结果如表 9.6、表 9.7 及表 9.8 所示。表 9.6 中，共有 6 名受试者针刺时比针刺前脑电信息交流活跃的通道数增加，受试者 2 受到针刺的影响变化不明显，只有受试者 8 通道数减少，因此可知针灸能够促进左脑区域内的信息交流；表 9.7 中，共有 5 名受试者在针刺过程中通道数增加，受试者 2 和受试者 5 受到针灸的影响变化不大，但均有升高的趋势，只有受试者 8 的通道

数减少，因此可知针灸也促进右脑区域内的信息交流；表 9.8 中，针刺时与针刺前相比，脑电信息交流活跃的通道数变化不明显，也就是说针刺对左右脑之间的信息交流未起到贡献的作用。

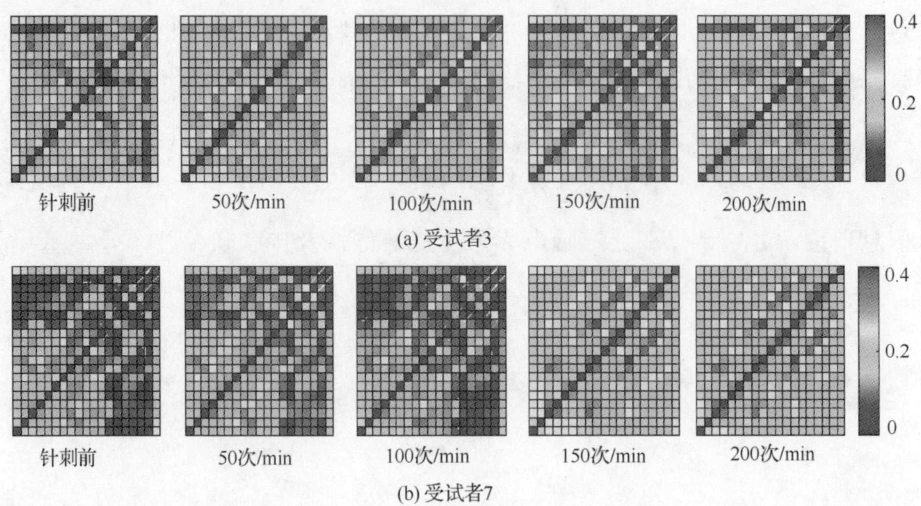

图 9.5　两名受试者 5 种状态下的排序互信息

表 9.6　8 名受试者左脑区域内各通道间信息交流活跃的通道数

受试者序号	针刺前	50 次/min	100 次/min	150 次/min	200 次/min
No.1	4	4	5	6	6
No.2	15	15	15	13	19
No.3	15	25	23	21	18
No.4	32	35	43	42	43
No.5	18	21	20	20	15
No.6	2	6	13	9	9
No.7	10	9	10	33	22
No.8	32	20	23	22	23

表 9.7　8 名受试者右脑区域内各通道间信息交流活跃的通道数

受试者序号	针刺前	50 次/min	100 次/min	150 次/min	200 次/min
No.1	4	4	6	7	6
No.2	15	13	14	12	16
No.3	13	23	17	12	17
No.4	26	30	37	36	37
No.5	17	17	16	17	5
No.6	1	5	4	6	4
No.7	12	14	10	31	23
No.8	26	16	18	17	18

表 9.8　8 名受试者左右脑区域之间信息交流活跃的通道数

受试者序号	针刺前	50 次/min	100 次/min	150 次/min	200 次/min
No.1	0	0	0	0	0
No.2	0	1	1	0	1
No.3	2	8	7	5	6
No.4	28	33	39	38	39
No.5	1	4	4	4	0
No.6	0	0	0	0	0
No.7	2	2	2	8	5
No.8	11	5	12	6	12

为了更直观地观察针刺对大脑不同区域之间信息交流的影响，利用脑连接图来描述表 9.6、表 9.7 及表 9.8 的状况，如图 9.6 所示，列出受试者 3 及受试者 7 的脑连接图。其中用直线连接的两通道代表其 PMI 值大于阈值，蓝色直线代表两个通道在左脑区域内，红线代表两个通道在右脑区域内，绿线代表两个通道分别在左右脑区域，更直观地看出针灸能够促进左脑区域内及右脑区域内的信息交流，也即增强其同步性。

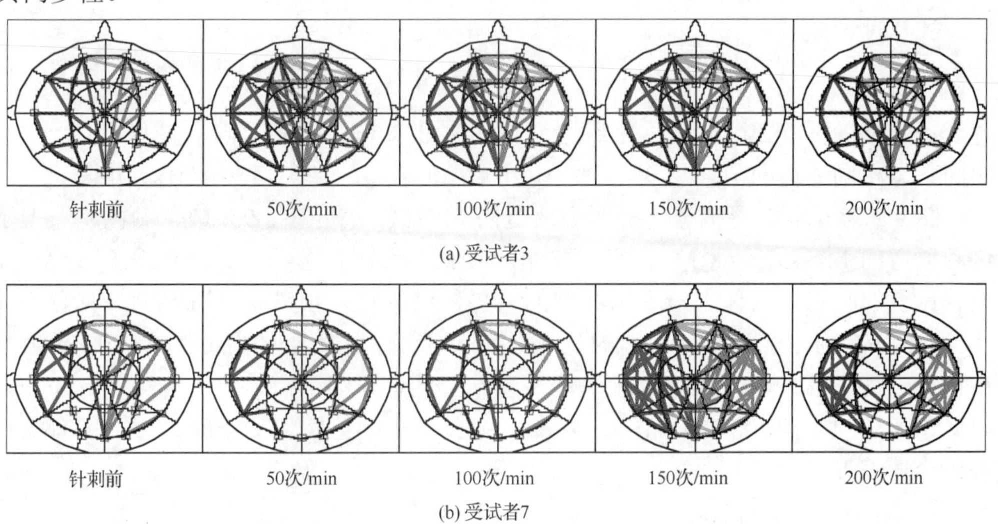

图 9.6　两名受试者 5 种状态下的脑连接图(见彩图)

9.3.2　互信息复杂度

互信息和 LZ 复杂度均被广泛应用于 EEG 信号分析，然而目前尚无人将此两种方法结合分析针刺 EEG 数据。互信息复杂度(mutual information Lempel-Ziv complexity，MILZC)方法通过结合互信息与 LZ 复杂度方法，综合了两者的功能与优势。关于 MILZC 方法描述如下。

假定两个随机序列 x 和 y（两个序列长度相同），假定窗长 W_1 及滑动窗长度为 S_1，因此序列 x 和 y 被分为 $(x_1,\cdots,x_N)$ 和 $(y_1,\cdots,y_N)$，N 为整数，$N=(\text{length}(x)-W_1)/S_1$。$x_i=x\{[(i-1)S_1+1]:[(i-1)S_1+1+W_1]\}$，其中，$1\leqslant i\leqslant N$，$y_i$ 同理。序列 $(i_1,\cdots,i_N)$，基于如上所述方法来估计互信息

$$i_i=I(x_i,y_i) \tag{9-17}$$

假定窗长 W_2 及滑动窗长 S_2，则互信息序列 $(i_1,\cdots,i_N)$ 被分割为 $(I_1,\cdots,I_M)$，且整数 $M=(\text{length}(i)-W_2)/S_2$。$I_i(1\leqslant i\leqslant M)$ 的 LZC 值 c_i 通过上述的方法计算。最后取 $(c_1,\cdots,c_M)$ 均值即得到的 x 和 y 的 MILZC 值。

接下来利用互信息复杂度方法来分析针刺对大脑不同区域同步程度的影响，$W_1=4\text{s}$，$S_1=0.16\text{s}$，$W_2=0.4\text{s}$，$S_2=0.02\text{s}$（采样频率为 256Hz）。每位受试者的数据经过处理变成一个 $20\times20\times6$ 矩阵（20 通道 × 20 通道 × 6 种状态）。

为便于不同受试者之间的结果比较，排除受试者个体差异的影响，对计算结果进行归一化处理。归一化方法如下：$V_{\max}$、$V_{\min}$ 和 V_{mean} 分别表示 $20\times20\times6$ 矩阵中的最大值、最小值、平均值。$V(i,j,k)$ 表示归一化前矩阵中的值，其中，$1\leqslant i\leqslant20$，$1\leqslant j\leqslant20$，$1\leqslant k\leqslant6$，i 和 j 表示通道，k 表示状态。$V'(i,j,k)$ 为归一化后矩阵中的值，计算过程如下

$$V'(i,j,k)=[V(i,j,k)-V_{\min}]/(V_{\max}-V_{\min}) \tag{9-18}$$

对于每一位受试者，得到归一化后均为 0、1 值的矩阵。在此基础上，将 8 位受试者相同状态相同通道的值取平均，使 $20\times20\times6\times8$ 矩阵最终变为 $20\times20\times6$ 矩阵。

图 9.7 为 6 个不同状态下每两个通道的 MILZC 值。在图 9.8 中，颜色越深表示这两通道的 MILZC 值越高。可以看出，MILZC 值在整个针灸过程中升高。比较 8 位受试者的状态，总体上表现出相似的趋势，但最有效频率尚有所不同，具有个体差异。图 9.8 列出了两位受试者的状态。可以看出，虽然两位受试者的 MILZC 值都在针灸过程中升高，但最有效频率却不同。受试者 1 的最有效频率为 150 次/min，而受试者 2 约为 50 次/min、100 次/min。这表明互信息复杂度分析 EEG，能有效反映出个体差异。

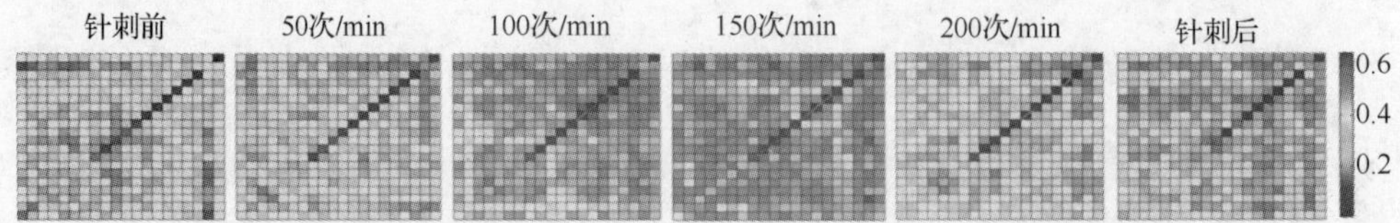

图 9.7　所有受试者归一化及取均值后的 MILZC 值（见彩图）

在以上数据分析基础上，继续研究大脑不同区域间的信息交流活跃程度，即探究针刺作用下脑电活动的空间性。定义所有受试者互信息复杂度值的均值为阈值，

表示所有志愿者不同脑区间信息交流复杂程度的平均水平。若两个通道间 MILZC 值高于阈值，则认为两通道间的信息交流是复杂的，用一条直线连接来表示。图 9.9 表示脑连接情况，利用不同的线型来表示不同脑区间的连接，其中，LL 表示左脑区间内的连接，LM 表示左脑与中脑间的连接，LR 表示左脑与右脑的连接，RR 表示右脑间的连接，RM 表示右脑与中脑间的连接，MM 表示中脑与中脑的连接。如图 9.9 所示，在针刺过程中，脑连接数增加。

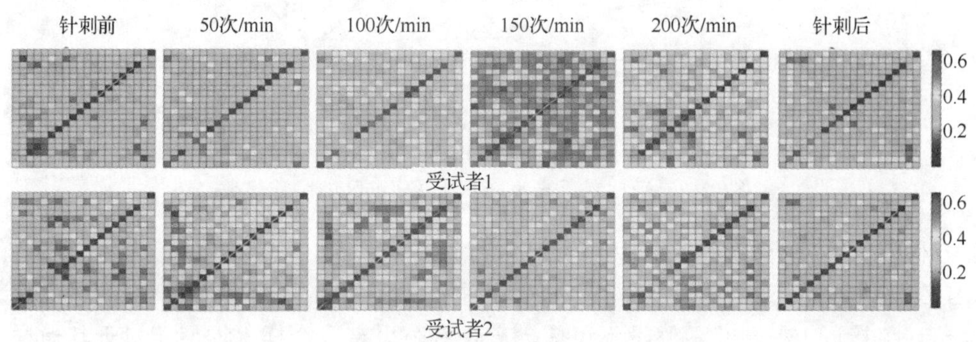

图 9.8　两位受试者 MILZC 值(见彩图)

为定量表明这种变化，分别对每位志愿者的 6 种状态下大脑区域间的脑连接情况进行统计，如图 9.10 所示。发现在针刺 100 次/min 和针刺 150 次/min 时左右脑间的连接达到最大值，即左右脑之间的信息交流最为活跃。这与在针灸学中普遍认为有效手法针刺频率在 90～150 次/min 相符。此外发现 LL 和 LM 区域的变化情况要强于 RR 和 RM。这可能是因为针刺在右腿足三里穴，这个现象与文献[17]中由 fMRI 证实的对侧半脑响应的现象一致。

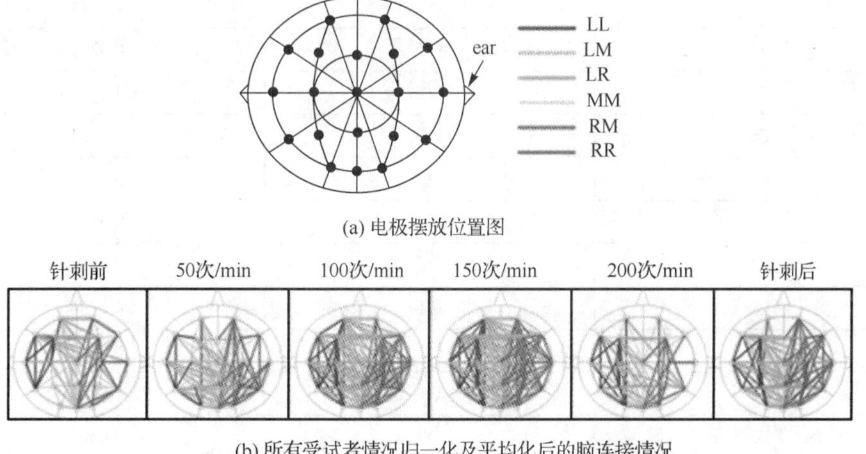

图 9.9　电极分布及相应的脑连接(见彩图)

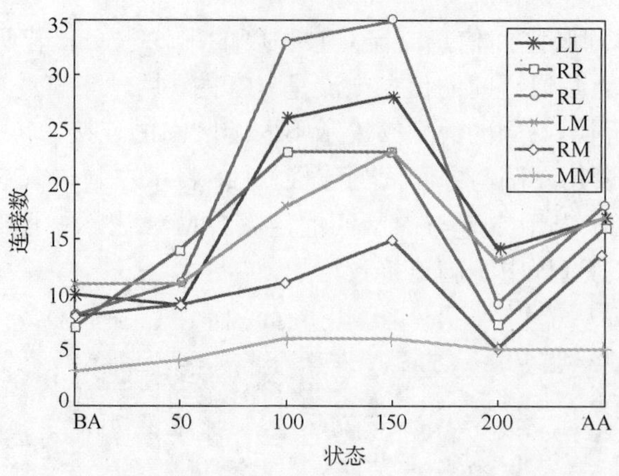

图 9.10　受试者不同状态下及不同脑区的脑连接数

利用一维分析方法 ANOVA1，计算针刺前和针刺 150 次/min 每两个通道的 MILZC 值相应的值。基于 ANOVA1 检验得出 p 值表示在零假设下结果的可信度。如果 p 值接近 0，则表示假设不可信，意味着至少有一个样本均值相对于其他样本均值显著不同。此处选择显著水平为 0.05，通道相应的 p 值中 $p < 0.05$ 的列于表 9.9。对应的通道表明，在针刺过程中这些通道对应的 EEG 信息交流更加复杂。如图 9.11 标出表 9.9 所列的通道，可以看出受影响最明显的集中在左脑区，这与之前所得结果相符。

表 9.9　针刺前与针刺 150 次/min 两种状态比较具有显著差异的通道及 p 值

电极		p
P3	O1	0.0333
O1	O2	0.0314
OZ	O2	0.0269
T4	O1	0.039
T5	O1	0.0404
T5	O2	0.0499
T3	O1	0.0141
C3	O1	0.0377
F8	O1	0.0394
F3	O1	0.0114
F7	O1	0.0067
F7	O2	0.0468

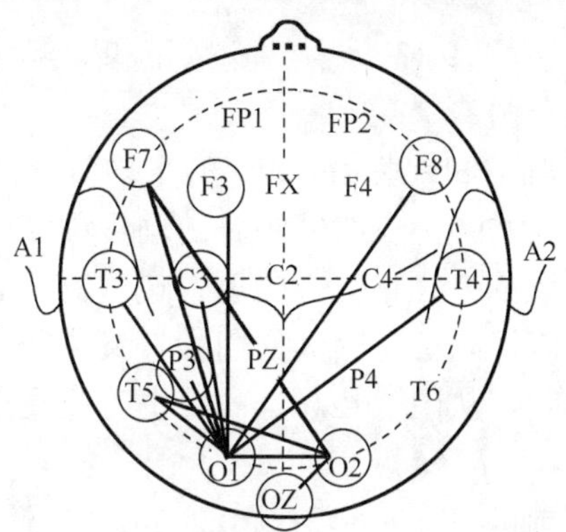

图 9.11　ANOVA1 检验下 $p<0.05$ 的通道的连接

9.4　相位滞后同步分析

9.4.1　相位滞后同步方法

不同位置脑电信号之间的相互作用关系会引发不同类型的同步现象，不同信号之间节律相互调节的程度决定着信号之间的同步程度。相位同步是指两导信号之间相位差是固定的，这种现象可能对各种生物系统状态的调节发挥着重要作用，并且也有可能应用在工程上。提取相位同步的特征是研究信号非线性动力学的一种重要的手段。由于相位滞后指数(phase lag index，PLI)算法源噪声、容积导体以及参考电极活动等在脑电信号中常见的干扰下是不变的，因此选用 PLI 作为量化相位同步程度的方法。$\Delta\phi=\phi_m-\phi_n$ 用来表示脑电信号 m 和信号 n 的相位差，其中，ϕ_m 和 ϕ_n 分别是脑电信号 m 和 n 的相位，通过 Hilbert 变化计算得出。PLI 是一种用来衡量相位差的非对称指数，这意味着两导信号的相位差 $\Delta\phi_-$（大小为 $-\pi<\Delta\phi_-<0$）和 $\Delta\phi_+$（大小为 $0<\Delta\phi_+<\pi$）不同。通过以下公式来提取 PLI

$$\mathrm{PLI}=\left|\langle\mathrm{sign}[\Delta\phi(t_k)]\rangle\right|,\qquad k=1,2,\cdots,N \tag{9-19}$$

其中，$\Delta\phi(t_k)$ 是 t_k 时刻两组信号的相位差。PLI 值的范围是[0, 1]。当 PLI = 0 时，预示着两组信号没有相位差或耦合情况，而当 PLI=1 时，意味着两组信号有着完美的相位同步。PLI 值越大表示信号具有越高同步性或更强的耦合。

9.4.2　针刺 EEG 信号相位滞后同步分析

从功率谱密度分析结果，发现针刺主要影响脑电信号在 δ 频带和 α 频带的非线性动力学。为了进一步分析针刺对不同脑区间信号同步性的影响，从所有受试者中选出一名具有代表性的受试者，用 Morlet 小波滤波提取出 δ 子频带和 α 子频带的脑电信号，然后分别计算在三种针刺状态下该受试者成对电极脑电信号的 PLI 值，得到了相位同步矩阵。图 9.12 和 9.13 分别是 δ 频带和 α 频带三种针刺状态的同步矩阵以及全脑区 PLI 值的分布图。

如图 9.12 所示，在针刺前和针刺后，PLI 的平均值分别为 0.2135 和 0.1959。在针刺状态下，平均值达到 0.2590，表明针刺时的同步程度高于针灸前后。FP1-CZ、FP2-O1 和 FP2-O2 成对导联的 PLI 增大，说明针刺提高了 δ 频带内额叶与枕叶、额叶与顶叶中区的同步性。而针刺后全脑区的同步性又下降到针刺前水平，说明针刺后效应对 δ 频带无明显影响。从图 9.12(d)～(e) 也可以看出针刺中的 PLI 大小有明显提升，且分布更加广泛。

如图 9.13 所示，针刺前的 PLI 平均值为 0.2174。 在针刺状态下，PLI 平均值增加至 0.2370，在针刺后达到 0.2613，说明 α 频带下同步性的提升发生在针刺中和针刺后。另外，CZ-PZ 成对导联的 PLI 增大，说明针刺提高了 α 频带内顶叶与顶叶后区的同步性。注意，针刺后全脑的同步性相比于针刺中仍有提高，说明针刺后效应的作用效果在 α 频带有明显的体现。从图 9.13(d)～(e) 也可以看出三种针刺状态的平均 PLI 递增，且分布越来越广泛，说明针刺在 α 频带同步性的影响更持久。

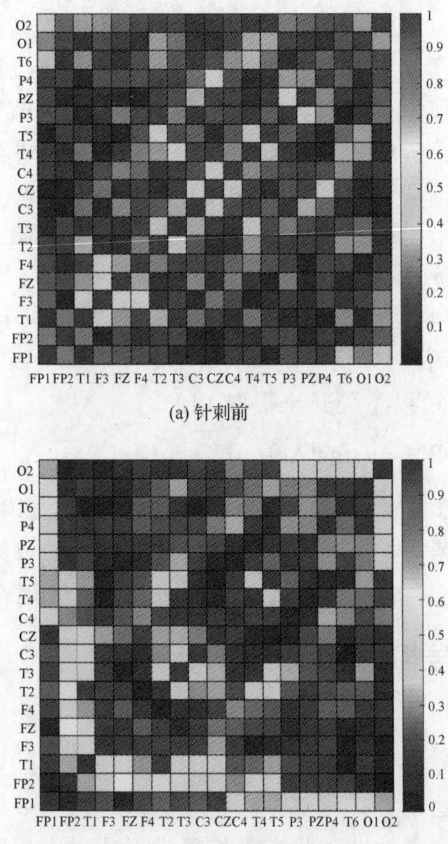

(a) 针刺前

(b) 针刺中

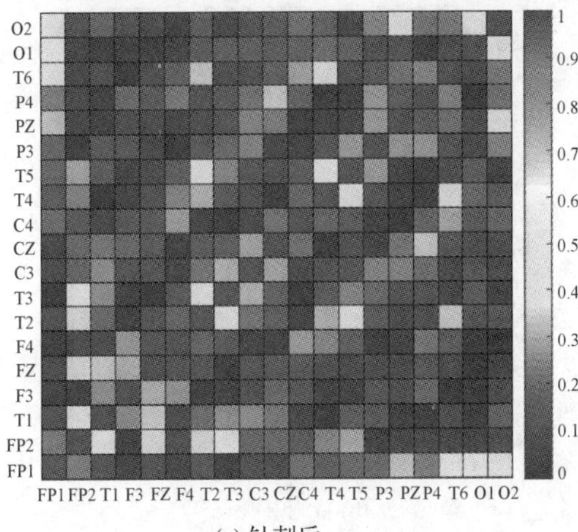

(c) 针刺后

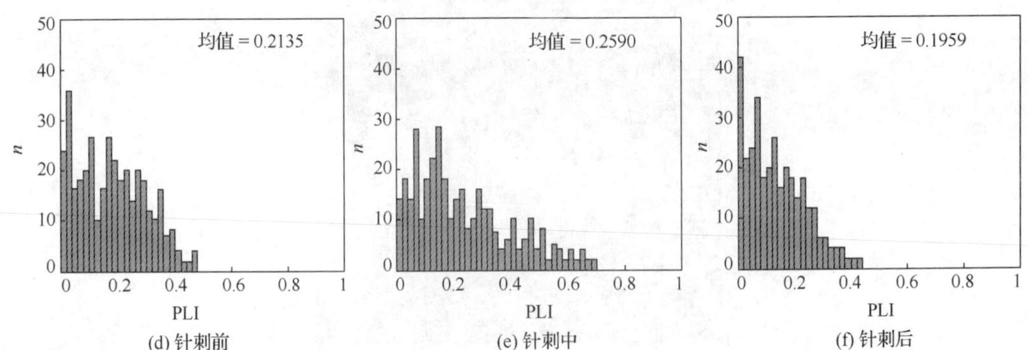

(d) 针刺前　　(e) 针刺中　　(f) 针刺后

图 9.12　δ 频带三种针刺状态 PLI 同步矩阵

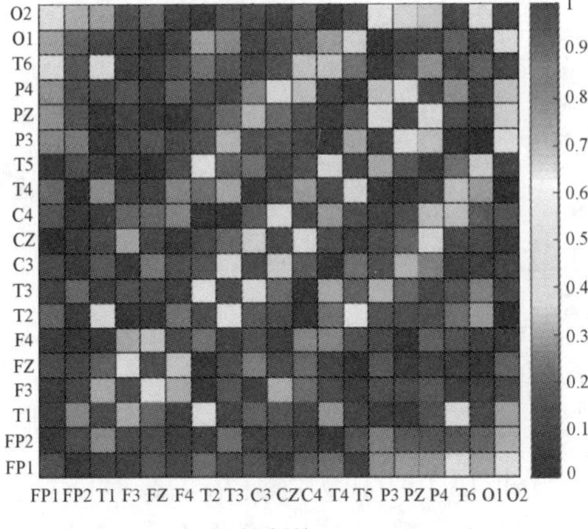

(a) 针刺前

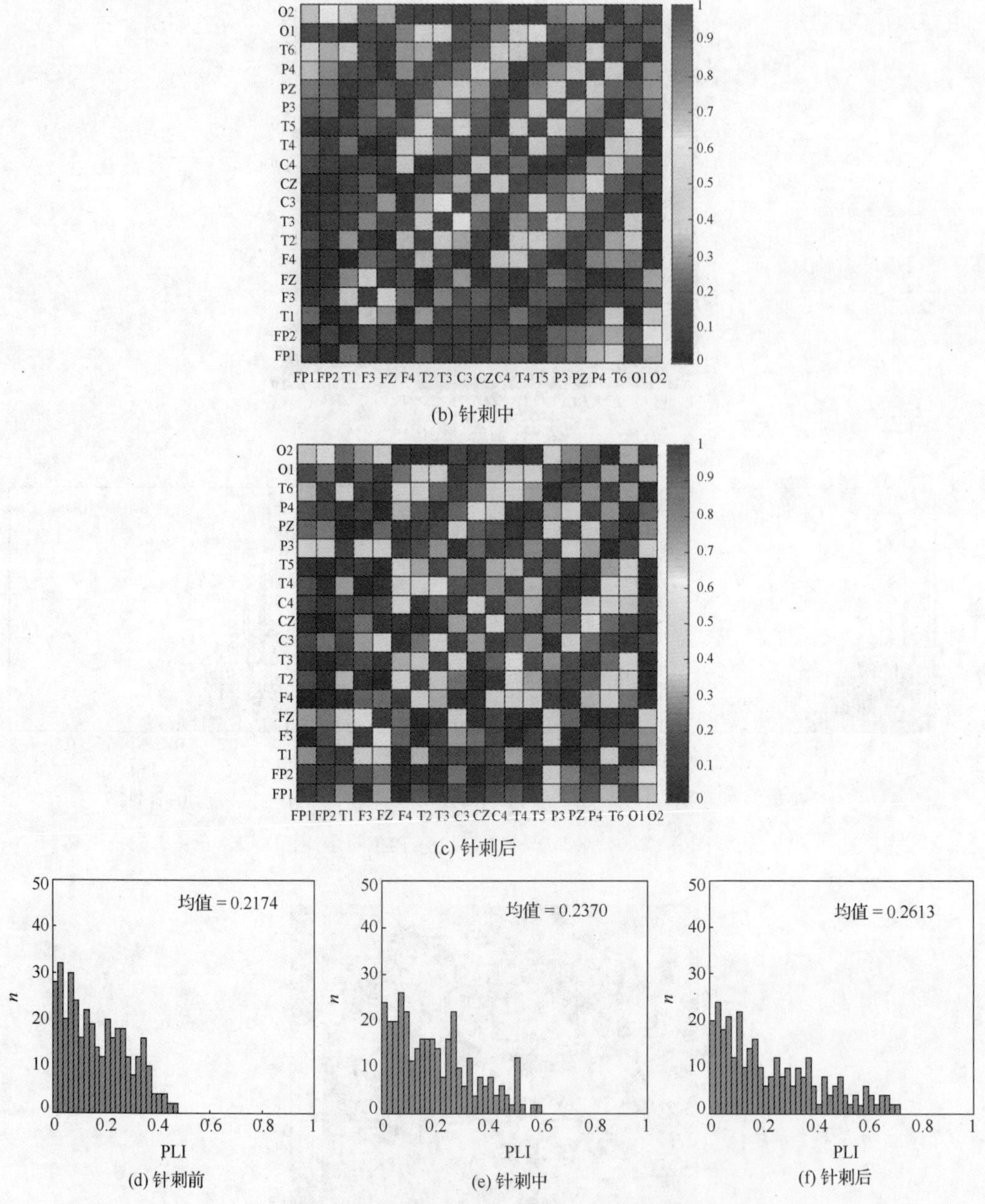

(b) 针刺中

(c) 针刺后

(d) 针刺前　　(e) 针刺中　　(f) 针刺后

图 9.13　α 频带三种针刺状态 PLI 同步矩阵

接着利用单因素方差分析以 PLI 作为区分依据来判断三种针刺状态是否具有显著的组差异。分析结果如图 9.14 所示，另外还计算了各个导联平均的 PLI，结果如图 9.14(c)和(d)所示，*表示 p 在 0.05 水平上具有显著性差异，**表示 p 在 0.01 水平上具有显著性差异。统计分析结果表明，在 δ 频带，针刺中的同步强度明显强于其他两种状态（$p<0.01$），特别是在图 9.14(c)所示的额叶(如 FP1 和 FP2 导联)。在 α 频带中，针刺中的同步强度强于针刺前，但弱于针刺后。

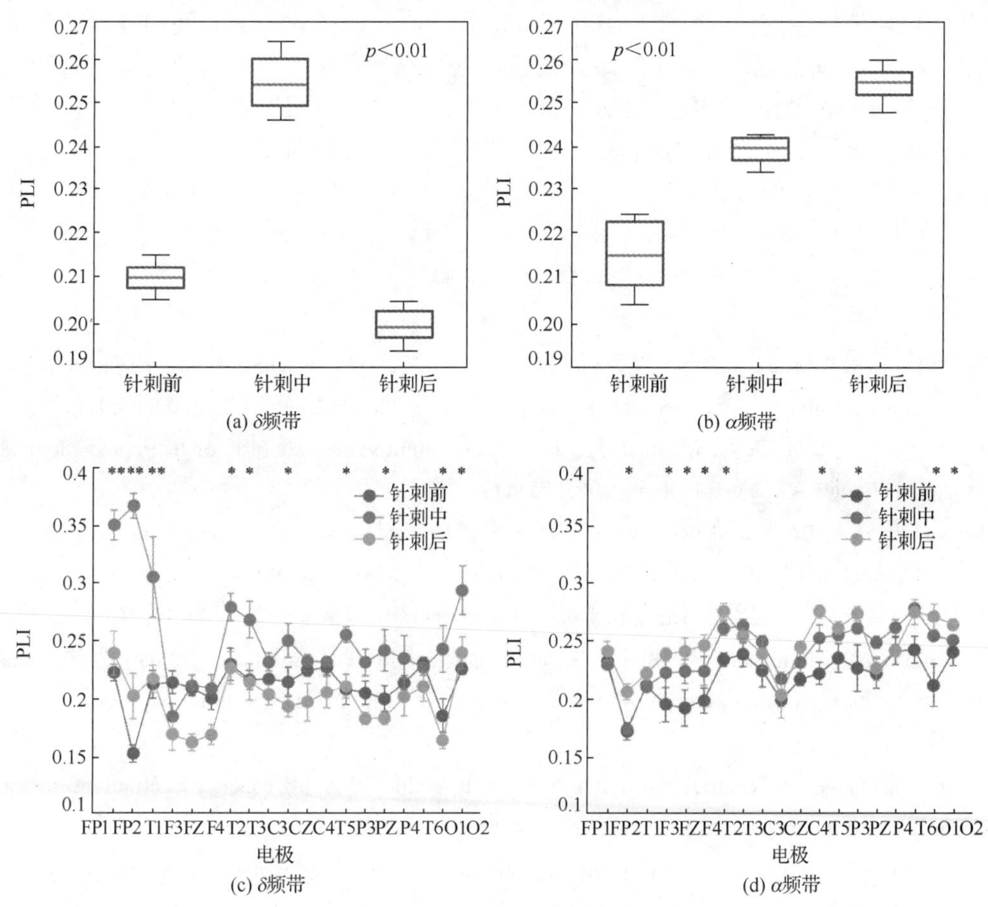

图 9.14 三种针刺状态平均 PLI 统计学分析箱型图以及每导电极的区域 PLI(见彩图)

9.5 本 章 小 结

大脑被认为是一个由不同子系统相互耦合作用组成的复杂网络，高级脑功能尤其是认知功能的实现依赖于不同区域的相互作用。在感知和识别物体时，相关的脑部区域会发生同步化的神经放电活动，相应的 EEG 会发生不同表现，脑部不同区域间的同步性不但能够反映脑不同区域间的相关性，而且能够表征不同区域间的信息交流。因此，本章利用相干估计、同步似然度和互信息等方法研究针刺对不同通道 EEG 间同步性的影响，发现针刺 EEG δ 频段的相干幅值明显提高，即针刺使左右脑间的同步性加强[17]。并且在 δ 频段，针刺对左脑的同步加强程度高于右脑，这表明针刺右腿足三里对左脑的影响大于右脑。针刺能提高大脑全局的同步程度，但不同频率针刺对大脑同步性的影响有所差异。基于互信息的方法发现针灸能够促进左脑、右脑区域内的信息交流，在针刺 100 次/min 和 150 次/min 时左右脑间的连接达到最大值，即左右脑之间的信息交流最为活跃。这与在针灸学中普遍认为有效手法针刺频率在 90～150 次/min 相符。此外，基于相位同步的方法发现在 δ 频带，针刺中的同步强度明显强于针刺前和针刺后，特别是额叶区；在 α 频带中，针刺中的同步强度强于针刺前，但弱于针刺后。

参考文献

[1] Quian Q R, Kraskov A, Kreuz T, et al. Performance of different synchronization measures in real data: A case study on electroencephalogramphic signals. Physical Review E, 2002, 65:041903.

[2] Pereda E, Quiroga R Q, Bhattacharya J. Nonlinear multivariate analysis of neurophysiological signals. Progress in Neurobiology, 2005, 77(1): 1-37.

[3] Riekkinen P, Buzsaki G, Riekkinen Jr P, et al. The cholinergic system and EEG slow waves. Electroencephalography Clinical Neurophysiology, 1991, 78(2): 89-96.

[4] 赵仑, 魏金河. 连续心算时脑电相干幅谱的反应特点. 中国临床康复, 2006, 10(10):1-3.

[5] Uhlhaas P J, Linden D E J, Singer W, et al. Dysfunctional long-range coordination of neural activity during Gestalt perception in schizophrenia. The Journal of Neuroscience, 2006, 26(31): 8168-8175.

[6] le van Quyen M, Khalilov I, Ben A Y. The dark side of high-frequency oscillations in the developing brain. Trends in Neurosciences, 2006, 7: 419-427.

[7] Salinas E, Sejnowski T J. Correlated neuronal activity and flow of neural information. Nature Reviews Neuroscience, 2001, 2: 539-550.

[8] Bressler S L. Large-scale cortical networks and cognition. Brain Research Reviews, 1995, 20(3): 288-304.

[9] Lopes D A, Silva F. EEG Analysis: Theory and Practice//Electroencephalog Raphy: Basic Principles, Clinical Applications and Related Fields. New York: Williams & Wilkins, 1999: 1135-1163.

[10] Alba N A, Sclabassi R, Sun M, et al. Novel hydrogel-based preparation-free EEG electrode. IEEE Transactions on Neural Systems and Rehabilitation Engineering, 2010, (99):1-10.

[11] Rulkov N F, Sushchik M M, Tsimring L S, et al. Generalized synchronization of chaos in directionally coupled chaotic systems. Physical Review E, 1995, 51:980-994.

[12] Stam C J, van Dijk B W. Synchronization likelihood: An unbiased measure of generalized synchronization in multivariate data sets. Physica D, 2002, 163:236-251.

[13] Smit D J A, Stam C J, Posthuma D, et al. Heritability of “small-world” networks in the brain: A graph theoretical analysis of resting-state EEG functional connectivity. Human Brain Mapping, 2008, 29:1368-1378.

[14] Montez T, Linkenkaer-Hansen K, van Dijk B W, et al. Synchronization likelihood with explicit time-frequency priors. Neuroimage, 2006, 33:1117-1125.

[15] 李颖洁, 邱意弘, 朱贻盛. 脑电信号分析方法及其应用. 北京: 科学出版社, 2009: 4-6.

[16] Bandt C, Pompe B. Permutation entropy: A natural complexity measure for time series. Physical Review Letters, 2002, 88(17): 174102.

[17] Li N, Wang J, Che Y Q, et al. Enhancement of synchronization in brain during acupuncture//The 29th Chinese Control Conference, Beijing, 2010.

第 10 章　针刺对脑功能网络的影响

10.1　脑功能网络的建立

大脑的功能网络是一种抽象的网络，这里定义 EEG 的每一个导联所测量的区域都是大脑功能网络的一个节点[1]。计算这些区域间的同步性(即相应区域导联间的同步性)，可以得到一个同步矩阵，其中的每个元素 C_{ij} 代表脑功能区域 i 与功能区域 j 之间的同步程度。定义同步性阈值 r，当两个区域间的 C_{ij} 高于阈值 r 时，认为这两个脑功能区域间存在功能连接(并非两个脑区之间的解剖学上的实际连接)，相应的脑功能网络矩阵的元素值为 1；当两个区域间的 C_{ij} 低于阈值 r 时，认为这两个脑功能区域间不存在功能性连接，相应的脑功能网络矩阵的元素值为 inf；当 $C_{ij}(i=j)$ 时，由于同一个导联间的相干幅值必然为 1，没有研究意义，为了计算方便，相应的脑功能网络矩阵元素值被强制设为 0[2-4]。

根据所得到的脑功能网络矩阵，可以建立相应脑功能网络，该网络中两个节点间的距离即为脑功能网络矩阵中相应位置的元素值，其中 1 代表两个顶点存在直接连接；inf 代表两个顶点不存在直接连接；0 代表它们是同一个节点。

图 10.1 显示了脑功能网络的建立流程：首先，对 EEG 进行采集并进行相应的预处理(滤波和去除基线漂移)；然后计算各导联间(即各区域间)的同步性，进而得到同步矩阵；再根据阈值生成脑功能网络矩阵；最后根据上面计算所得功能网络矩阵生成脑功能网络，并计算该网络的特征参数(平均路径长度 L 和平均聚类系数 C)，找到针刺时脑功能网络的特点。

10.2　复杂网络特性的评价指标

10.2.1　平均路径长度

平均路径长度是研究复杂网络特性的关键参数，指网络中任意两个节点间最短距离的平均值。规定脑功能网络中存在直接连接的两个节点间的距离为 1，上述任意两个节点间最短距离认为是两个节点最短路径上边的个数，记作 d_{ij}，网络平均路径长度 L 为[5-8]

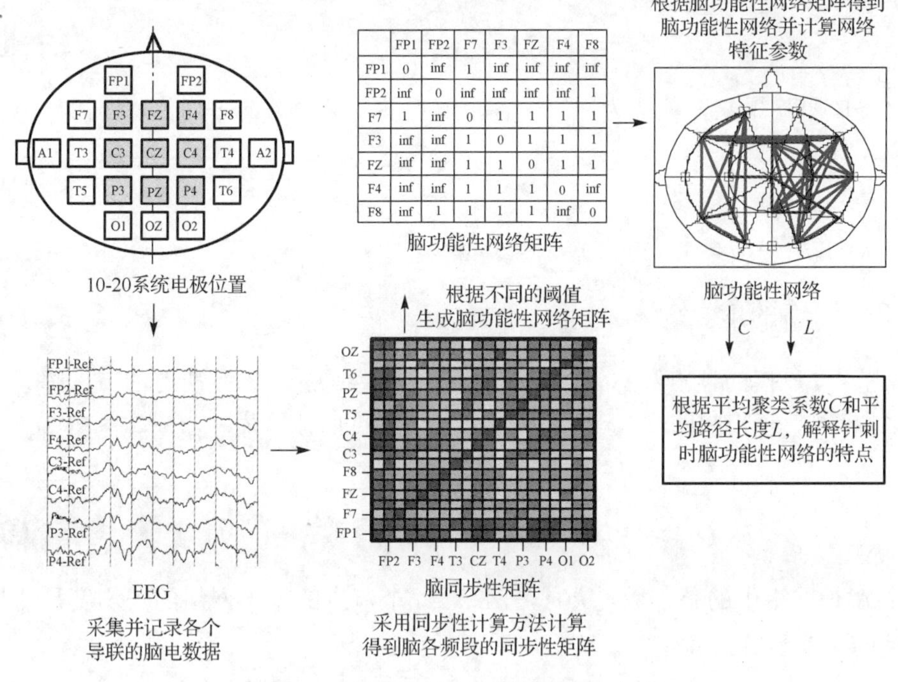

图 10.1　脑功能性复杂网络的建立流程

$$L = \frac{2}{N(N-1)} \sum_{i>j}^{N} d_{ij} \tag{10-1}$$

其中，N 是网络的节点数。但是，式(10-1)要求网络中的任意节点都存在连接(即不存在孤立点)，这个条件在生物网络(特别是脑功能网络)中极难满足。当网络中存在孤立点时，通常认为其到其他节点的路径长度为无限长(即 inf)，这时通过式(10-1)计算的平均路径长度 L 无意义。为了避免此类问题，采用如下公式计算平均路径长度 L [5]

$$L^{-1} = \frac{2}{N(N-1)} \sum_{i>j}^{N} d_{ij}^{-1} \tag{10-2}$$

10.2.2　平均聚类系数

聚类系数能够衡量网络内部聚集程度。如果节点 i 在网络中有 k_i 个相连接的节点，那么在这 k_i 个节点间最多可能相连的边数为 $k_i(k_i-1)$。节点 i 的聚类系数 C_i 被定义为：同节点 i 相连的 k_i 节点中实际存在的边数 e_i 与 k_i 个节点间最多可能相连的边数的比值[9, 10]，即

$$C_i = \frac{2e_i}{k_i(k_i - 1)} \tag{10-3}$$

整个网络的平均聚类系数即为网络中各个节点的聚类系数的平均值，即

$$C = \frac{1}{N}\sum_{i=1}^{N} C_i \tag{10-4}$$

其中，N 是网络中的节点数。

10.2.3　网络的度

与节点 i 连接的顶点数称为节点 i 的度。在网络中，并不是所有的节点都具有相同的边数(即具有相同的度)。整个网络的平均度可以计算为

$$K = \frac{\sum_{i=1}^{N} k(i)}{N} \tag{10-5}$$

其中，N 是网络中的节点数，$k(i)$ 是网络第 i 个节点的度。网络的平均度是衡量网络特性的关键参数。

10.3　基于相干估计法的脑功能网络分析

10.3.1　相干脑功能网络分析

按照 9.2 节的理论采用相干估计法生成脑同步性矩阵，设定阈值 r，然后根据阈值 r 建立脑功能网络矩阵。图 10.2 是根据受试者 1 在 r 取 0.64 时生成的不同针刺状态下 δ 频段的脑功能网络矩阵所建立的脑功能网络。总体上，针刺前，前额区与其他各区域的连接较少，而颞区、后颞区、枕区的连接相对较多。针刺中和针刺后连接明显增多，并且增加连接多为左脑区域与右脑区域间的长程连接(左脑侧额区到右脑侧额区、后颞区以及枕区；左脑颞区到右脑后颞区；左脑后颞区到右脑枕区)。

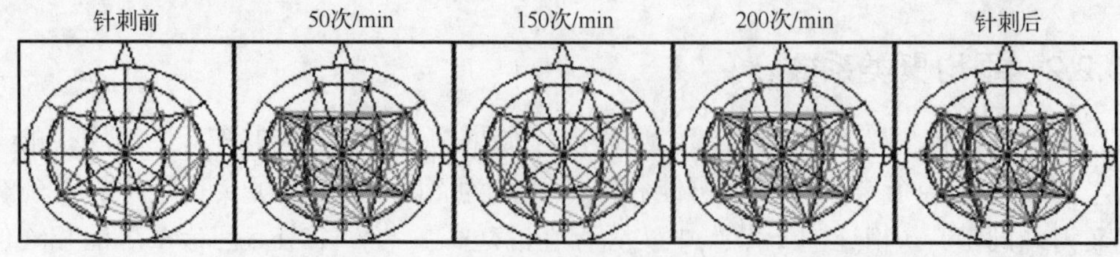

图 10.2　受试者 1 的不同针刺状态下 δ 频段的脑功能网络

这种连接增多的现象可以通过该阈值下针刺各阶段中脑功能网络的所有节点

(除 A1 与 A2 节点)度的柱状图表现出来，如图 10.3 所示。图中脑功能网络的各节点在针刺中和针刺后各阶段的度普遍高于针刺前各节点的度。由于在阈值为 0.64 时，受试者 1 在针刺的各阶段，其前额区域和枕区中部区域与脑的其他区域无连接，所以针刺各阶段的脑功能网络节点的度的最大值为 16。

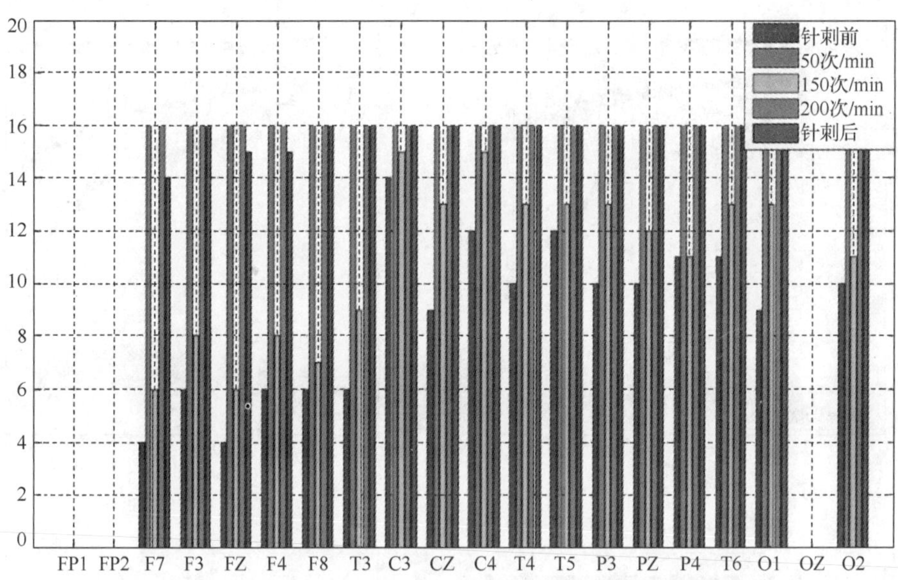

图 10.3　受试者 1 在不同针刺状态下 δ 频段的脑功能网络的所有节点(除 A1 与 A2 节点)度的柱状图(见彩图)

阈值 r 对脑功能网络的连接数影响较大，研究脑功能网络的特征参数随 r 的变化情况十分必要。图 10.4 和图 10.5 为 δ 频段内 9 位受试者在不同针刺阶段的脑功能网络参数的变化情况及其统计特性，阈值 r 取值范围为 0.5～0.86，步长为 0.02。这里不显示阈值在 0.5 以下的变化情况，是由于当阈值低于 0.5 时，针刺各个阶段的脑功能网络趋于全连接状态，各个阶段的网络特性参数近乎一致，无比较意义；也不显示阈值在 0.86 以上的变化情况，是由于随着阈值的增高，网络的连接数逐渐减少，致使 δ 频段内针刺前的脑功能网络的连接数趋于 0，失去研究意义。

图 10.4 为在 δ 频段内，针刺各阶段下的脑功能性网的平均聚类系数随阈值变化的曲线。对于图中的大部分阈值($r\in[0.52,0.84]$)，针刺中和针刺后各个阶段的平均聚类系数显著高于针刺前($p<0.05$)。总体上，随着阈值 r 的增加，平均聚类系数的标准差不断增加，但针刺中和针刺后的脑功能网络的平均聚类系数高于针刺前的趋势始终不变。

图 10.5 为在 δ 频段内，针刺各个阶段下的脑功能性网络的平均路径长度 L 随阈值变化的曲线。对于图中的大部分阈值($r\in[0.60,0.84]$)，针刺中和针刺后各阶段的

平均路径长度 L 显著低于针刺前（$p<0.05$）。总体上，随着阈值 r 的增加，脑功能网络的平均路径长度的标准差不断增加。针刺中和针刺后的脑功能网络的平均路径长度的标准差始终较低，针刺中和针刺后的脑功能网络的平均路径长度低于针刺前的趋势始终不变。

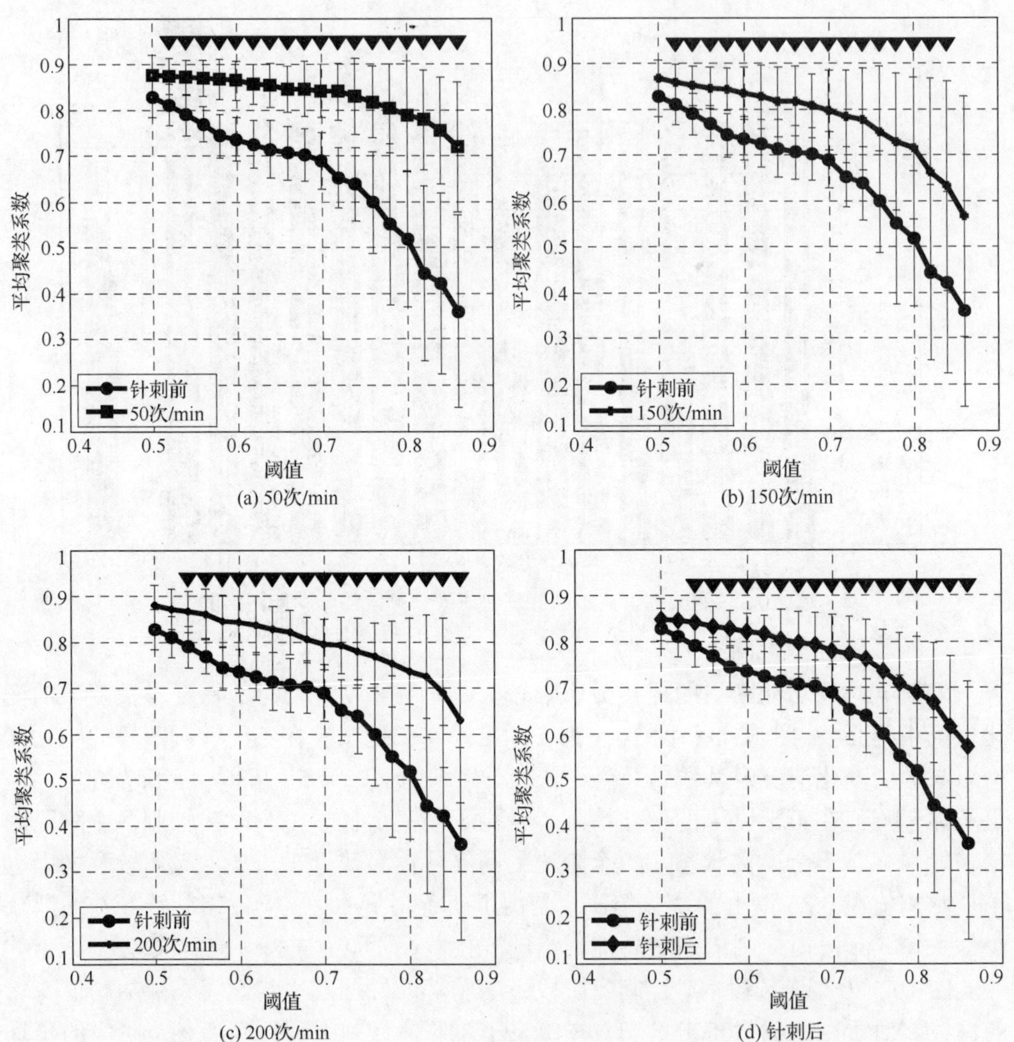

(a) 50次/min　(b) 150次/min　(c) 200次/min　(d) 针刺后

图 10.4　在 δ 频段内，针刺各阶段下的平均聚类系数随阈值变化的曲线

表 10.1 给出了阈值为 0.64 时，δ 频段内 9 位受试者在不同针刺阶段脑部不同区域间连接较针刺前增加的数目。从表 10.1 中可以发现增加的连接主要为左脑区域到右脑区域的长距离连接(集中在左脑侧额区到右脑侧额区、后颞区以及枕区，左脑颞区到右脑后颞区，左脑后颞区到右脑枕区)。认为这种在针刺中和针刺后，不同脑部

区域间长距离连接数目增加的现象是针刺作用的一种体现，并由此认为针刺有提高脑部远端区域间信息交流的效果。

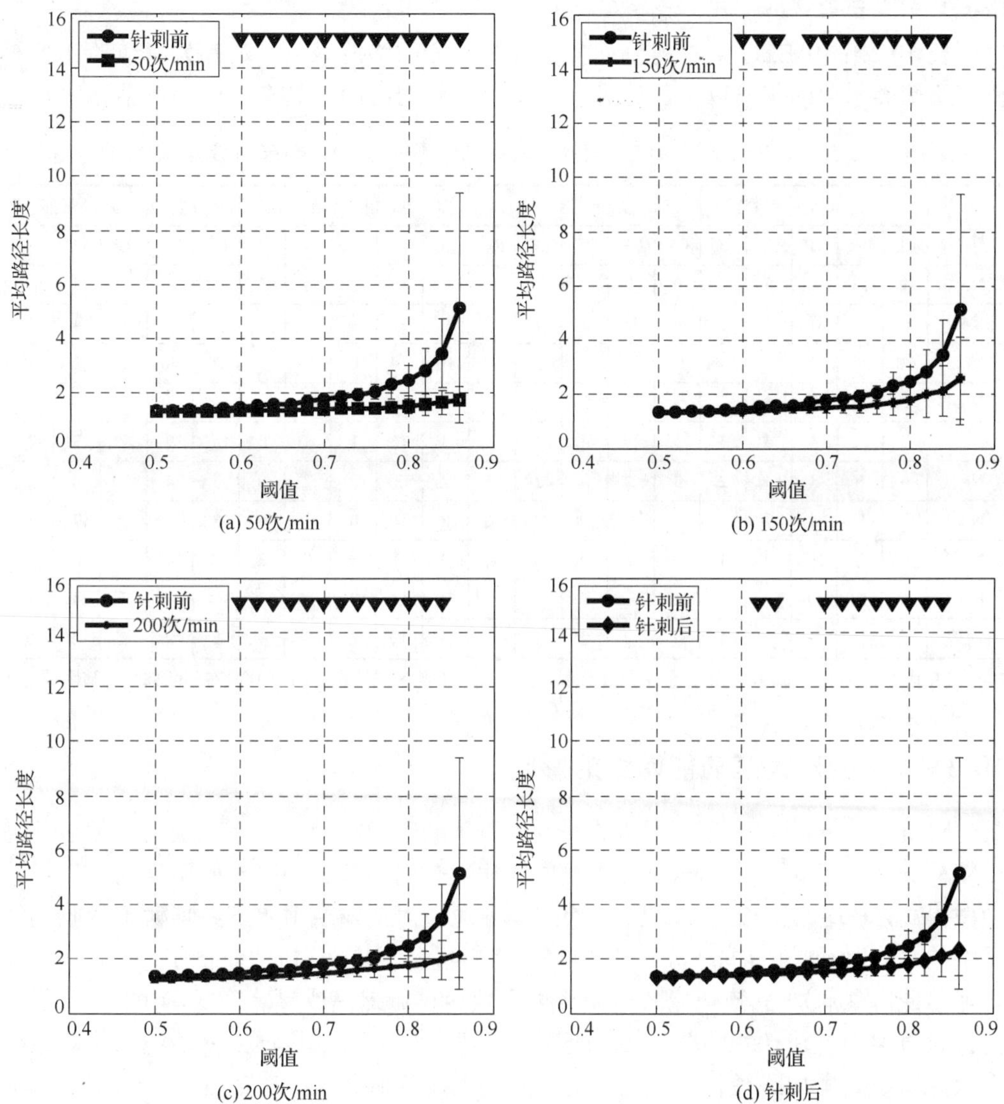

(a) 50次/min　(b) 150次/min

(c) 200次/min　(d) 针刺后

图 10.5　在 δ 频段内，针刺各阶段下的平均路径长度随阈值变化的曲线

表 10.2 给出了针刺脑功能网络参数与相应随机网络参数的对比。复杂网络中，规则网络既有较高的聚类系数，又有较长的平均路径长度；完全随机网络具有较低的聚类系数和较短的平均路径长度；而小世界网络是种介于规则网络和完全随机网络之间的网络模型，其在具有较短的平均路径的同时又具有较高的聚类系数。研究

发现 N 个节点的完全随机网络满足 $C_{\text{rand}} \propto O\left(\dfrac{1}{n}\right)$ 的聚类系数特性，而对于小世界网络，其聚类系数 C 应满足 $C_{\text{rand}} < C_{\text{EEG}} < 1$ 的关系[11]。

表 10.2 中由 EEG 数据得到的各阶段脑功能网络的聚类系数都为相应的完全随机网路聚类系数的 1 倍以上，这说明针刺脑功能网络同样具有小世界特性。

表 10.1 δ 频段，9 位受试者在不同针刺阶段脑部不同区域间连接较针刺前增加的数目

受试者序号	50 次/min VS 针刺前					150 次/min VS 针刺前					200 次/min VS 针刺前					针刺后 VS 针刺前				
	LL	LR	RR	LC	RC	LL	LR	RR	LC	RC	LL	LR	RR	LC	RC	LL	LR	RR	LC	RC
No.1	1	13	2	5	2	0	1	2	1	0	2	18	2	5	2	1	13	2	5	2
No.2	6	10	3	2	0	9	23	8	7	3	9	23	8	7	3	9	23	8	4	1
No.3	10	25	2	3	–4	10	25	2	3	–4	10	24	0	3	–5	10	20	2	2	–6
No.4	2	23	2	6	2	9	24	2	7	2	2	3	2	1	2	–4	–4	2	–3	0
No.5	3	22	4	4	3	3	22	4	4	3	3	16	1	4	3	3	9	2	3	1
No.6	6	6	3	4	2	3	3	0	2	0	2	2	2	2	0	3	4	3	2	2
No.7	8	21	5	7	1	5	5	–4	2	–2	8	10	0	7	–1	8	21	5	7	1
No.8	0	0	1	0	1	0	0	0	0	0	0	0	1	0	3	0	0	0	0	0
No.9	6	18	11	9	4	2	2	4	0	1	–2	–4	7	–1	3	–4	–5	3	4	1
均值	4	15	3	4	1	4	11	2	2	0	3	10	2	3	1	2	9	3	2	0

LL 代表左脑区域与左脑区域的连接，LR 代表左脑区域与右脑区域的连接，RR 代表右脑区域与右脑区域的连接，LC 代表左脑区域与中线区域的连接，RC 代表右脑区域与中线区域的连接

10.3.2 针刺对大脑功能网络的影响

Micheloyannis 等发现正常人在 α、β 和 γ 频段的脑功能网络的聚类系数显著高于精神分裂症患者[11]；Ponten 等发现癫痫病发作时，患者的脑功能网络的聚类系数稍微提高，平均路径长度显著加长[12]；Stam 通过对比发现阿尔茨海默病患者脑功能网络的平均路径长度加长[2]。由此推测患者出现脑部疾病(精神分裂症、癫痫病发作和阿尔茨海默病)时，脑功能网络的聚类系数会稍微提高或显著降低，而平均路径长度会显著增加。图 10.4 和图 10.5 表明在 δ 频段，针刺会显著增大脑功能网络的聚类系数并减小其平均路径长度，这与前面所述的出现脑部疾病时的脑功能网络的特征完全相反，由此认为针刺足三里会对脑部产生有益的影响，这个结论与“中医认为足三里穴位具有安神、治疗头昏失眠等疗效”的结果相符。

研究者在对生物神经网络进行研究时，发现这些网络的聚类系数都显著大于相应的随机网络(线虫神经网络[13]、猫视觉皮层[14])，而表 10.2 中针刺网络与完全随机网络的对比同样发现了这一点，表明针刺脑功能网络同样具有小世界特性。此外，针刺会显著增加脑功能网络不同区域间长距离连接的数目，正是这些

长距离连接的增加，使该网络在保持较高聚类系数的同时缩短了平均路径长度。与前述的结论相同，针刺有提高脑部远端区域间信息交流的效果，并且这种效果对脑部有益。

表 10.2　脑功能网络在针刺各阶段的聚类系数与相应的随机网络比较表

	针刺前		50 次/min		150 次/min		200 次/min		针刺后	
	$C/C_{p\text{-}s}$	$L/L_{p\text{-}s}$	$C/C_{p\text{-}s}$	$L/L_{p\text{-}s}$	$C/C_{p\text{-}s}$	$L/L_{p\text{-}s}$	$C/C_{p\text{-}s}$	$L/L_{p\text{-}s}$	$C/C_{p\text{-}s}$	$L/L_{p\text{-}s}$
K=4	2.1520	1.5310	1.9414	—	—	9.8276	2.0706	2.6139	2.0918	1.9909
K=6	1.9543	1.2966	1.6842	3.9875	1.4147	3.0615	1.6819	2.2138	1.8597	1.4736
K=8	1.7168	1.2298	1.4686	2.6202	1.4104	1.8012	1.5692	1.4946	1.6617	1.3499
K=10	1.4575	1.1378	1.4447	1.2827	1.4365	1.3186	1.4778	1.2809	1.4758	1.2299
K=12	1.3294	1.0774	1.3258	1.1894	1.3432	1.1823	1.3391	1.1537	1.3421	1.1428
K=14	1.2230	1.0285	1.2358	1.1166	1.2391	1.1001	1.2422	1.0598	1.2262	1.0673

C 为 δ 频段脑功能网络平均度 K 值下的聚类系数，$C_{p\text{-}s}$ 为相应的完全随机网络的聚类系数，L 为 δ 频段脑功能网络平均度 K 值下的平均路径长度，$L_{p\text{-}s}$ 为相应的完全随机网络的平均路径长度

10.4　基于同步似然度方法的脑功能网络分析

10.4.1　同步似然脑功能网络分析

按照 10.1 节的步骤，利用 9.2 节中介绍的同步似然度方法生成脑同步性矩阵，设定阈值 r，然后根据阈值 r 建立脑功能网络矩阵。图 10.6 是根据受试者 1 在 r 取 0.0179 时生成的不同针刺状态下 δ 频段的脑功能网络矩阵所建立的脑功能网络。总体上，针刺前，前额区与其他各区域的连接较少，而颞区、后颞区、枕区的连接相对较多；针刺中和针刺后，功能连接明显增多，并且增加的连接多为左脑区域与右脑区域间的长连接(左脑侧额区到右脑侧额区、后颞区以及枕区，左脑颞区到右脑后颞区，左脑后颞区到右脑枕区)。这种连接增加的现象普遍存在于 9 位受试者的脑功能网络中，由于左脑区域与右脑区域间的长连接数目的增加，显著改变了不同针刺阶段脑功能网络的网络特性，表 10.3、表 10.4 和表 10.5 为不同针刺阶段相应的脑功能网络的平均路径长度、平均聚类系数和平均度。

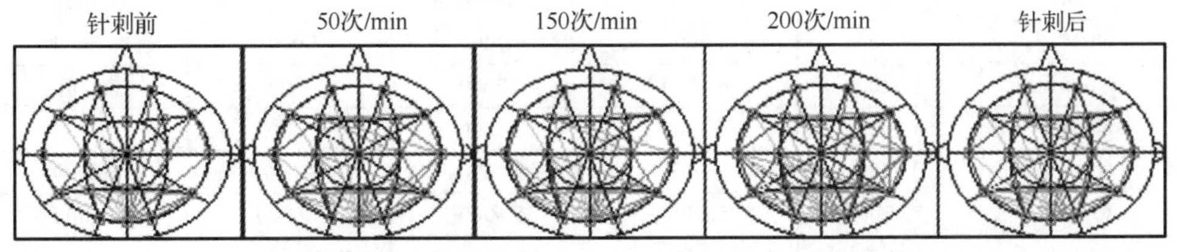

图 10.6　受试者 1 的不同针刺状态下 δ 频段的脑功能网络

表 10.3　基于 δ 频段 9 位受试者 SL 同步性计算结果生成的脑功能网络的平均路径长度

受试者序号	针刺前	50 次/min	150 次/min*	200 次/min	针刺后
No. 1	1.5200	1.4179	1.4729	1.3412	1.4232
No. 2	1.4863	1.5000	1.4057	1.4161	1.4961
No. 3	1.5553	1.5000	1.5000	1.4767	1.5241
No. 4	1.5241	1.3971	1.4109	1.4179	1.4522
No. 5	1.6450	1.6262	1.5261	1.4322	1.5426
No. 6	1.5385	1.4844	1.4805	1.4214	1.4941
No. 7	1.6079	1.4691	1.4126	1.5638	1.5855
No. 8	1.3349	1.4504	1.4504	1.5040	1.5220
No. 9	1.6079	1.5702	1.5139	1.5638	1.5724
均值±(标准差)	1.536±(0.091)	1.491±(0.072)	1.451±(0.063)	1.460±(0.074)	1.513±(0.053)

*表示该阶段的同步性显著低于针刺前，具有 $p<0.05$ 的统计意义

表 10.4　基于 δ 频段 9 位受试者 SL 同步性计算结果生成的脑功能网络的平均聚类系数

受试者序号	针刺前	50 次/min	150 次/min*	200 次/min*	针刺后
No. 1	0.5584	0.6544	0.6409	0.7173	0.6400
No. 2	0.6224	0.6487	0.6671	0.6699	0.6591
No. 3	0.6767	0.6130	0.7160	0.7159	0.6657
No. 4	0.7295	0.7069	0.7469	0.8370	0.7888
No. 5	0.6692	0.7199	0.6982	0.7173	0.6927
No. 6	0.6616	0.7202	0.7336	0.7682	0.6823
No. 7	0.6056	0.6525	0.7320	0.6515	0.6111
No. 8	0.7224	0.6542	0.7154	0.7552	0.6368
No. 9	0.6653	0.6964	0.6836	0.6320	0.6392
均值±(标准差)	0.657±(0.055)	0.674±(0.038)	0.704±(0.035)	0.718±(0.063)	0.668±(0.052)

*表示该阶段的同步性显著高于针刺前，具有 $p<0.05$ 的统计意义

表 10.5　基于 δ 频段 9 位受试者 SL 同步性计算结果生成的脑功能网络的平均度

受试者序号	针刺前	50 次/min	150 次/min*	200 次/min*	针刺后
No. 1	6.2000	7.9000	7.0000	9.4000	7.8000
No. 2	6.7000	6.5000	8.2000	8.0000	6.6000
No. 3	5.7000	6.6000	6.6000	7.0000	6.2000
No. 4	6.2000	8.4000	8.1000	8.0000	7.4000
No. 5	4.5000	4.8000	6.3000	7.9000	6.0000
No. 6	5.9000	6.8000	6.9000	7.9000	6.7000
No. 7	5.1000	7.2000	8.2000	5.7000	5.4000
No. 8	9.6000	7.4000	9.6000	11.0000	6.2000
No. 9	5.0000	5.6000	6.4000	5.6000	5.5000
均值±(标准差)	6.100±(1.483)	6.800±(1.110)	7.478±(1.108)	7.722±(1.472)	6.422±(0.801)

*表示该阶段的同步性显著高于针刺前，具有 $p<0.05$ 的统计意义

如 10.3.1 节所述，阈值 r 对脑功能网络的连接数有较大影响，本节也研究脑功能网络的特征参数随阈值 r 的变化情况，r 从 0.001 以 0.001 的步长递增到 0.04 过程中，9 位受试者在不同针刺阶段的脑功能网络的平均路径长度和平均聚类系数的变化情况及其统计特性。在 δ 频段内，针刺各个阶段下的脑功能性网的平均聚类系数和平均路径长度随阈值变化的曲线如图 10.7 和图 10.8 所示。总体上，随着阈值 r 的增加，针刺中和针刺后的脑功能网络的平均聚类系数高于针刺前，而平均路径长度低于针刺前的趋势始终不变。

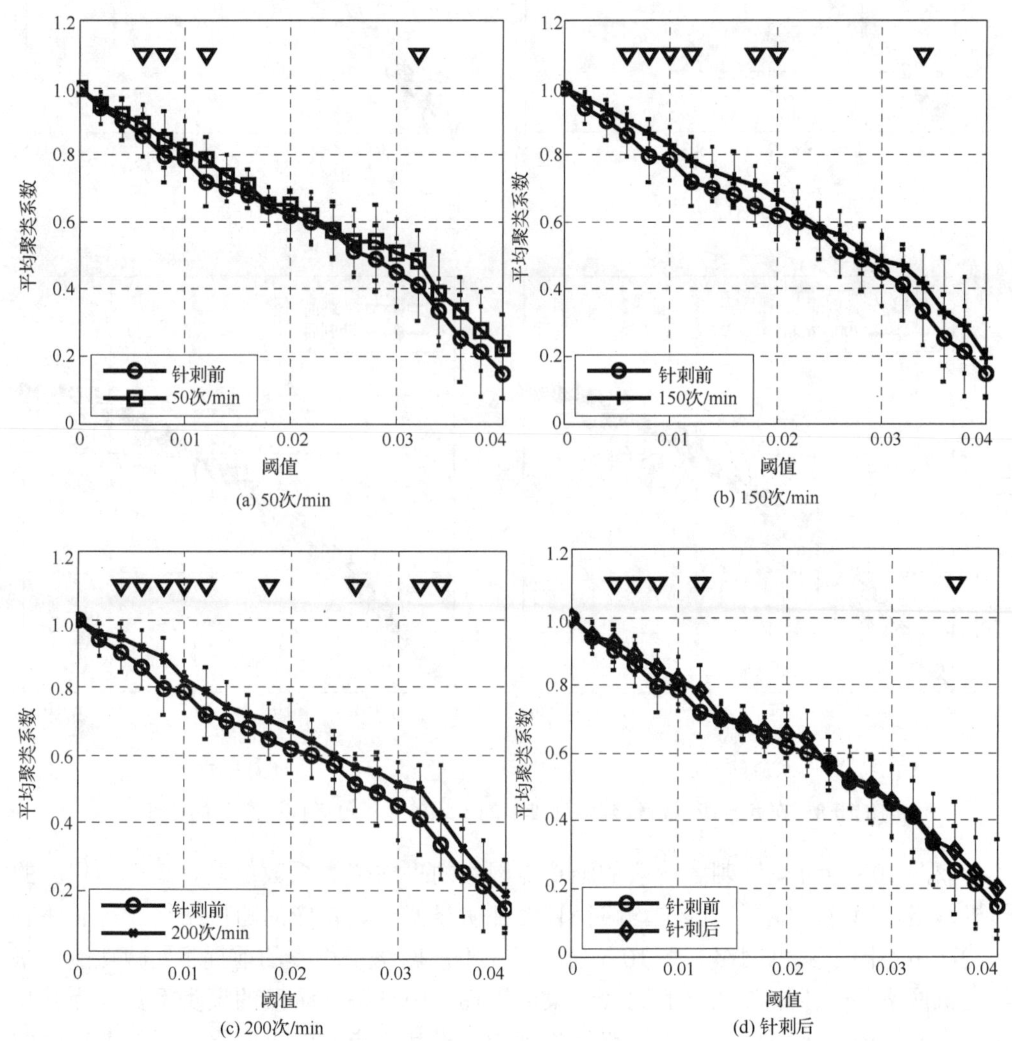

图 10.7　在 δ 频段内，针刺各阶段下的平均聚类系数随阈值变化的曲线

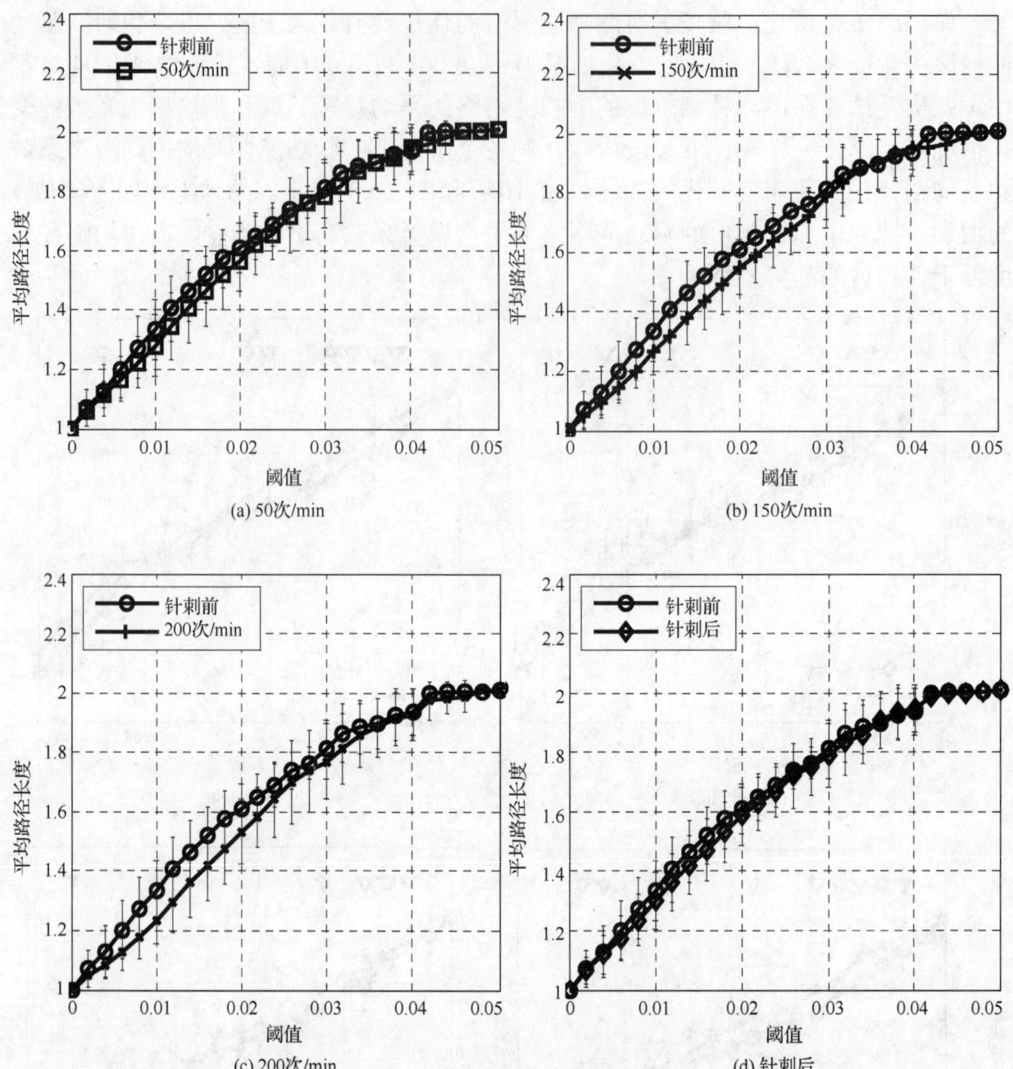

图 10.8　在 δ 频段内，针刺各阶段下的平均路径长度随阈值变化的曲线

如图 10.9 所示，针刺各阶段的脑功能网络的平均聚类系数都显著高于其相应的随机网络，而脑功能网络的平均路径长度都明显低于其相应的随机网络。这表明脑功能网络不同于随机网络。表 10.6 列出了在不同网络平均度的前提下，脑功能网络与随机网络各阶段聚类系数的比较结果。表 10.6 中针刺各阶段的聚类系数均为其相应随机网络的 1.2 倍以上，平均路径长度均低于其相应的随机网络，显然在针刺的各阶段，脑功能网络都符合小世界特性。在 $K=8$ 和 $K=10$ 时（此时脑功能网络中的连接既不过于缺失，又不过分冗余），脑功能网络表现出针刺过程中的 $C/C_{\text{p-s}}$ 少许增

加，$L/L_{p\text{-}s}$ 不变的趋势。这种趋势与文献[11]中的正常人群与精神分裂症对比的结果相符，在该文献中，正常人的 $C/C_{p\text{-}s}$ 较精神分裂症患者有少许增加而 $L/L_{p\text{-}s}$ 保持不变。

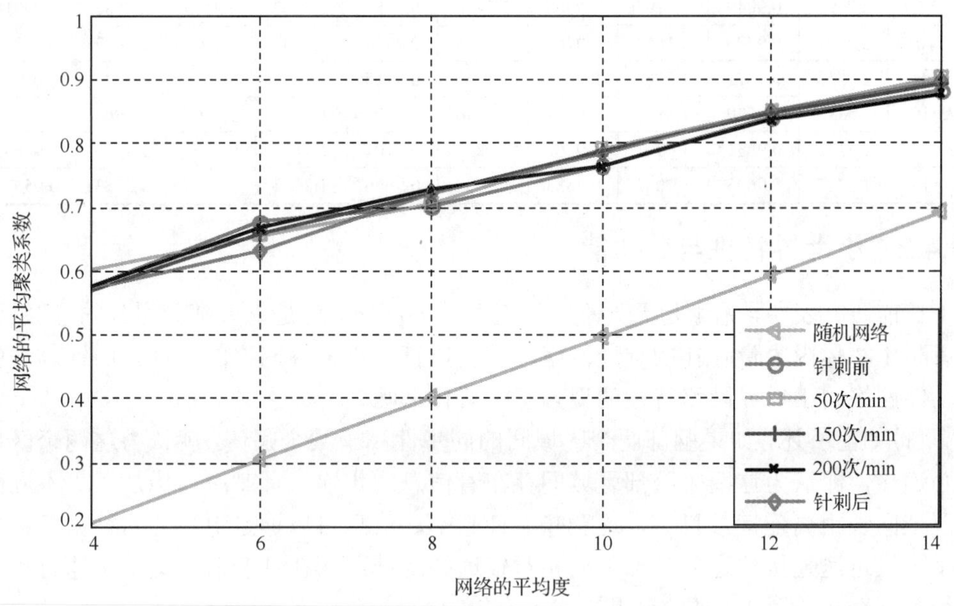

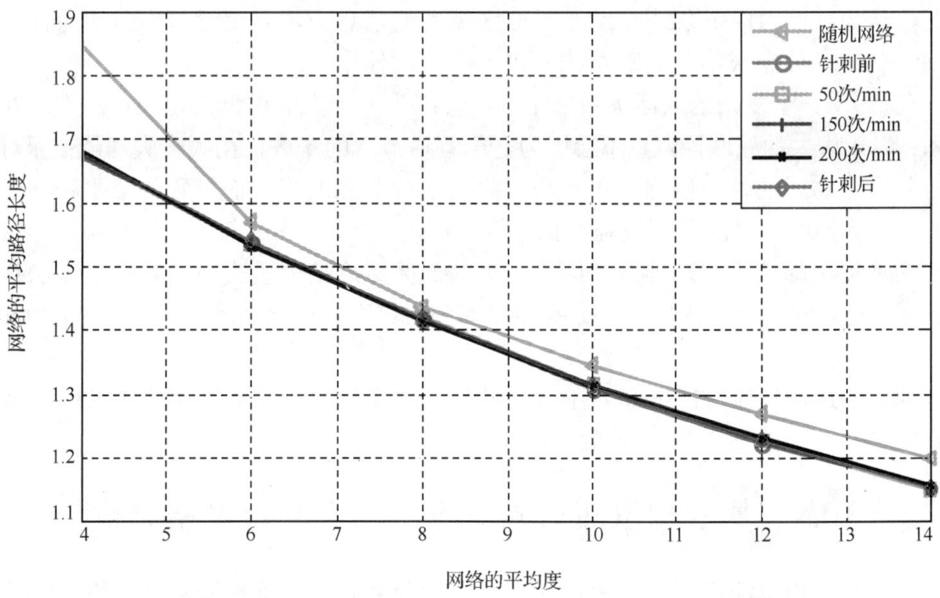

图 10.9　各针刺阶段的脑功能网络和与其相应的完全随机网络的平均聚类系数及平均路径长度的比较(见彩图)

表 10.6　脑功能网络在针刺各阶段的聚类系数与相应的随机网络比较表

	针刺前		50 次/min		150 次/min		200 次/min		针刺后	
	$C/C_{p\text{-}s}$	$L/L_{p\text{-}s}$	$C/C_{p\text{-}s}$	$L/L_{p\text{-}s}$	$C/C_{p\text{-}s}$	$L/L_{p\text{-}s}$	$C/C_{p\text{-}s}$	$L/L_{p\text{-}s}$	$C/C_{p\text{-}s}$	$L/L_{p\text{-}s}$
K=4	2.7998	0.9049	2.9195	0.9067	2.7490	0.9084	2.7927	0.9109	2.7681	0.9091
K=6	2.2106	0.9796	2.1453	0.9769	2.1508	0.9778	2.1808	0.9761	2.0622	0.9822
K=8	1.7535	0.9871	1.7568	0.9878	1.7940	0.9865	1.8139	0.9835	1.8021	0.9874
K=10	1.5330	0.9720	1.5897	0.9781	1.5840	0.9783	1.5357	0.9767	1.5764	0.9768
K=12	1.4122	0.9633	1.4341	0.9662	1.4231	0.9704	1.4112	0.9709	1.4306	0.9683
K=14	1.2727	0.9605	1.3055	0.9583	1.2905	0.9606	1.2662	0.9630	1.2983	0.9597

10.4.2　小世界特性与脑功能

目前研究表明，无论是无处不在的人际关系网络，还是每天都会用到的互联网，或者是生物体内大量存在的神经网络，都明显符合小世界网络的特性。而针刺加强脑功能网络的小世界网络特性的现象意味着什么呢？

(1) 如前所述，如果脑部两个区域间的同步性高于某个阈值，就认为这两个区域相互连接，即认为这两个脑部区域间存在着信息的传递。针刺时，增加了“不同脑部区域间长距离连接数目”，这意味着针刺中，信息可以通过更短的路径由脑部的一个区域迅速直接传递到脑部另一相对较远的区域；而在针刺前，这个迅速直接的路径并不存在，信息需要途经几个节点(脑部区域)的中转，才能到达那个远端区域。由此，认为针刺 ST-36 加强了脑部不同区域间的信息交流，更近一步，认为针刺具有促进脑的“分布式信息处理结构”更加合理的作用。

(2) 对于一个复杂的人际关系网络，不会因为一个人的过世而使成员间完全断绝关系；对于偌大的互联网，也不会因为一个普通节点的缺失而彻底丧失功能；而对于一个复杂生物体的神经网络，更不会因为一个神经元的损坏而导致整个生物体的衰亡，小世界网络本身就具有较强的稳定性。针刺时，“不同脑部区域间长距离连接数目”的增加，降低了脑功能网络因为一个脑部区域连接的丢失而导致信息无法传递的概率。这意味着针刺 ST-36 将加强脑部对随机错误和局部功能损坏的恢复能力和稳定性。

综上所述，针刺 ST-36 是对脑部有益的，这个结论也与中医理论中 ST-36 穴位具有安神、治疗头昏失眠等疗效的事实相符。

10.5　基于相位滞后同步方法的脑功能网络分析

本节基于相位滞后同步指数构建了在每种针刺状态下加权脑功能网络。选取 0.3 的比例阈值，选取方法是保留前 30%最高强度的功能连接，以确保网络中不存在孤立节点，且使主要的功能连接得以保留，其余的连接强度很弱，因此可以忽略其对网络拓扑结构和性质的影响。图 10.10 和图 10.11 分别为 δ 和 α 频带的加权邻接矩阵和脑功能网络，其中，线宽表示成对导联之间的连接权值，节点的大小表示与功能连接相对应的电极的数量，即节点的度。脑功能网络图中绿色的线表示左半脑区内的功能连接，蓝色的线表示左右脑区间的功能连接，红色的线表示右半脑区内的功能连接。

δ 频带的脑功能网络如图 10.10 所示。针刺前，具有中心节点位于 C4 和 PZ 导联。在针刺中，中心节点转移到 FP1 和 FP2 导联。在针刺后，节点转移到 O2 导联。从脑网络结构上来看，左半脑内的网络连接在针刺中明显增多，网络拓扑结构变得更加复杂，特别是在左侧颞叶与顶叶之间，因此针刺可能对左半脑内信息传递有促进作用。对比左右脑之间网络连接在三种状态下的变化，发现左右脑间网络结构无明显区别，但是针刺中左右脑的连接强度增加，这说明在针刺期间促进了左右脑信息的交流。而右半脑区内功能网络拓扑结构在三种状态下无明显差别，因此针刺可能对右半脑区的影响较小。

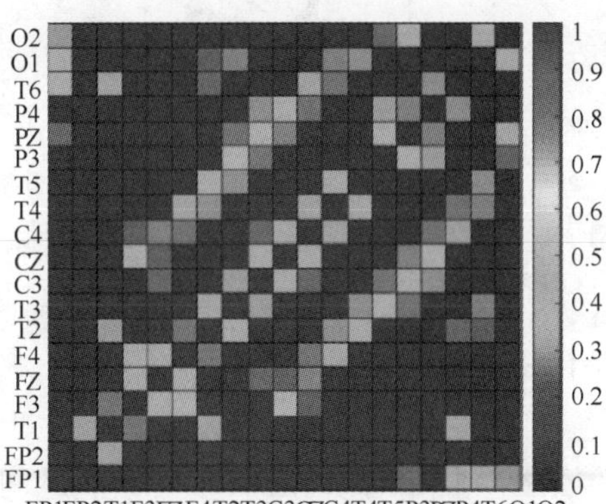

(a) 针刺前

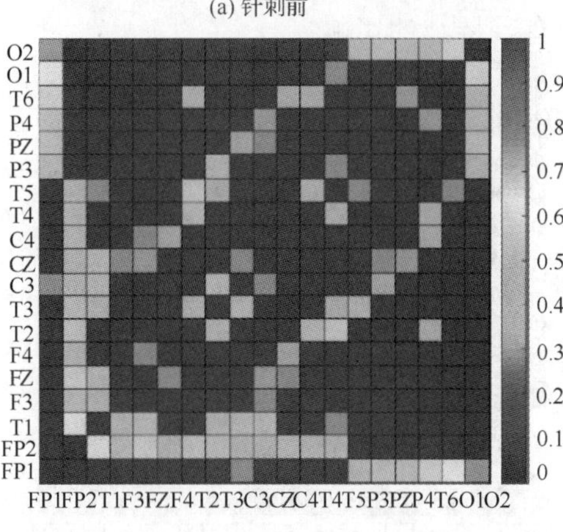

(b) 针刺中

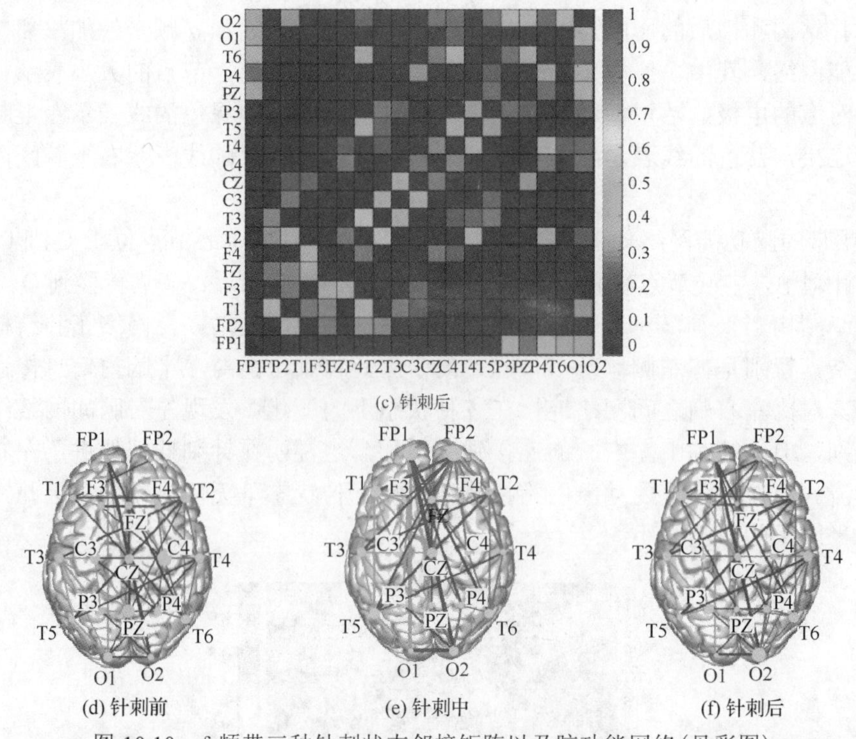

(c) 针刺后

(d) 针刺前　(e) 针刺中　(f) 针刺后

图 10.10　δ 频带三种针刺状态邻接矩阵以及脑功能网络(见彩图)

α 频带的脑功能网络如图 10.11 所示。在三种针刺状态下，中心节点的位置相对稳定。基本分布在右脑的 P4、T4 和 O2 电极。从脑网络结构上来看，α 频带下的脑功能网络主要连接集中在左右脑区之间和右半脑区内。左半脑区的网络稀疏，在三种状态下也无明显变化。在针刺中和针刺后，左右脑区之间以及右半脑区内的网络连接强度有明显的提升，且针刺后的强度高于针刺中，说明针刺后效应在 α 频带下对促进左右脑信息传递有着持续的影响。

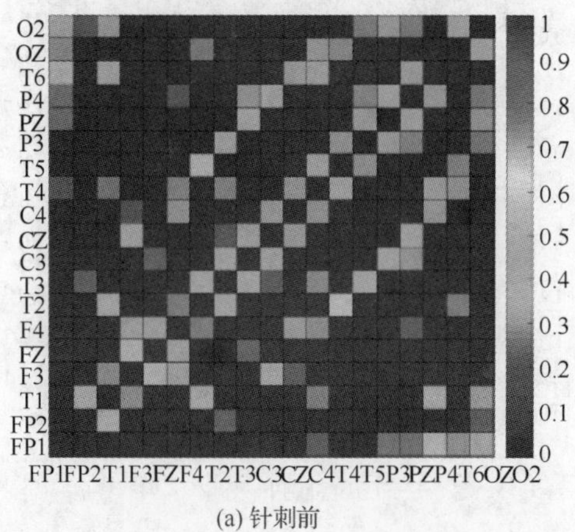

(a) 针刺前

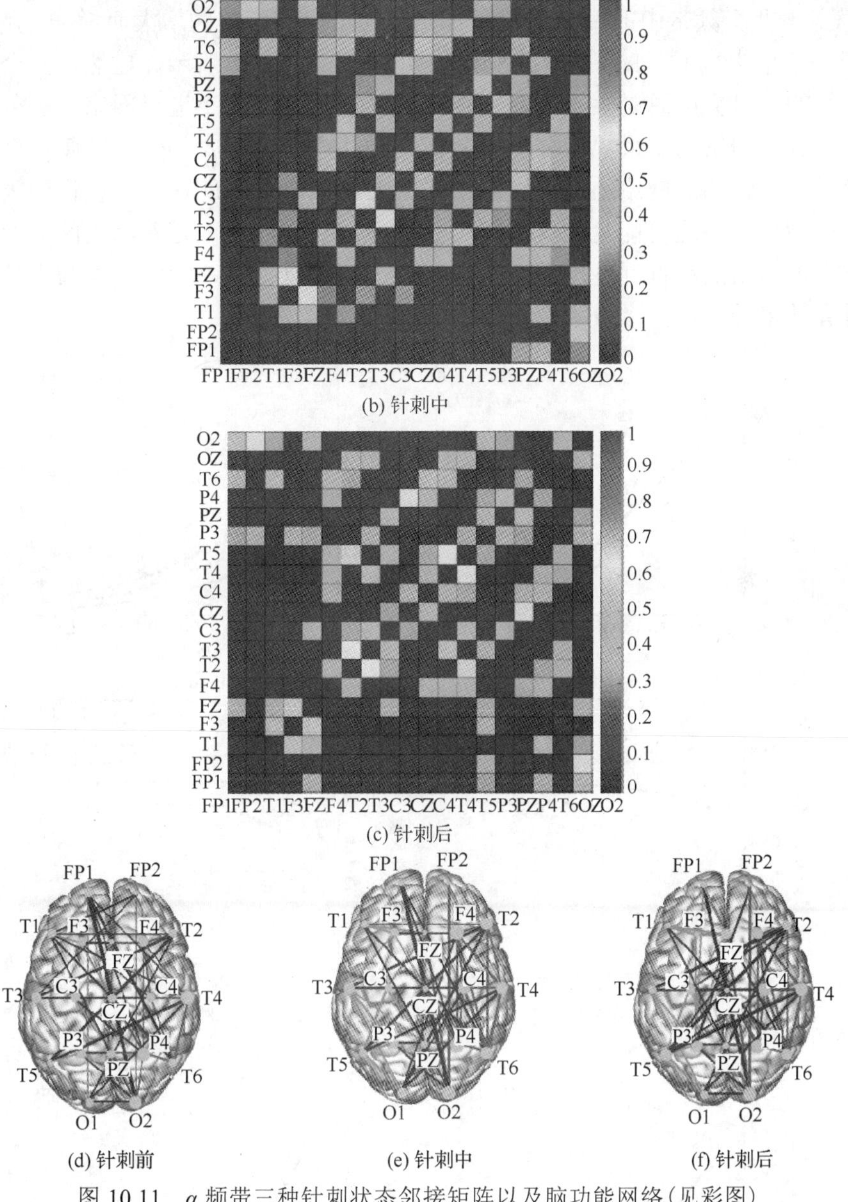

(b) 针刺中

(c) 针刺后

(d) 针刺前　　(e) 针刺中　　(f) 针刺后

图 10.11　α 频带三种针刺状态邻接矩阵以及脑功能网络(见彩图)

应用图论分析法进一步了解网络结构特性并研究其在不同针刺状态之间的变化情况。在图 10.12 中为归一化的效率、归一化的聚类系数和小世界度参数随比例阈值改变的变化情况。在 δ 和 α 频带，设置比例阈值 T 的取值范围为 0.2～0.5，步长为 0.05。从图 10.12(a)、(b)可以看出，网络越稀疏，其效率越低。δ 频带脑功能网络在针刺中效率最高，而 α 频带脑网络的效率在针灸后达到最大。从图 10.12(c)、 (d)可发现，两个频带中的聚类系数在开始时随着比例阈值的增大而增加，在阈值等于 0.3 附近达到峰值。小世界度的变化如图 10.12(e)、(f)所示。显然，两个频带内功能网络的小世界度总是大于 1，这意味着功能网络属于小世界网络。另外，在 δ 频带，针刺中网络的小世界度要高于其他两种状态，而在 α 频带，针刺后网络的小世界度最高。针刺后网络小世界度的增加主要是由于效率的提高，这说明大脑内信息传递得到加强。这可能是针灸的针刺后效应导致。此外，随着比例阈值的增加，两个频率内网络的小世界度均呈下降趋势。因此可以得出，针刺可以增强功能网络的小世界效率的结论。

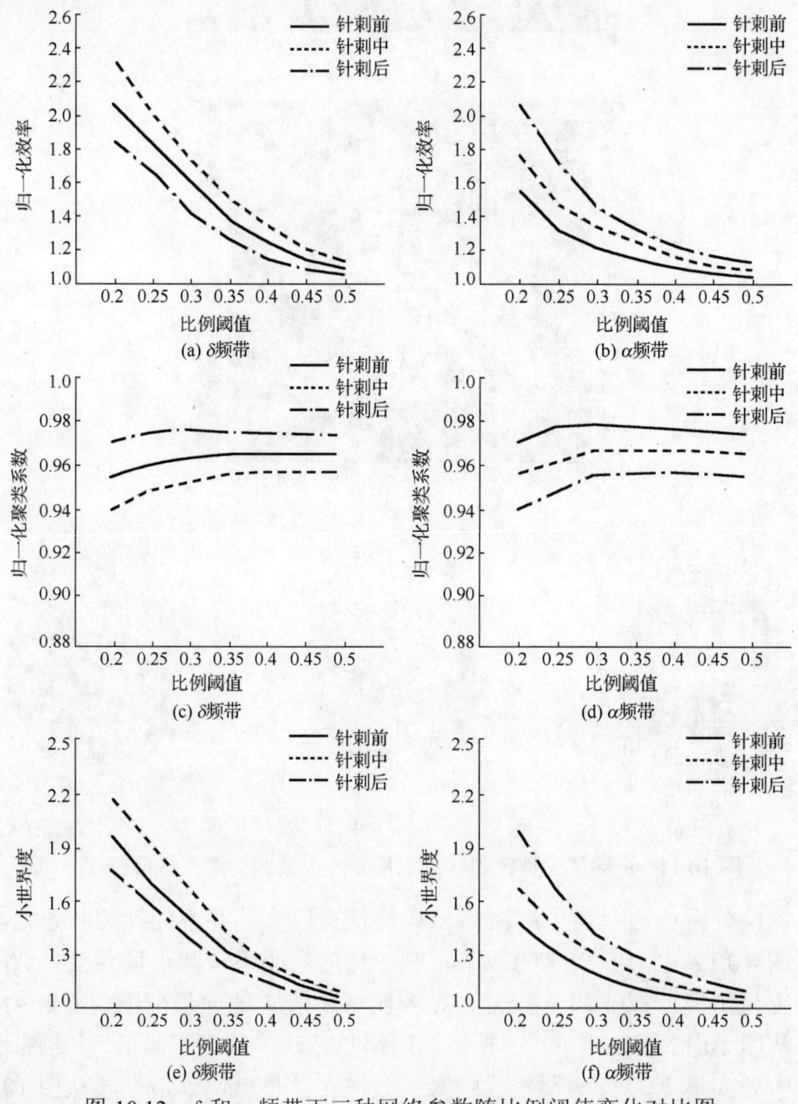

图 10.12　δ 和 α 频带下三种网络参数随比例阈值变化对比图

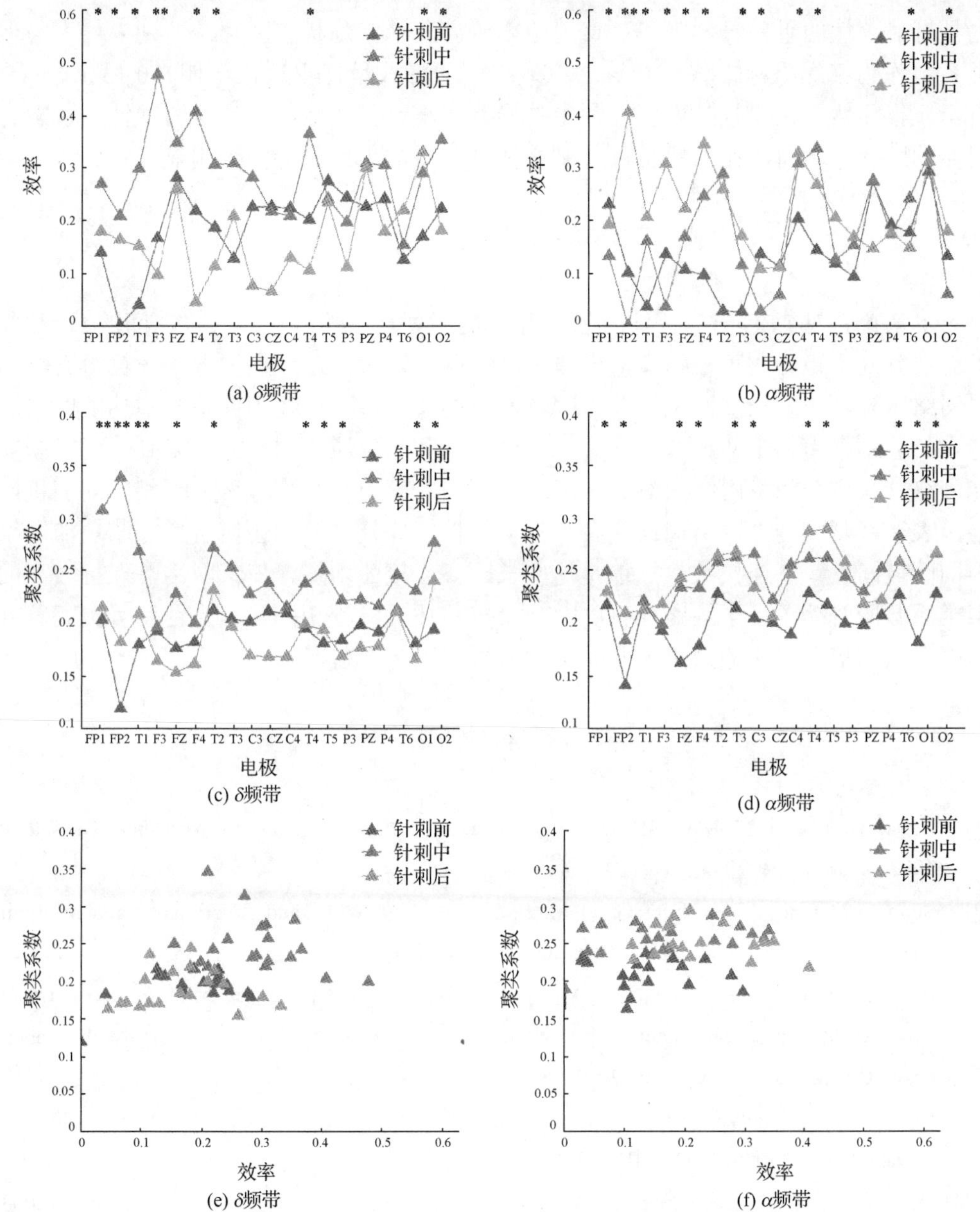

图 10.13　δ 和 α 频带每导联的平均效率和聚类系数对比图

最后，计算各个导联的效率和聚类系数。图 10.13 为在 δ 和 α 频带内各个导联在三种针刺状态下的效率和聚类系数。并在具有显著性组差异的导联上方进行标记，*表示在 p 为 0.05 水平上的显著性差异，**表示 p 为 0.01 水平上的显著性差异。在 δ 频带，针刺中效率较高的导联位于大脑额叶，而且 FP1 和 FP2 导联在聚类系数上也具有显著性的组差异。为了更直观地表示出三种针刺状态区别，分别以效率与聚类系数作为横纵坐标，将所有导联以散点图的形式呈现出来，如图 10.13(e)、(f)所示。很显然，在 δ 频带内，针刺中的导联在小世界特性上与其他两种针刺状态有明显的区别。然而，在 α 频带，针刺中和针刺后的小世界特性无明显区别。

10.6　本 章 小 结

本章首先对 EEG 进行采集并进行相应的预处理；然后计算各导联间的同步性，进而得到同步矩阵；再根据阈值生成脑功能网络矩阵；最后根据上面计算得到的功能网络矩阵生成脑功能网络，并计算该网络的特征参数，找到针刺时脑功能网络的特点。分别采用相干估计法、同步似然度方法和相位滞后同步方法得到针刺时脑功能网络，与完全随机网络的对比发现针刺网络的聚类系数都显著大于相应的随机网络，表明针刺脑功能网络同样具有小世界特性。此外，针刺会显著增加脑功能网络不同区域间长距离连接数目，正是这些长距离连接的增加，使该网络在保持较高的聚类系数同时缩短了平均路径长度[15-25]。与前述的结论相同，认为针刺有提高脑部远端区域间信息交流的效果，并且这种效果对脑部有益。

参 考 文 献

[1] Lee L, Harrison L M, Mechelli A. A report of the functional connectivity workshop, Dusseldorf 2002. Neuroimage, 2003, 19(2): 457-465.

[2] Stam C J, Jones B F, Nolte G, et al. Small-world networks and functional connectivity in Alzheimer's disease. Cerebral Cortex, 2007, 17(1):92-99.

[3] Bassettt D S, Meyer-Lindenberg A, Achard S, et al. Adaptive reconfiguration of fractal small-world human brain functional networks. Proceedings of the National Academy of Sciences of the United States of America, 2006, 103(51):19518-19523.

[4] Eguiluz V M, Chialvo D R, Cecchi G A, et al. Scale-free brain functional networks. Physical Review Letters, 2005, 94(1): 018102.

[5] Newman M E J. The structure and function of complex networks. SIAM Review, 2003, 45:167-256.

[6] Albert R, Barabasi A L. Statistical mechanics of complex networks. Reviews of Modern Physics, 2002, 74(1):47-97.

[7] Milo R, Shen-Orr S, Itzkovitz S, et al. Network motifs: Simple building blocks of complex networks. Science, 2002, 298(5594): 824-827.

[8] Latora V, Marchiori M. Efficient behavior of small-world networks. Physical Review Letters,

2001, 87(19):198701.

[9] Barrat A, Weigt M. On the properties of small-world network models. European Physical Journal B, 2000, 13(3):547-560.

[10] Callaway D S, Newman M E J, Strogatz S H, et al. Network robustness and fragility: Percolation on random graphs. Physical Review Letters, 2000, 85(25):5468-5471.

[11] Micheloyannis S, Pachou E, Stam C J, et al. Small-world networks and disturbed functional connectivity in schizophrenia. Schizophrenia Research, 2006, 87(1/3):60-66.

[12] Ponten S C, Bartolomei F, Stam C J. Small-world networks and epilepsy: Graph theoretical analysis of intracerebrally recorded mesial temporal lobe seizures. Clinical Neurophysiology, 2007, 118(4):918-927.

[13] Watt D J, Strogatz S H. Collective dynamics of 'small-world' networks. Nature, 1998, 393:440-442.

[14] Scannell J W, Burns G A P C, Hilgetag C C, et al. The connectional organization of the cortico-thalamic system of the cat. Cerebral Cortex, 1999, 9:277-299.

[15] Men C, Wang J, Qin Y M, et al. Characterizing electrical signals evoked by acupuncture through complex network mapping: A new perspective on acupuncture. Computer Methods and Programs in Biomedicine, 2011, 104(3):498-504.

[16] 王海洋，王江，李红利，等. 针刺过程中大脑功能性网络特性的演化. 吉林大学学报，2012,50(1):81-88.

[17] Pei X, Wang J, Deng B, et al. Description of the acupuncture neural electrical signals using visibility graphs//The 32nd Chinese Control Conference, Xi'an, 2013.

[18] Yi G S, Wang J, Han C X, et al. The modulation of brain functional connectivity with manual acupuncture in healthy subjects: An electroencephalograph case study. Chinese Physics B, 2013, 22(2):028702.

[19] Yi G S, Wang J, Tsang K M, et al. Ordinal pattern based complexity analysis for EEG activity evoked by manual acupuncture in healthy subjects. International Journal of Bifurcation and Chaos, 2014, 24(2):1450018.

[20] Pei X, Wang J, Deng B, et al. WLPVG approach to the analysis of EEG-based functional brain network under manual acupuncture. Cognitive Neurodynamics, 2014, 8(5):417-428.

[21] Yu H T, Liu J, Cai L H, et al. Functional brain networks in healthy subjects under acupuncture stimulation: An EEG study based on nonlinear synchronization likelihood analysis. Physica A, 2017, 468:566-577.

[22] Yu H T, Guo X M, Qin Q, et al. Synchrony dynamics underlying effective connectivity reconstruction of neuronal circuits. Physica A, 2017, 471:674-687.

[23] Li H Y, Wang J, Yi G S, et al. EEG-based functional networks evoked by acupuncture at ST 36:

A data-driven thresholding study. International Journal of Modern Physics B, 2017, 31(26): 1750187.

[24] Song Z X, Deng B, Wei X L, et al. Scale-specific effects: A report on multiscale analysis of acupunctured EEG in entropy and power. Physica A, 2018, 492:2260-2272.

[25] Yu H T, Wu X Y, Cai L H, et al. Modulation of spectral power and functional connectivity in human brain by acupuncture stimulation. IEEE Transactions on Neural Systems and Rehabilitation Engineering, 2018, 26(5):977-986.

彩　图

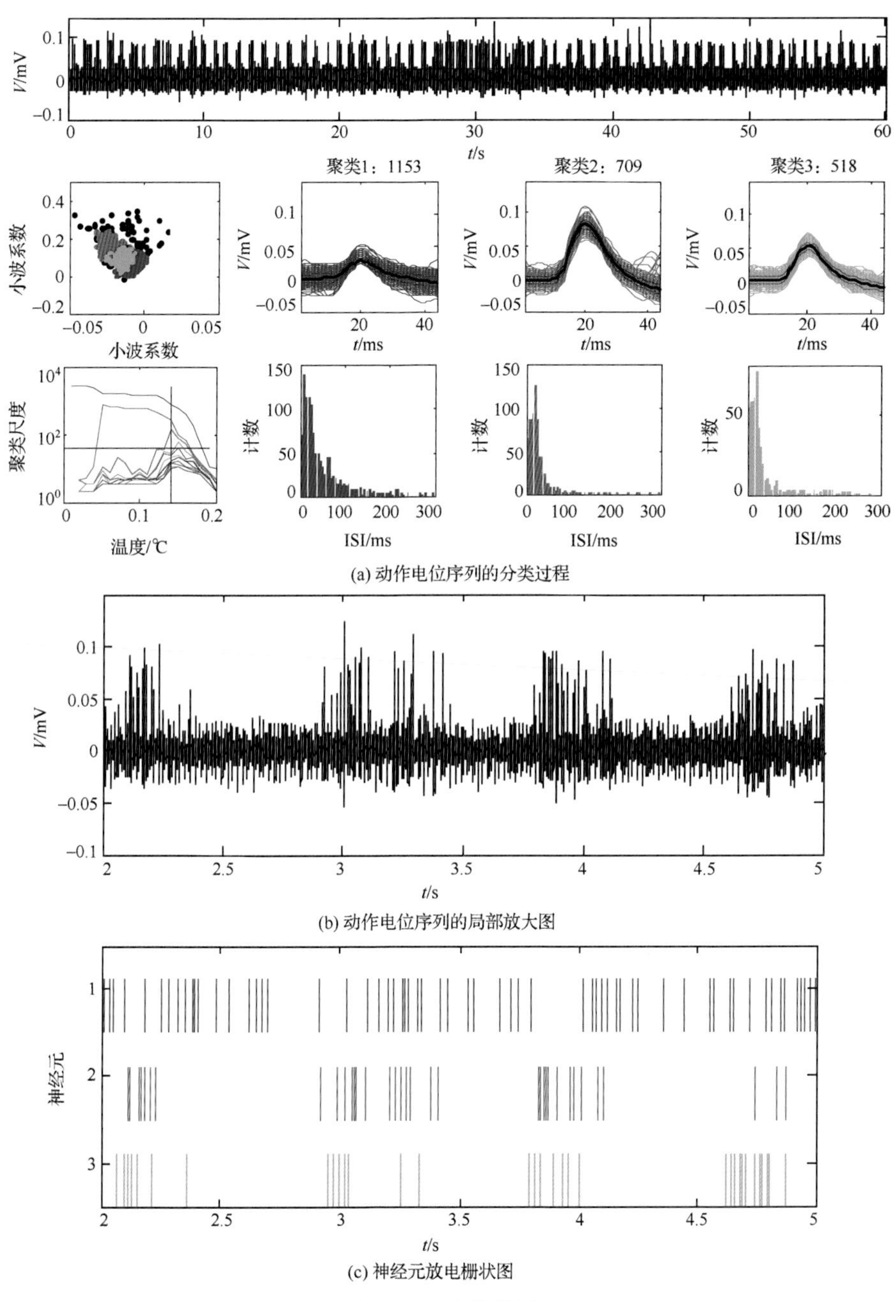

V/mV
t/s
聚类1：1153
聚类2：709
聚类3：518
小波系数
t/ms
聚类尺度
温度/℃
计数
ISI/ms
(a) 动作电位序列的分类过程
(b) 动作电位序列的局部放大图
神经元
(c) 神经元放电栅状图

图 3.7　分类结果

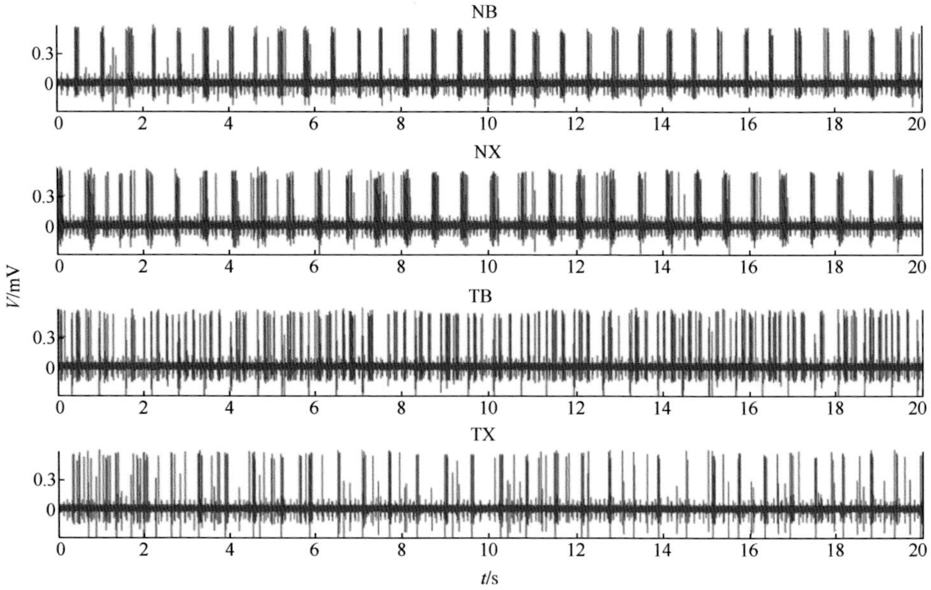

(a) 四种针刺手法诱发的原始数据

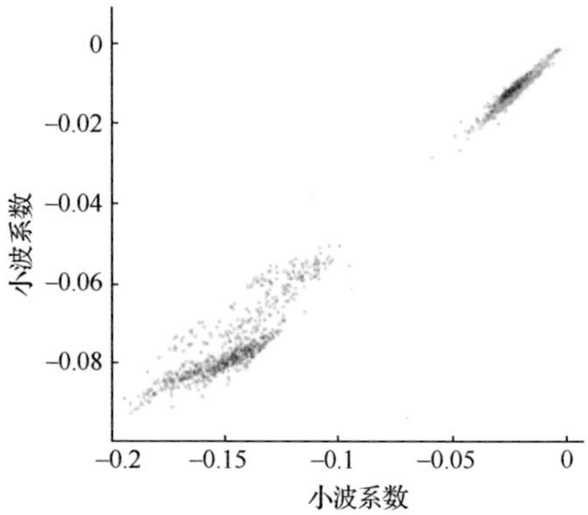

(b) 放电波形的小波系数散点图

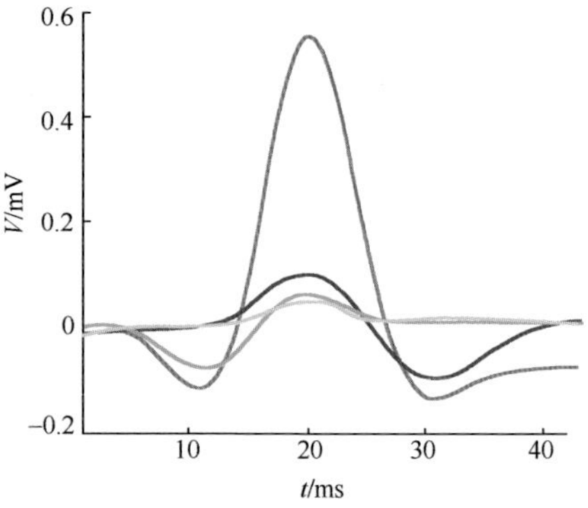

(c) 四个神经元平均放电波形

图 3.8　小波聚类算法的分类

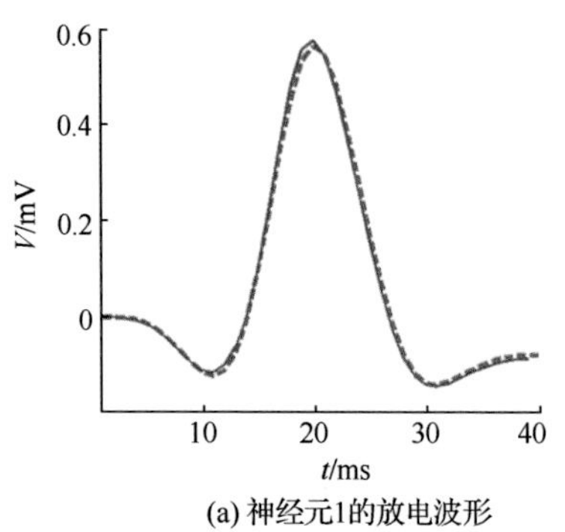

(a) 神经元1的放电波形

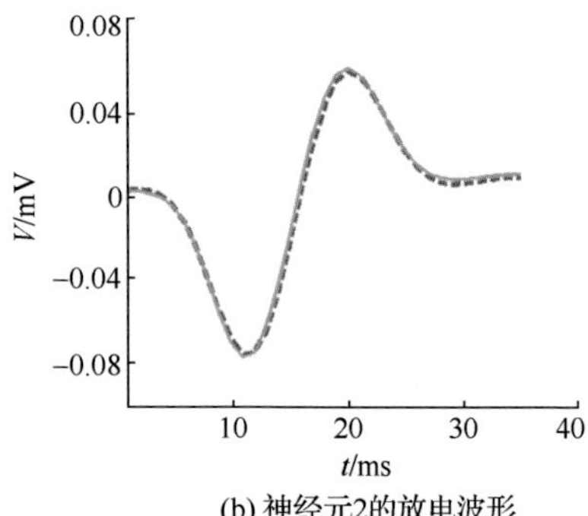

(b) 神经元2的放电波形

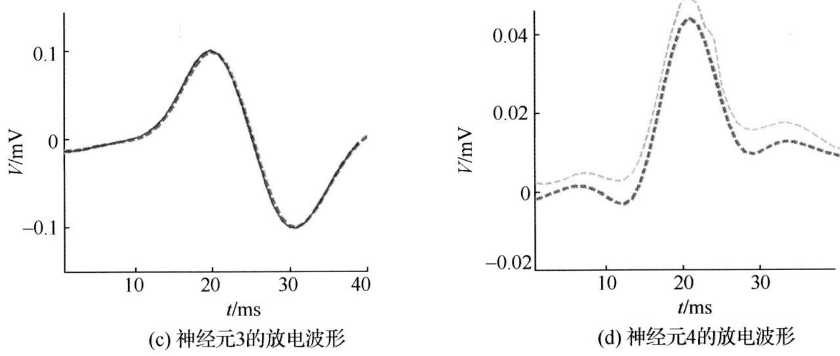

图 3.9　两种分类算法估计得到的放电波形

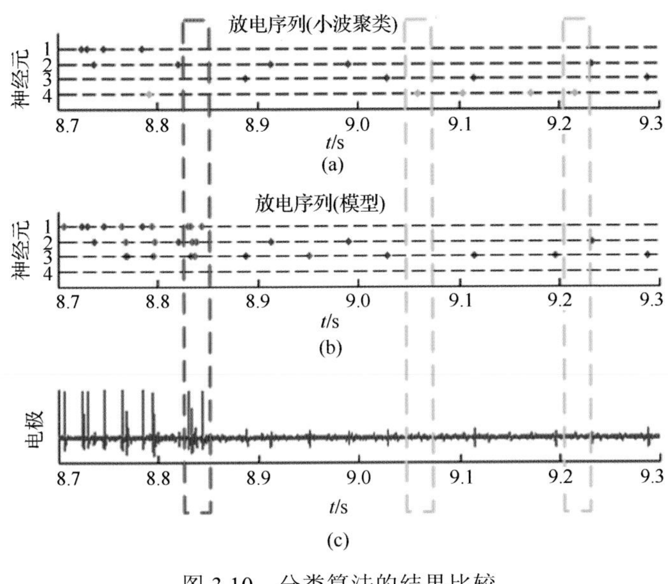

图 3.10　分类算法的结果比较

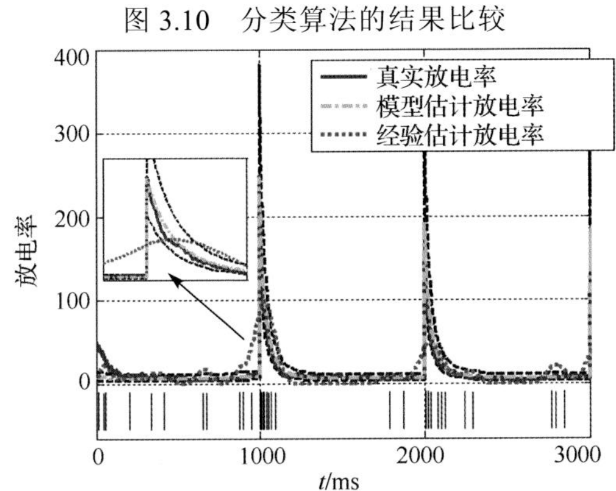

图 6.1　模拟的放电序列及其真实放电率、模型估计放电率和经验估计放电率

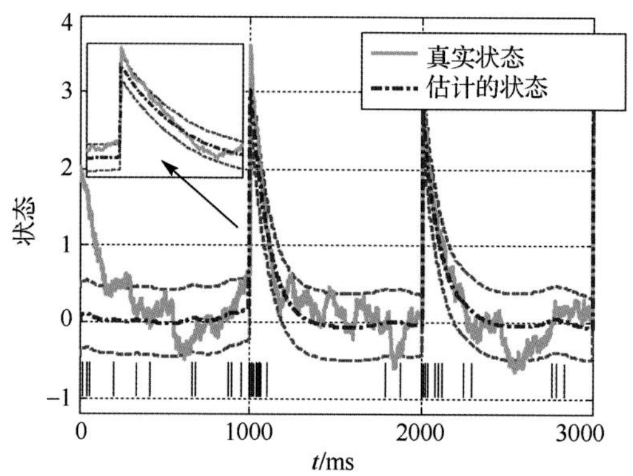

图 6.2　真实状态和通过 EM 算法估计的状态及其 95%的置信区间

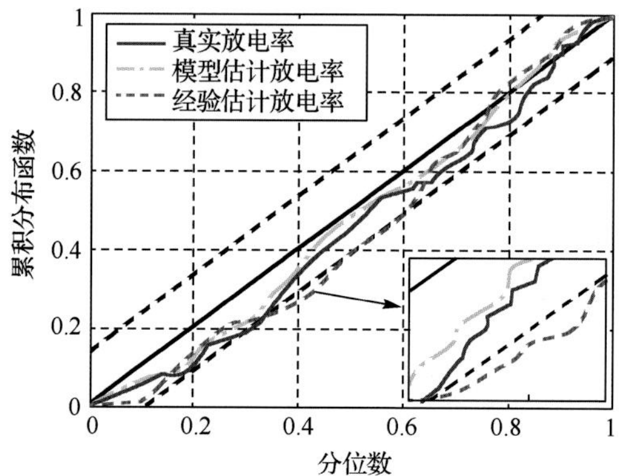

图 6.3　检验模型拟合优度的 K-S 图

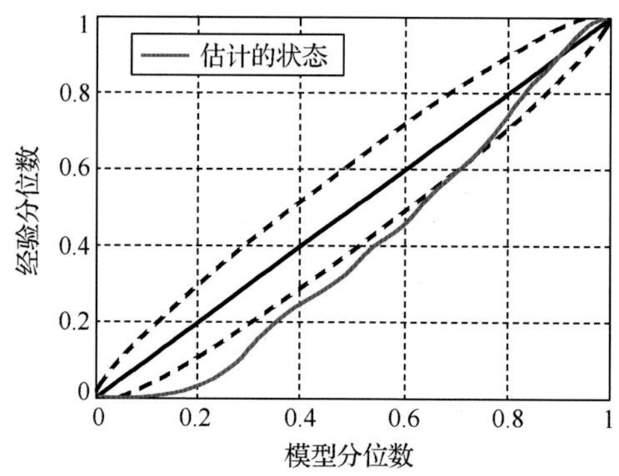

图 6.5　模型估计的 Q-Q 图

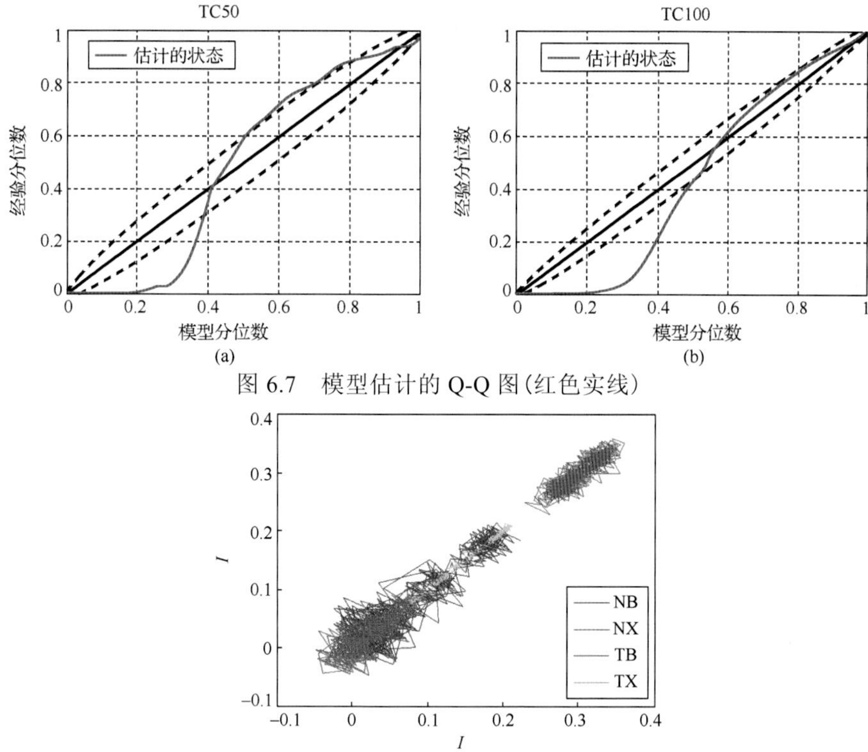

图 6.7 模型估计的 Q-Q 图(红色实线)

图 7.15 四种不同手法针刺诱发的脊髓背根神经节尖端启动电位输入的递归图

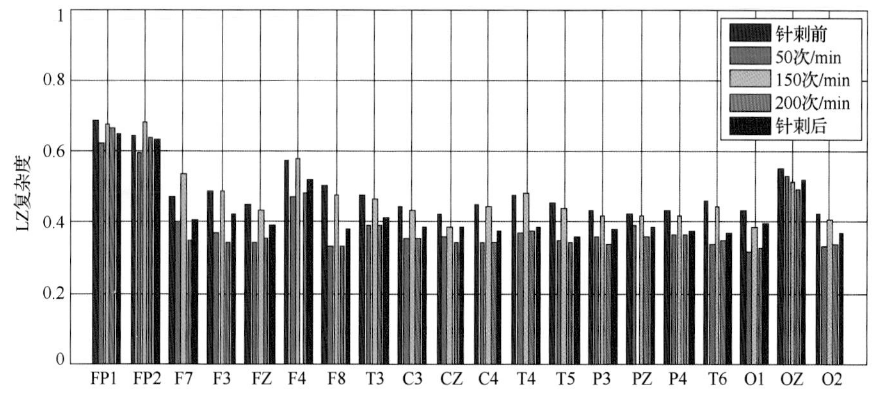

图 8.2 受试者 1 所有导联不同针刺状态的 LZ 复杂度柱状图

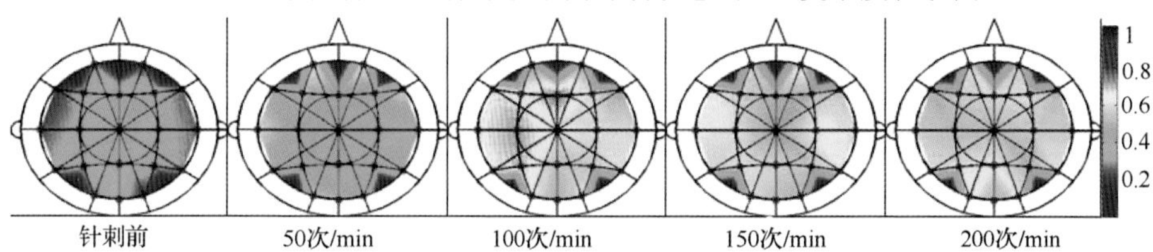

图 8.6 受试者平均 D_2 的脑地形图

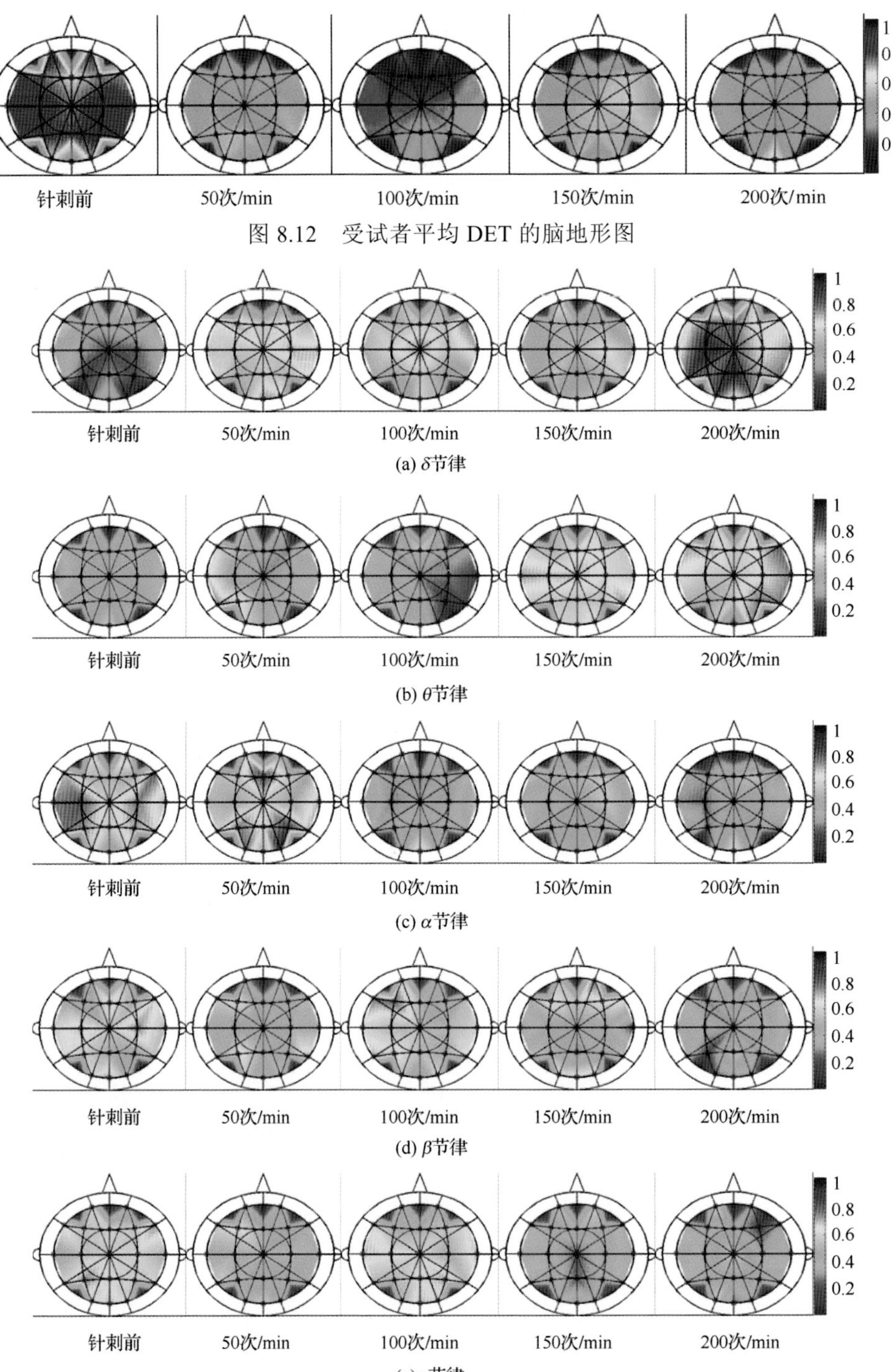

图 8.12　受试者平均 DET 的脑地形图

(a) δ节律

(b) θ节律

(c) α节律

(d) β节律

(e) γ节律

图 8.15　受试者平均 DET 的脑地形图

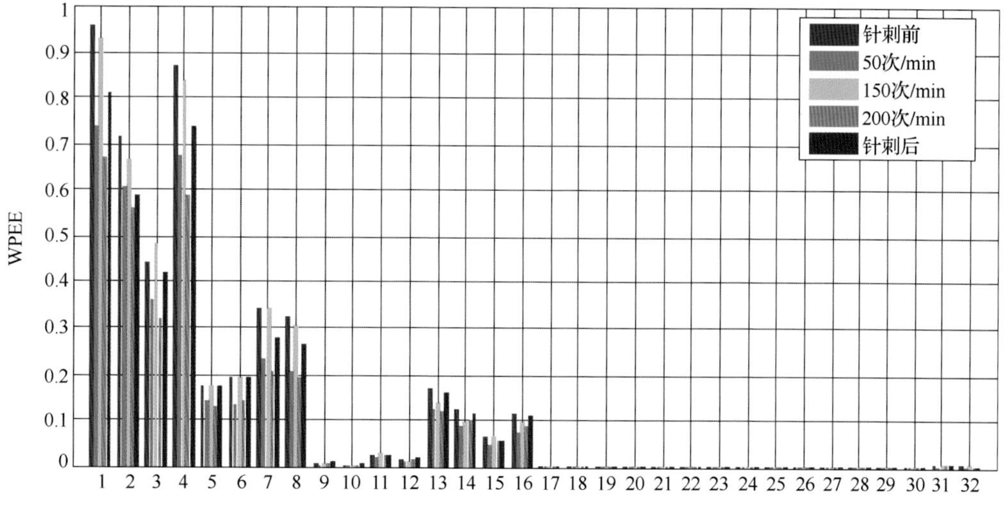

图 8.18　子频带的小波包能量熵

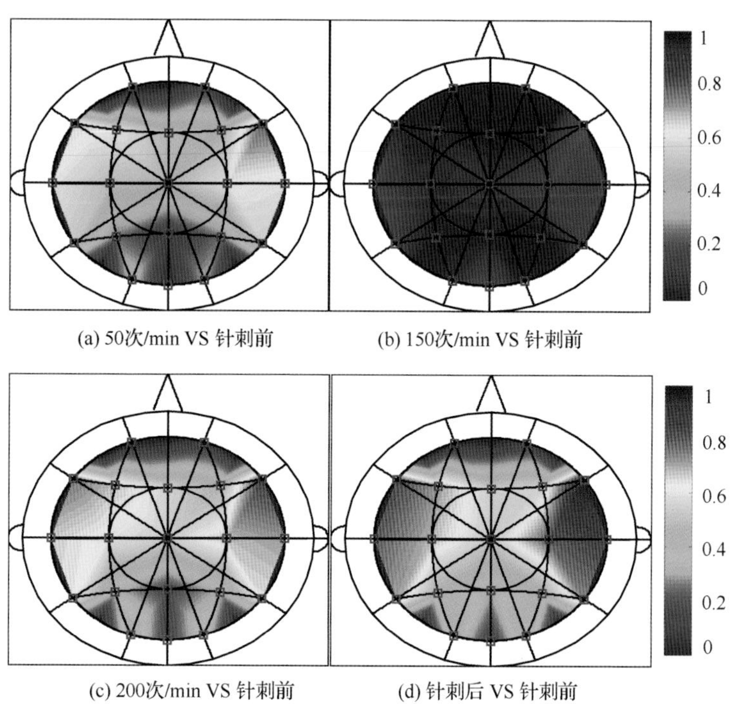

图 8.20　受试者 1 针刺时及针刺后相对于针刺前的小波包能量熵相对变化率

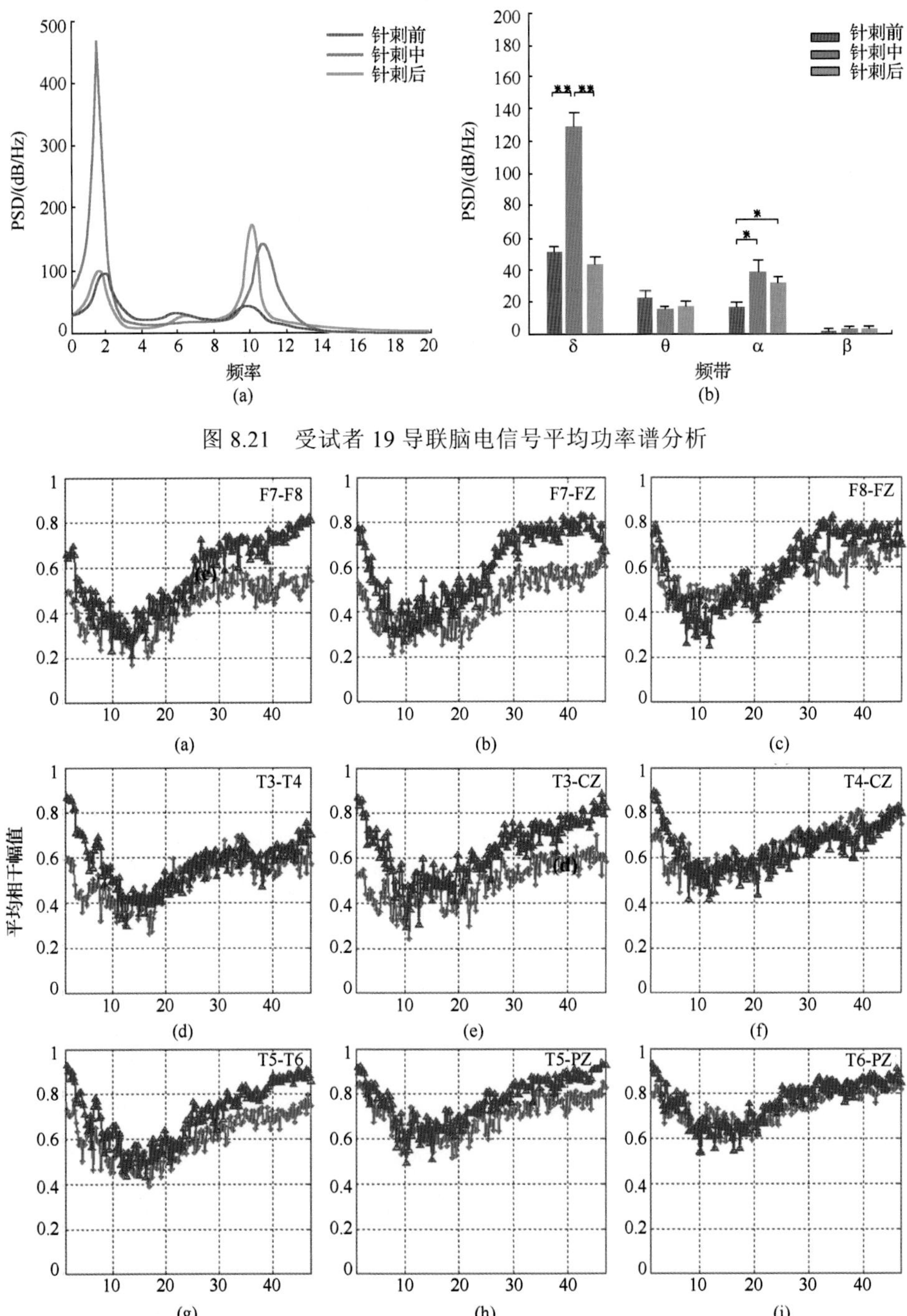

图 8.21　受试者 19 导联脑电信号平均功率谱分析

图 9.1　针刺前与针刺 50 次/min 条件下沿前额-中央-后颞方向的导联对的平均相干幅值谱

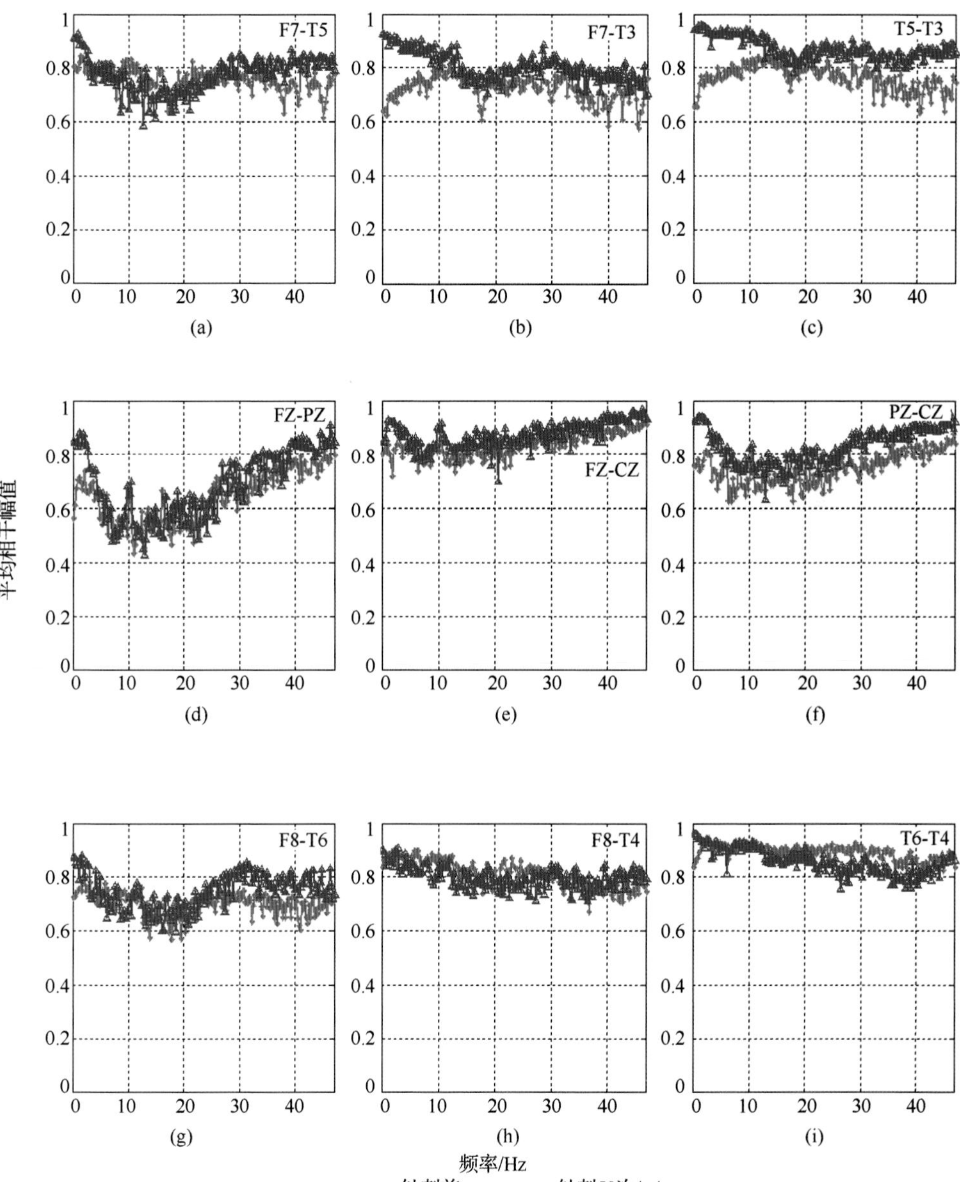

图 9.2　针刺前与针刺 50 次/min 条件下左-中-右脑的平均相干幅值谱

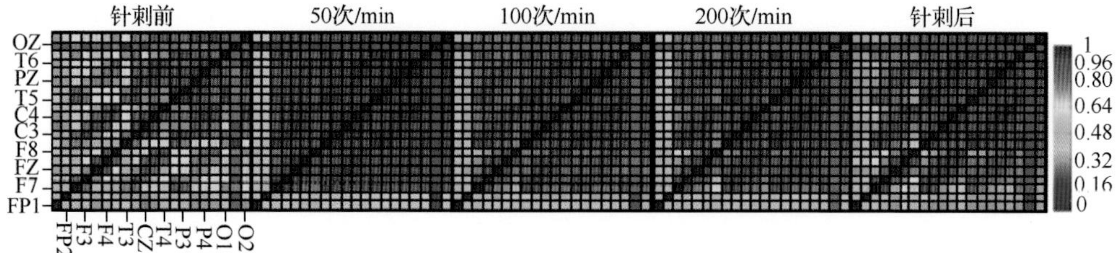

图 9.3　受试者 1 在不同针刺状态下脑部各导联间同步性曲面图

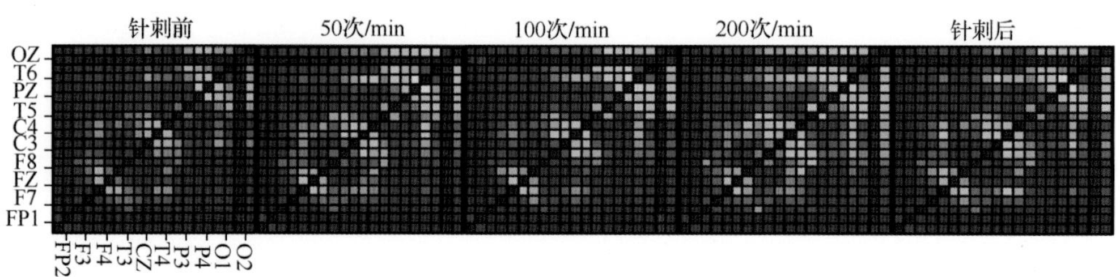

图 9.4　受试者 1 在不同针刺状态下脑部各导联间同步性曲面图

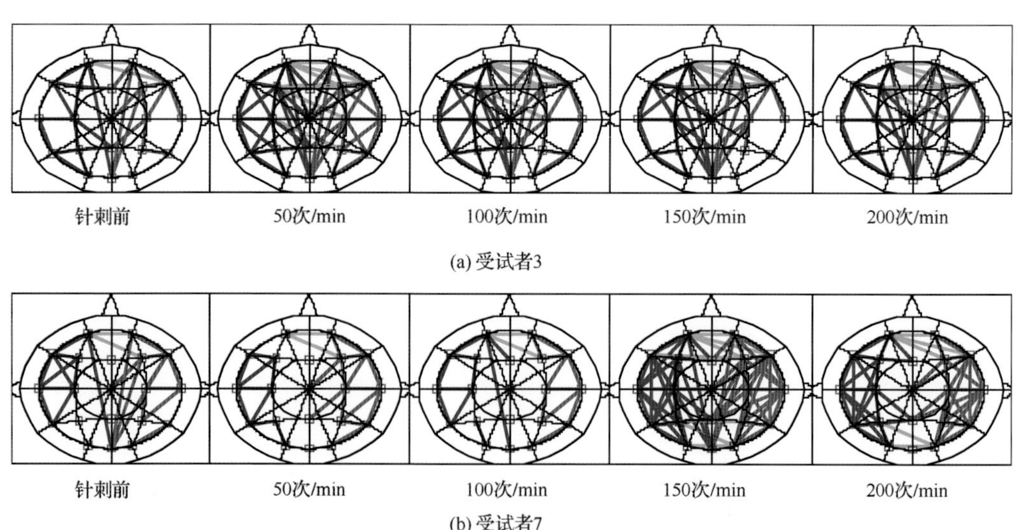

(a) 受试者3

(b) 受试者7

图 9.6　两名受试者 5 种状态下的脑连接图

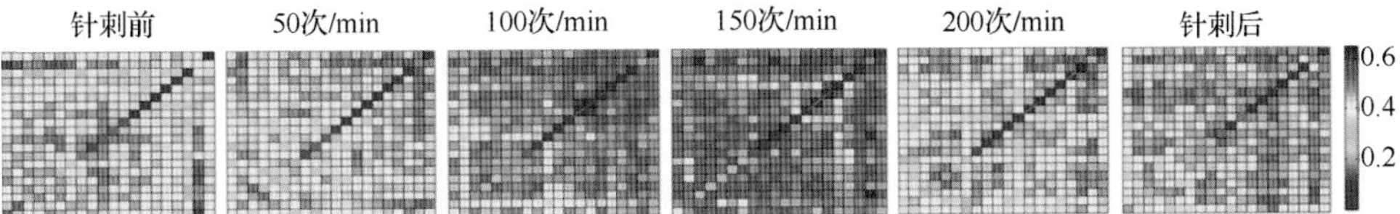

图 9.7　所有受试者归一化及取均值后的 MILZC 值

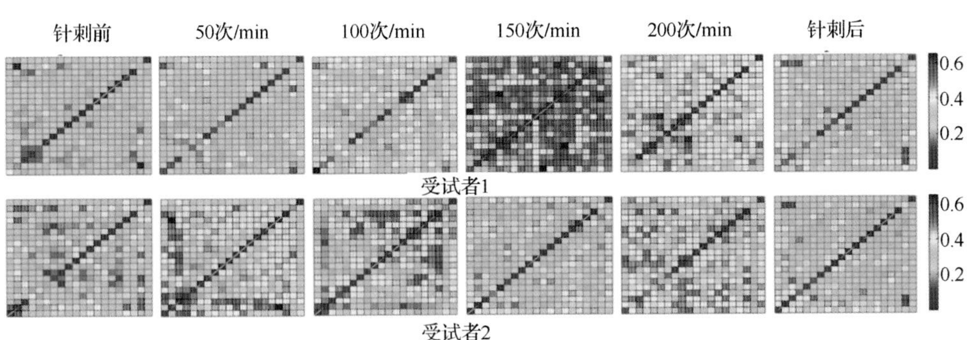

图 9.8　两位受试者 MILZC 值

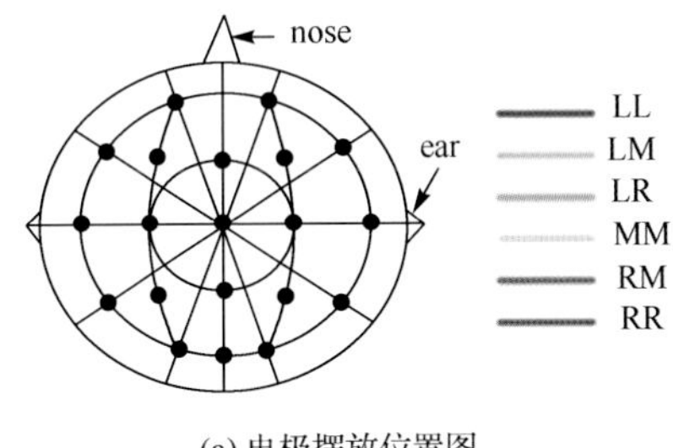

(a) 电极摆放位置图

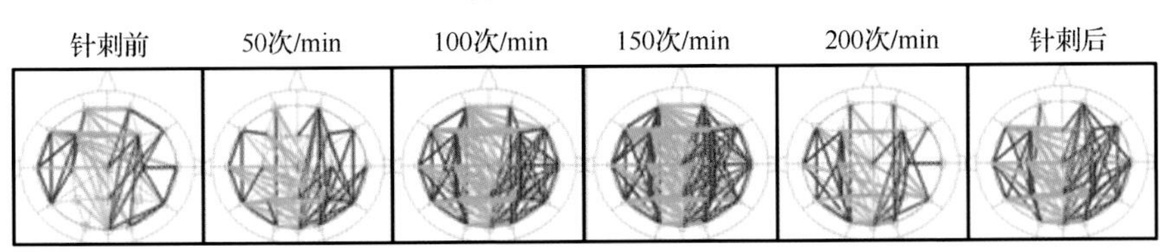

(b) 所有受试者情况归一化及平均化后的脑连接情况

图 9.9　电极分布及相应的脑连接

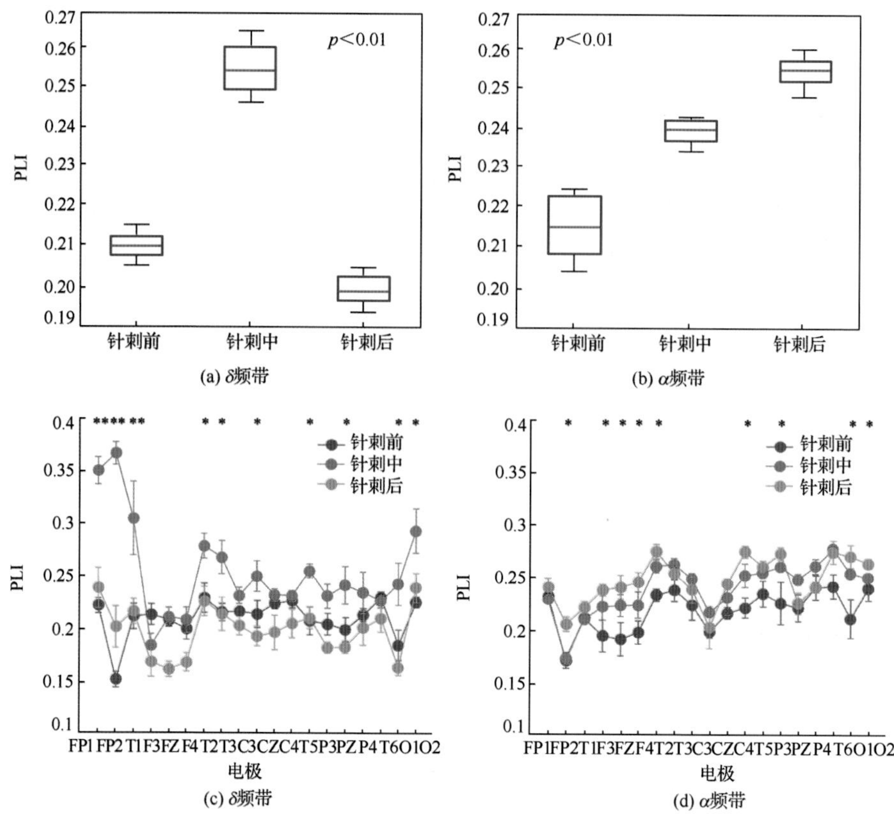

图 9.14　三种针刺状态平均 PLI 统计学分析箱型图以及每导电极的区域 PLI

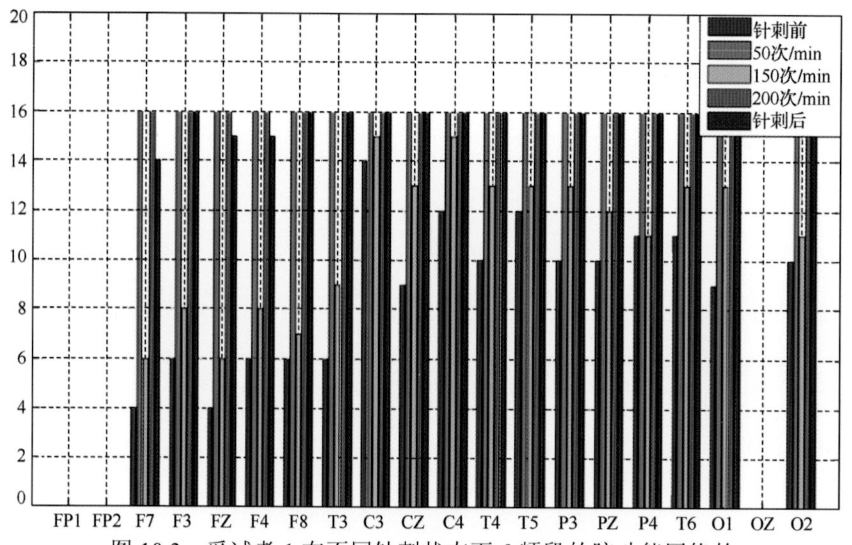

图 10.3　受试者 1 在不同针刺状态下 δ 频段的脑功能网络的所有节点(除 A1 与 A2 节点)度的柱状图

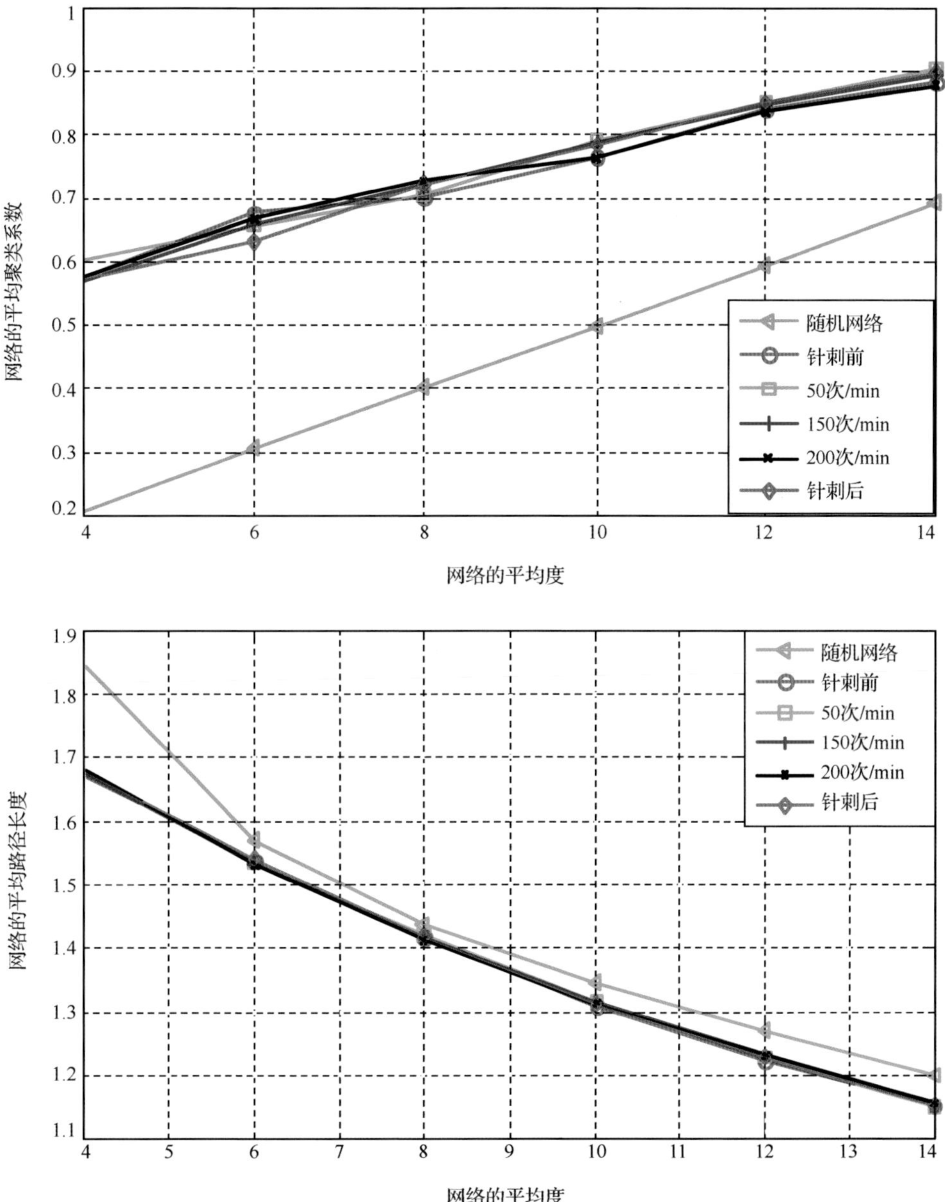

图 10.9 各针刺阶段的脑功能网络和与其相应的完全随机网络的平均聚类系数及平均路径长度的比较

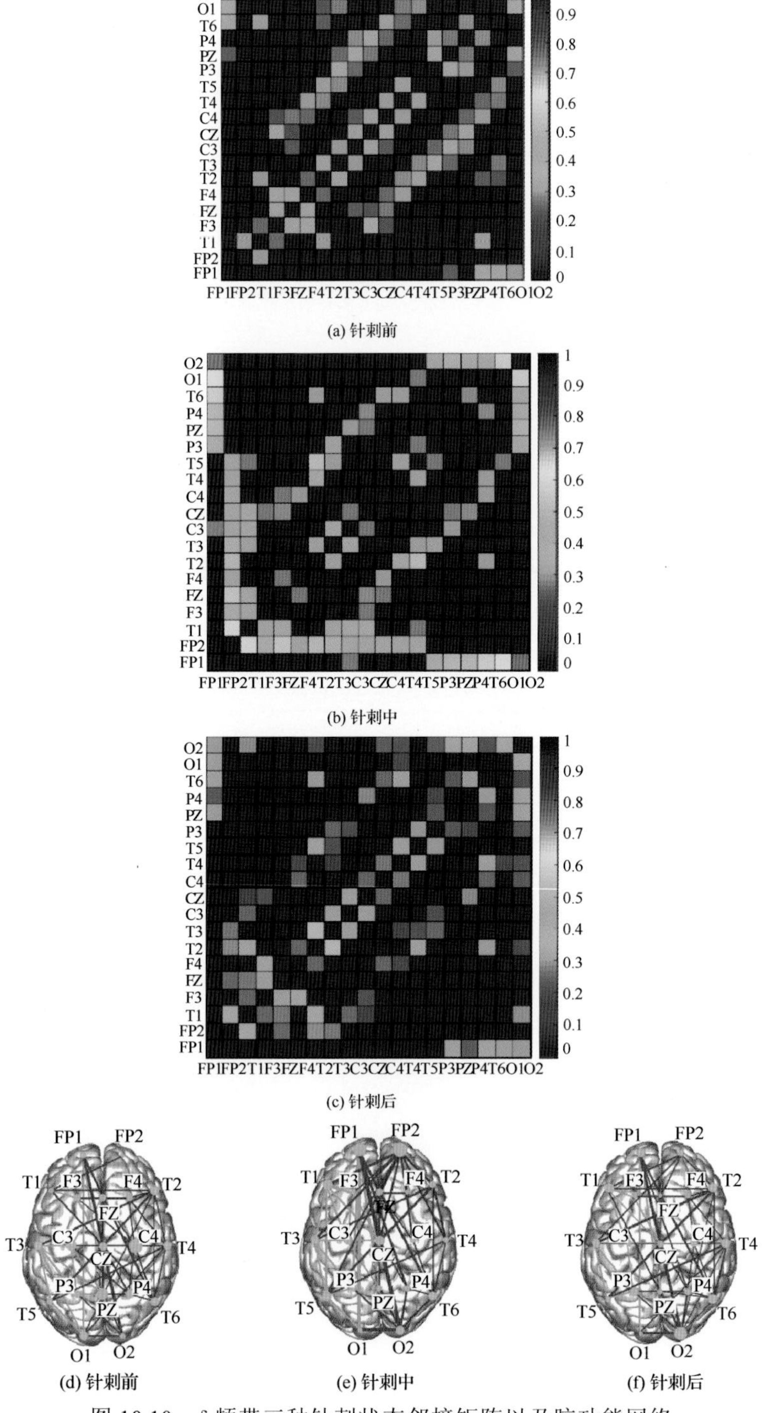

(a) 针刺前

(b) 针刺中

(c) 针刺后

(d) 针刺前

(e) 针刺中

(f) 针刺后

图 10.10　δ 频带三种针刺状态邻接矩阵以及脑功能网络

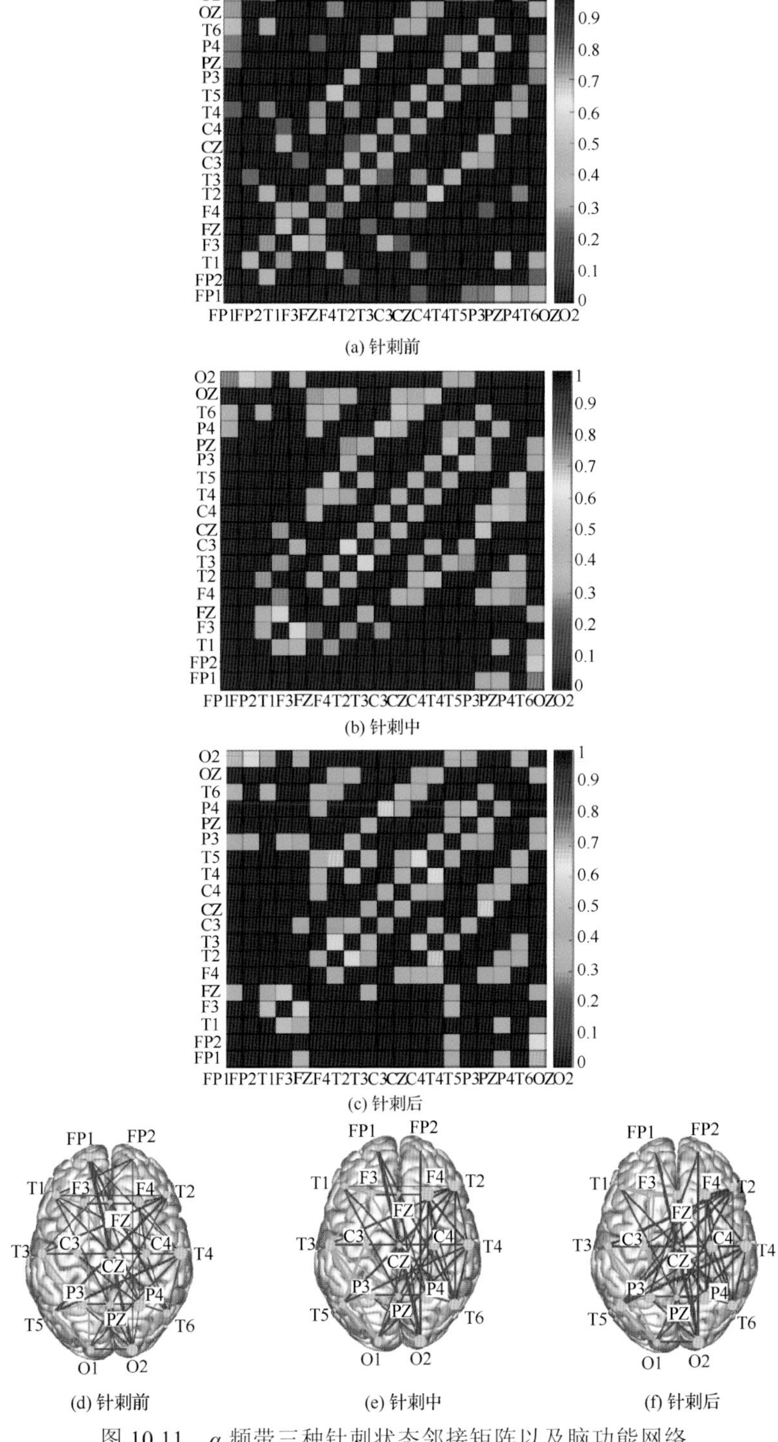

(a) 针刺前

(b) 针刺中

(c) 针刺后

(d) 针刺前　　(e) 针刺中　　(f) 针刺后

图 10.11　α 频带三种针刺状态邻接矩阵以及脑功能网络